日本カメラ産業の
変貌とダイナミズム

矢部洋三・木暮雅夫【編】

日本経済評論社

はしがき

　本書は、戦後日本のカメラ産業の変貌とダイナミズムをテーマとした共同研究の成果をまとめたものである。カメラ産業に焦点を当てて5年以上もの研究を重ねてきた理由は、そこに戦後日本製造業の大衆消費志向における卓越性とその限界が示されており、カメラメーカーが幾多の変遷を経てしたたかな生き残りを遂げてきたと思われるからである。散見する限り、類書がないということも研究メンバーのエネルギーをかき立てた。

　カメラ産業の1970～80年代は、日本のカメラメーカーとしての黄金時代である。一眼レフカメラがカメラの主流であった70年代には、カメラメーカーは高級機の技術力を競い、高収益率を謳歌することができた。一方、すでに70年代後半には、国内市場の限界が見えてきていたし、企業の拡大と将来的な投資効率の点からも事業の多角化が進められた。80年前後になると、一眼レフは市場的な限界を示すようになり、生産量でコンパクトカメラに追い越され、80年代のコンパクトの時代を迎える。80年代においては、カメラの低価格化、自動化、大衆化が当たり前のこととなり、ほとんどの機種において低価格競争を強いられることになった。とはいえ、激しい企業間競争を通じて、2台目3台目の需要を掘り起こしつつ、国内外の市場は大きく拡大を続け、ここにカメラ生産の本格的な拡大期を迎えることになった。

　本書がこうした時代を中心に分析しているのは、カメラ産業の黄金時代を懐古するためでも、その歴史的な記録を残すためでもない。我々の研究は、かつて世界のカメラ市場を制覇した日本の大手カメラメーカーが、今や「カメラ産業」という小さな枠組みには収まらず、総合エレクトロニクス産業とかオプトエレクトロニクス産業などといわれるような光学技術を土台とした多面的な事業分野を展開しているという事実から出発している。大手カメラメーカーは、カメラ・光学関連の分野にも技術開発を怠らず、日本の技術立国に欠かせない

先端技術とそれを培う土壌を創り上げてきた。典型的には、キヤノンのプリンターと複写機における成功があり、日本光学におけるステッパー大手としての活躍があり、オリンパスは長年医療機器分野に強みを発揮しているといった事実がある。しかし、そうした高度な技術基盤は常に陳腐化と隣り合わせであり、高機能化を図る手段としての電子技術の応用は、電子機器産業との協力・競合関係を複雑なものとしてきた。我々は、そうした課題を乗り越える力がこれまでのカメラメーカーにあったし、その力の源泉を光学関連技術で養った独自性と応用性に富むその技術基盤に求めることができると考えている。

本書は、こうした問題関心に基づき、戦後日本の主要なカメラメーカーが技術、生産体制、経営、流通、資金調達などの分野で1970～80年代にどのように変貌していったかを明らかにしようとしている。しかし、共同研究とはいえ、別々の研究者が書いた論文を1冊の本にまとめるため、序章では、本論での詳細な議論を全体の立場から総括して、戦後日本カメラ産業のプロファイルを示すとともに、本論で扱われる議論の位置づけと限定を行っている。そして終章では、本論の議論展開をふまえて、90年代におけるカメラ産業の特徴的な局面を捉えようとしている。こうして、本書は全体として戦後日本のカメラ産業を独自的な技術志向性の強い産業として位置づけながら、製品の大衆化のための努力を通じて、生産のグローバル化とボーダーレス化の中での激しい競争の結果、劇的な変化を遂げつつある産業として捉えようとしている。

なお、本書の基礎となった研究論文の多くは、日本大学経済学部経済科学研究所の2003年度の助成を受けた成果である。ここに記して謝意を表したい。

本書が日本の先端技術とその一翼を担う光学機器産業に関心をもつ読者のなにがしかの参考になれば幸いである。

2006年5月

編　者

日本カメラ産業の変貌とダイナミズム

目　　次

はしがき

序　章　問題の所在——1970～80年代のカメラ産業　　　矢部洋三　1

1．問題の所在　1
2．カメラ産業の位置と問題の限定　11

第1章　カメラ産業の技術革新　　　矢部洋三　15

はじめに　15

第1節　1950～60年代の技術革新　15
　1．一眼レフカメラの登場
　2．露出機構の自動化

第2節　一眼レフカメラの露出機構の自動化——1970年代前半の技術革新　19
　1．一眼レフカメラにおける露出機構の自動化と小型・軽量化
　2．コンパクトカメラの多機能化
　3．1970年代前半における技術革新の結果

第3節　キヤノンAE-1とジャスピンコニカの登場と中小メーカーの脱落　23
　1．露出機構自動化の完成
　2．コンパクトカメラのストロボ内蔵と自動焦点化
　3．半導体の革新と自動化の完成
　4．電子制御の進展と電動部品の革新
　5．1970年代後半の技術革新の結果

第4節　一眼レフカメラの自動焦点化と自動化技術の完成　37
　1．一眼レフ自動焦点カメラ・ミノルタα-7000の登場
　2．ズームコンパクトの登場
　3．1980年代における技術革新の結果

おわりに　42

第2章　生産体制の再編成　　　　　　　　　　矢部洋三・木暮雅夫　45

はじめに　45

第1節　1970～80年代の生産動向　45
　1．生産台数、生産額の推移
　2．生産品目の構成
　3．カメラ産業の規模と集中

第2節　生産体制の再編成と地方展開　52
　1．1960年代の生産体制
　2．生産拠点の地方展開
　3．カメラ生産工程における省力化・自動化の推進

第3節　カメラ生産体制の実態分析　66
　1．ミノルタに見る生産の組織化
　2．キヤノンの部品調達構造

第3章　カメラメーカーの経営多角化　　　　　　　　　飯島正義　79

はじめに　79

第1節　経営多角化の時期と進出分野　79

第2節　技術関連型の多角化　83
　1．旭光学
　2．オリンパス
　3．キヤノン
　4．日本光学
　5．ミノルタ

第3節　経営多角化の要因　88
　1．カメラおよびメーカーの特性
　2．カメラの市場規模と新市場開拓
　3．カメラ市場の成熟化
　4．製品開発における技術的到達
　5．収益性の低下

第4節　経営多角化の成功要因と強さ　93
おわりに　96

第4章　直販制への転換と大型量販店の台頭　　　貝塚　亨　99

はじめに　99
第1節　特約店依存から直販へ　100
 1．特約店依存販売の構造
 2．流通チャネル再編の契機
第2節　直販制下における流通構造　106
 1．国内販売子会社の設立
 2．直販制移行の影響
第3節　多角化部門における直販制　112
 1．複写機部門における直販制
 2．日本光学の多角化部門における直販制
第4節　直販制下の卸売・小売業　116
 1．卸売
 2．小売
おわりに　124

第5章　輸出拠点の整備と世界市場制覇　　　矢部洋三　129

はじめに　129
第1節　1970〜80年代の輸出動向　130
 1．世界のカメラ生産・輸出の推移
 2．1970〜75年の輸出動向
 3．1976〜82年の輸出動向
 4．1983〜89年の輸出動向
第2節　ヨーロッパ市場における輸出拠点の整備と直販制の開始　139
 1．ヨーロッパ市場の特質
 2．輸出の拡大と1国1代理店制の展開
 3．ヨーロッパ市場における輸出拠点の展開と直販制への移行

第3節 アメリカ市場における直販制移行 148
　1. アメリカ市場の特質
　2. ディストリビューターによる輸出
　3. アメリカ市場における直販制への移行
おわりにかえて——世界市場の制覇と諸問題 157

第6章 輸出検査と品質向上　　　　　　　　　　竹内淳一郎 161

はじめに 161
第1節 日本写真機検査協会の設立と輸出検査 162
　1. 輸出品取締法と輸出規格の制定
　2. 日本写真機検査協会の設立
　3. 輸出検査の状況
　4. 輸出検査の成果と限界
第2節 アメリカにおける日本カメラの評価 178
　1. 『コンシューマー・レポート』誌と日本カメラ
　2. 日本製品の評価
おわりに 183

第7章 日系メーカーの海外生産と台湾光学産業の形成　　沼田 郷 187

はじめに 187
第1節 台湾の外資誘致政策 188
　1. 外資に対する「政府の影響」
　2. 台湾の外資誘致政策と輸出加工区
第2節 海外生産の実態 194
　1. 台湾理光
　2. 台湾佳能
　3. 台湾旭光学
　4. 台湾における日系メーカーの部品調達
　5. 海外生産の特徴
第3節 台湾光学産業の形成 208

         1．台湾光学産業の歴史
         2．台湾系メーカーによるカメラ生産
         3．亜洲光学
   おわりに　211

第8章　カメラ産業における人材の育成と人事管理　　木暮雅夫　217

   はじめに　217
   第1節　開発・生産スタッフの人材育成　218
         1．カメラ製造技術の発達と人材育成
         2．技能者研修制度
         3．生産管理技術研修とコスト管理
         4．独創性を生みだす開発技術者研修制度
   第2節　カメラメーカーの能力開発制度と人事制度の展開　232
         1．能力開発制度の展開
         2．1980年代の新人事制度

第9章　設備投資と資金調達　　飯島正義・渡辺広明　245

   はじめに　245
   第1節　カメラ産業における資金の調達と使途　245
         1．1970年代前半における資金調達とその使途
         2．1970年代後半における資金調達とその使途
         3．1980年代前半における資金調達とその使途
         4．1980年代後半における資金調達とその使途
   第2節　カメラメーカーの財務状況と資金調達　254
         1．カメラメーカーの安全性と収益性
         2．資金の運用と調達
   第3節　キヤノンと日本光学の資金調達　268
         1．キヤノン
         2．日本光学
   おわりに　274

終　章　1990年代におけるカメラ産業　　　　　　　　木暮雅夫　279

　はじめに　279
　第 1 節　ハネウェル特許紛争　279
　第 2 節　カメラ市場の激変　283
　第 3 節　海外生産拠点の展開　287
　第 4 節　カメラの OEM　291
　おわりに　294

凡　　例

1. 常用漢字体に統一して表記した。
2. 用語については下記に一覧したものは統一を行った。
    カメラ産業：写真機工業、カメラ業界
    カメラメーカー：カメラ企業、カメラ会社
    カメラの高級機・中級機・大衆機：高級カメラ・中級カメラ・大衆カメラ、高級機種・中級機種・普及機種
    一眼レフ：一眼レフカメラ、35㍉FS
    コンパクト：コンパクトカメラ、35㍉レンズシャッターカメラ、35㍉LS
3. 企業名は、原則として論述した時代の企業名を使用し、略記できるものは下記のように統一して使用した。
    旭光学（旭光学工業）、オリンパス（オリンパス光学工業）、キヤノン、日本光学（日本光学工業）、ミノルタ、小西六（小西六写真工業）、ヤシカ、ペトリ（ペトリカメラ）、富士フイルム（富士写真フイルム）、マミヤ光機、リコー、ミランダ（ミランダカメラ）
4. 年号表記はすべて西暦に統一した。節の最初を全部表記し、以下は下二桁のみ記した。

序　章　問題の所在——1970〜80年代のカメラ産業

矢部洋三

1．問題の所在

　第2次世界大戦後に成立した日本のカメラ産業は、半世紀を経た今日、カメラ生産を主要事業としない企業によって構成されるようになってしまった。キヤノン、ニコン、ペンタックス、オリンパス、コニカミノルタ、フジなどといった日本メーカーのブランドが世界市場を独占している反面、カメラがフイルムカメラからデジタルカメラに代わって精密機械から電子機械に転換し、このことによってソニー、松下電器、カシオ、サンヨーなど非カメラメーカーが台頭することとなった。また、日本メーカーの生産も中国をはじめ、台湾、フィリピン、マレーシア、ベトナム、タイなど東アジア諸国での海外生産に依存して国内ではわずか数パーセントしか製造していない状況に陥った。さらに、それぞれのメーカーの経営においてもカメラ、デジカメの占める割合が減少して一部のメーカーを除いて単なる社内の一部門になってしまった。

　そのカメラ産業もすでに1950年代に国内市場が飽和状態に陥ったが、80年代まではいくたびかの苦境に立ちながらも発展し続ける不屈の産業であった。その不屈さは、つねに変貌しうるダイナミズムにあった。本書の課題は、70〜80年代のカメラ産業の実態分析を通じて「変貌しうるダイナミズム」を明らかにすることにある。私たちが共同研究を始めた2000年は10年に及ぶ不況に1997年のアジア通貨危機が加わり「90年代不況」が深刻な時期であり、カメラ産業は70年代の長期不況をME技術革新を基礎にして生産・流通過程の構造調整と経営多角化などによって克服し、貿易摩擦を引き起こすことなく、世界市場を制覇した産業で、研究対象として魅力的な産業であった。この「変貌しうるダイナミズム」の実態が何か、をそれぞれの分野で解明することが

個々の共同研究者の任務である。

　カメラ産業が変貌する契機となるのは、過剰生産・市場の飽和状態と不況であった。そして、カメラ産業がこうした苦境に対してダイナミズムを発揮して変貌していった条件としては、第1に戦後さまざまな分野からカメラ生産に参入してきたメーカーが多く、諸々の周辺技術をもっていたことがあげられる。戦前からカメラ生産を行っていたのは、キヤノン・ミノルタ・マミヤ光機であり、それ以外のメーカーは日本光学・東京光学が光学兵器、オリンパスが顕微鏡、旭光学がレンズ、小西六・富士フイルムがフイルムから参入した。そのため技術の幅が広く、カメラ産業以外の経営の経験もあり、周辺産業への拡がりをもって経営多角化を進めることも円滑に進められた。

　第2に、光学・レンズ産業は市場規模が小さいために、新規参入が少なく、既存メーカーが市場的に保護され、光学技術を独占しうる結果となっていた。そのため、電気メーカーが製造するビデオカメラ、CDプレーヤー、監視用カメラ、半導体製造装置など光学部品を使用する製品は、電気メーカーが自ら内製せずにカメラメーカーから調達されることが多かった。たとえば、日本光学はアメリカの半導体製造装置メーカーからレンズの受注を受けたところから、装置そのものを生産して半導体製造装置メーカーに成長していった。また、ソニーはCDデッキ用ピックアップレンズを小西六から供給を受けていたが、コスト削減のため自社開発しようとして断念した経緯がある。当時プラスチック製のピックアップレンズは小西六の独占状態で、コーティングに技術的優位性をもっていて他の光学メーカーの参入を長く排除していた[1]。カメラを含めた光学産業は、自動車・電気製品と異なって市場規模が小さいことと共にガラス・プラスチックレンズの設計、開発、製造の独自の技術を有していることが新規参入を阻害していた。

　第3に、日本のカメラ産業が60年代に西ドイツとの市場競争に勝利して70年代以降には世界市場で競争相手がおらず、日本メーカー同士の熾烈な競争となった。日本メーカー間の競争は、カメラの主流が一眼レフとコンパクトに集約化され、この2つの分野における技術開発を基礎とした競争が日本カメラ産業の競争力をいっそう高めていった。70年代後半に世界市場を制覇したカメ

ラ産業はME技術革新を背景にした半導体・電子製品・自動車など共に集中豪雨的輸出を北米・EC市場向けに行ったが、カメラだけは貿易摩擦の対象にならず、輸出自主規制も行わなかった。そのため、カメラ産業にとって広汎な輸出市場が残されていた。

第4に、カメラ製造に関わる精密工作技術と広汎な外注部品機構をもっていたことからカメラ以外の生産体制を比較的に容易に組織しえた。8㍉メーカーであったチノンは、70年代からの8㍉カメラの衰退に対応してカメラのOEM企業に転換し、カメラ製造の外にカーステレオ、テープカッター、プロジェクター部品など幅広い精密機器・電子機器の生産をあわせて行った。こうした転換が可能であったのは、8㍉カメラの生産で養った生産技術とその労働力、外注の部品メーカーが存在したことである。

第5に、電子技術の許容度は各メーカーによってかなり違いがあるもののカメラ産業としては電子技術を取り入れたことにある。キヤノンのように内部にキヤノン電子などのように電子部品製造子会社を育成したメーカーから電気メーカーに依存して開発していく場合も含めて電子技術を取り入れていった。このことが西ドイツのカメラメーカーと決定的な差となっていった。

戦後のいくたびかの苦境に対してカメラ産業のすべてのメーカーが変貌しえたわけではなく、数多くのメーカーが消滅し、撤退していった。反面、苦境に対応して変貌したメーカーへの集中が進み、カメラ産業全体としてダイナミズムを発揮し、発展していった。

以上のような視点から本書は、70～80年代のカメラ産業を考察していく。カメラという商品は、戦前においては家一軒買えるほどの価格といわれる伝説があり、戦後においても贅沢品・嗜好品の時代から家族の生活を写す耐久消費財になり、個人の小遣いで手にすることのできる身近なものに時代と共に変化してきている。表1のように大卒男子の初任給を基準にしてカメラ価格をみたものであるが、給料はこの金額から所得税、地方税、保険料などを引かれると、20％程度減少し、一眼レフの価格はボディのみで、これに標準レンズなどの付属品をつけなければ撮影できないので、これらを購入すると30％増となることを考慮する必要がある[2]。そのため、市場における飽和状態とか、過剰生産

表1　カメラ価格

	大卒初任給	一眼レフ		レンズシャッター	
	円	円	カ月	円	カ月
1955年	10,657	29,031	2.7	8,535	0.8
60年	13,080	22,527	1.7	8,300	0.6
65年	22,980	23,714	1.0	10,296	0.4
70年	37,400	26,601	0.7	13,067	0.3
75年	83,600	37,264	0.4	15,635	0.2
80年	114,500	32,241	0.3	13,994	0.1
85年	140,000	29,088	0.2	15,856	0.1
90年	169,900	32,687	0.2	13,958	0.1

出所：カメラ価格は『機械統計年報』、大卒男子初任給は『賃金構造基本統計調査』より摘出作成。
注：一眼レフの価格はボディのみの価格である。

といってもカメラが置かれている商品の位置によって絶対量では必ずしも計り知れない側面がある。

　70～80年代の苦境と変貌を検討する前に、戦後カメラ産業が上記の視点からどのように発展してきたか、簡単に触れておこう。40年代後半の占領期にアメリカからの食糧援助に対する見返物資輸出のひとつとしてカメラが選ばれたことからアメリカ輸出と占領軍向け生産として成立したカメラ産業は、52年の占領の終了、53年の朝鮮戦争休戦による特需の縮小で、輸出が減退して最初の苦境に陥った。この苦境を救ったのは、35㍉レンズシャッターカメラ、一眼レフの開発という技術革新と55年から始まる高度成長の波に乗った国内市場の拡大であった。その結果、カメラの世帯普及率が50年代に50％を超えて当時としては購入希望する層にはほぼ行き渡る程度には国内市場が成熟した。世界市場では60年代半ばにアメリカの大衆機を除いた中・高級機の分野で西ドイツを凌駕して独占的地位を得て、国内市場と輸出市場を両輪として発展していった。

　第2の苦境がカメラ産業に訪れたのは、64年の東京オリンピックに向けての過剰生産によるカメラ不況であった。このカメラ不況は、国内市場でカメラ需要が飽和状態になり、輸出市場もヨーロッパ市場への輸出カルテルを敷いているため急速な拡大を望めない状況にあり、過剰生産の構造を内包すると共に

1965年不況と連動するものであった。カメラ産業は、技術的には35㍉レンズシャッターのコンパクト化と電子技術の導入、TTL一眼レフの開発という革新を遂げて消費者の購買意欲を刺激し、業界の対応として不況カルテルを実施して生産調整を行った。しかし、カメラ不況を一掃したのは、1965年不況と同様にベトナム特需で、旧機種の在庫を一掃して新技術の機種の拡大をもたらし、不況カルテルを不要とするものであった。カメラ産業のベトナム特需はアメリカ軍人向けで、南ベトナムでアメリカ軍人が購入する南ベトナム輸出とアメリカ軍の購買局が日本を含めて沖縄、韓国、フィリピンなどの米軍基地で販売する軍買付であった。しかし、カメラの世帯普及率が70年代初頭には70%にも達するという事実は、一時的需要の拡大の陰に隠れただけで過剰生産体質を内在させることとなった。

　70年代に入ると、カメラ産業は今まで以上に苦境が集中的にやってきて構造変化を求められていった。まず、70年大阪万国博後のハーフサイズカメラ、コンパクトを中心にした売れ行き不振という形で、カメラ産業の過剰生産体質が表面化した。カメラメーカーは、1965年不況による過剰生産の解消がベトナム特需にあったことを反省することなく、大阪万博に向けて増産体制に入り、その上輸出量を抑えて国内市場に振り向けた結果、在庫量[3]が60年代後半の平均33万台から70年58万台、71年63万台と急増し、生産台数に対する在庫量の割合も60年代後半の平均8.7%から70年10.1%、71年11.8%と増えていった。一眼レフは生産台数に対する在庫量の割合が60年代後半の平均7.2%であったのに対して70年が7.2%とまったくの同数であり、71年にはむしろ5.9%と減少させていた。生産台数も60年代後半の平均107万台から70年168万台（1.6倍）、71年192万台（1.8倍）と増加させて一眼レフについては過剰生産の傾向は見あたらない。これに反してコンパクトは在庫量が68年9.6万台、69年11.0万台の10万台水準から70年28.8万台、71年31.3万台と3倍に拡大し、在庫量の割合も68年6.8%、69年5.8%から70年10.1%、71年13.0%と増加していった。このことからこの時期の過剰生産は小型化とAE（自動露出）製品の需要が一巡したコンパクトに現れた。

　それに続いて71年のドルショックと円切上げを契機に輸出市場の構造が変

化していった。カメラ産業は60年代後半からのドル危機を背景にしてドルショックと円切上げ、変動相場制移行によって1ドル360円のレートが71年16.9％上がり、変動相場制に移行した73年28.6％、74年20.0％、75年20.0％、76年22.4％、77年52.5％、78年87.7％と上昇してそのため生産コストの削減と製品値上げを迫られ、また、政府が繊維製品の貿易摩擦を抱えていたことからアメリカに配慮してカメラを含めた18品目の対米輸出自主規制を72～73年の1年間各産業が求め、カメラ産業もこれを受け入れて輸出カルテルを実施するなどアメリカ向け輸出環境が悪化した。また、アメリカ軍人向けのベトナム特需が70年代に入ると、アメリカ軍の戦況の悪化により縮小していった。カメラ産業は、国内市場の飽和状態に加えて輸出の主力市場であったアメリカ市場の拡大が難しい状況に陥った。

　さらに、73～74年の石油ショックによるカメラ、フイルム・印画紙などの原材料費と人件費の値上がりがカメラメーカーの経営を圧迫していった。人件費については、カメラ産業の1人当たりの現金給与総額[4]が71年94.2万円であったものが72年99.2万円、73年114.1万円（1.2倍）とインフレで上昇傾向にあったものの、石油ショックを境に74年154.5万円（1.6倍）、75年164.9万円（1.7倍）、76年174.4万円（1.8倍）と増加し続けて77年には194.5万円と6年間で2.1倍になった。一事業所あたりの原材料使用額[5]は、72年7,599万円から石油ショックを契機に74年1億1,787万円（1.5倍）、76年1億804万円（1.4倍）、78年1億4,381万円（1.9倍）と人件費よりやや遅れたテンポで上昇し、80年には第2次石油ショックも重なって1億8,688万円と2.5倍になった。

　こうした人件費、原材料費の上昇は下請依存率が60～80％のカメラ産業にとって下請企業からの激しい値上げ攻勢も付け加わって74年1月から2月にかけて相次いで製品値上げに踏み切る一方、減産など不況対策を余儀なくされるメーカーが出てきた。その中でも74年にはカメラ産業の中堅メーカーのヤシカの経営難が表面化した。ヤシカは、永く創業者のワンマン経営で労使の対立が続き、製品がコンパクトに特化していたためにカメラ不況が集中的に表れ、たびたび手形が不渡り寸前の場面に直面してその都度メインバンクの太陽神戸

銀行（現三井住友銀行）の支援でなんとか切り抜ける状況であった。そのため、10月に大株主である日商岩井（現双日）と太陽神戸銀行の支援の下に①全従業員の約40％にあたる900人の希望退職を募って1,300人体制に縮小し、②相模原工場（従業員約300人）を閉鎖して売却する経営再建案を作成し、倒産の危機を免れた。75年には、カメラ産業最大手のキヤノンもカメラの売れ行き不振を直接の原因としていないが、6月期決算で創業以来初めて1億7,800万円の経常欠損を出して配当を年10％から無配にし、そのため9月に東京証券取引所より上場の特定銘柄からはずされた。キヤノンは、当時カメラ・複写機・電卓部門を経営の3本柱とし、電卓部門が不振で大幅な赤字となり、カメラと複写機部門は売上高、利益とも若干増えたものの電卓部門の赤字を補塡するほど好調でなかった。

　以上のようにカメラ産業は、70年代前半の時期に最大の苦境に陥ったが、構造転換することで他の産業が70年代の長期不況に苦しむ中で数少ない好調な産業のひとつとして発展していった。カメラ産業は、70年代後半から80年代にかけてME技術を媒介として電子化、軽量化、素材転換を通してカメラを革新し、そして、転換社債、ワラント債など海外を含めた広汎な資金調達を行い、その資金をもって光学技術、精密工作技術、電子技術を応用してカメラ以外の分野に経営を多角化し、生産工程の自動化を促進し、東京都内の生産拠点を北関東から東北地方に移転し、利益率の低いコンパクトの生産をアジア諸国に移していった。さらに、国内販売では、問屋を通じての販売から直販制に転換し、海外市場でも総代理店方式を改めて北米、欧州、アジアに販売子会社を展開してメーカーの直販制に流通過程を変化させていった。

　本書は、以上のようなカメラ産業が70年代後半から80年代において構造転換とそこに内包するダイナミズムの実態を検証することを課題としている。

　第1章では、60年代から始まるカメラの自動化が電子技術をもって露出機構（AE）、焦点機構（AF）、巻上げ・巻戻し機構（モータードライブ）などで進行し、他方関連産業にも小型モーターの開発、電池の小型化・高出力化、高品質のプラスチックの開発などを求めて進んだ技術革新を検討し、こうした技術革新が国内外で飽和状態になった市場に新たなる需要を生み出す基礎となり、

新しい技術が開発メーカーに利益をもたらし、後れをとったメーカーが脱落するという技術革新を通じて行われたカメラ産業の再編成を明らかにする。

　第2章では、カメラメーカーがカメラ不況に対応するために生産体制を再編成する実態を考察する。生産体制の再編成は、労働集約的弱点を解消するために工場内では部品をユニット化し、組立を簡略化して生産工程をできるだけ自動化し、工場外では東京都内に集中する主力工場を北関東に移し、部品工場や下請・関連企業を東北各県や長野県に展開させていった。88年以前におけるカメラ産業の再配置は、国内の安価な労働力が豊富に存在する地方に展開することを主要な動向として、海外展開で補填した。本章の後半では、カメラ産業の生産体制を特徴づけるカメラ部品の外注依存度について、キヤノンとミノルタを例に実証分析を試みる。部品調達の安定と品質の維持のため、メーカーが子会社、関連会社、下請会社などをいかに組織化し、活用しているかを明らかにしようとする。

　カメラメーカーはいくたびかのカメラの飽和状態に遭遇するたびにカメラ以外の分野に新事業を展開する経営多角化を模索してきた。70年代に入りカメラの電子化が本格化したが、そのことは新技術に基づいたカメラの開発競争をいっそう激化させることとなった。カメラメーカーは、新技術に基づいた新製品を他社に先駆けて投入できるかどうか、できない場合でも短期間に追随できるかどうかが生き残りの条件となったのである。こうした状況の中で各社は、経営多角化を本格化させていったのである。第3章では、70～80年代の経営多角化を対象とする。第1節ではカメラメーカーが経営多角化をどのような分野で展開したのか、第2節では既存の事業との関連性はどうであったのか、第3節では多角化せざるをえなかった要因は何であったのかを明らかにしていく。そして、第4節においてカメラメーカーがカメラ業界の熾烈な競争だけではなく、多角化分野でも強い競争力を発揮できた要因は何であったのかを考察していく。

　第4章では、70年代以降におけるカメラ流通構造の転換について分析する。60年代前半までカメラの流通は特約店を中心として行われていたが、1965年不況の影響による価格下落、70年代以降の大型量販店への流通の集中、カメ

ラ市場の成熟化などを背景としてカメラメーカーは60年代後半から70年代にかけて国内の販売子会社を設立した。カメラの流通チャネルは直販子会社を設立したことで、メーカーによる系列化が完成したのではなく、特約店との販売契約は継続され、大型量販店との関係についてもメーカー主導になることはなかった。むしろ直販子会社の設立が逆に流通チャネルを多様化させる結果となった。メーカーによる流通支配自体が成立していないために、直販制への移行は、流通費を節約することにはならず、大型量販店への流通の集中に消極的に対応したに過ぎなかったといえる。

　第5章では、日本カメラ産業の輸出の前提として、まず世界のカメラ生産と各国の輸出動向の実態における日本メーカーの位置を検討して、次いで70~80年代の日本カメラ産業の輸出動向を統計的に掌握する。その上で70年代以降のドル流出とその防衛、ドルショックと輸入関税の賦課、円切上げ、輸出自主規制などと、相次いで起こるアメリカ市場への輸出環境の悪化に対して、一方で輸出比率を50％台から80％台へ高めつつ、他方でヨーロッパ市場へシフトして総代理店方式の流通形態を日本の本社直轄の直販制に改めていく過程を考察する。アメリカ市場においても総代理店制から直販制への切り替えによって日本メーカーの流通支配が確立し、その結果として日本メーカー間の激しい競争が展開され、世界市場における日本メーカーの制覇を完成させいく過程を明らかにする。

　第6章では、日本カメラの品質向上の契機となった「輸出検査」について、日本写真機検査協会の設立とその背景および輸出検査の実態を検証して、その成果と問題点を明らかにする。戦後、日本の輸出品は欧米市場で「安かろう、悪かろう」といわれ、重要な輸出品には、粗悪品の輸出を防止し、輸出促進とブランド力をつけることが課題であった。政府がカメラや時計などを輸出検査品目に指定したため、輸出検査に合格しないと輸出ができなくなった。その全輸出カメラの輸出検査成績を基に検証する。あわせて、世界最大市場のアメリカにおいて、品質評価を代表する『コンシューマー・レポート』誌のテスト結果を通じて日本カメラの品質向上が図られ、国際競争力をつけブランドを確立していった過程を検証する。

65年のカメラ不況以後、国内の生産体制の見直しと共に輸出用カメラを台湾、香港、マレーシアで海外生産することが行われ、日本カメラ産業にとって海外生産の第一波となった。第7章では、日系メーカーにおける海外生産の実態をその進出時から検証し、研究対象地域をカメラにおける海外生産の実情に鑑みて台湾を中心に考察する。とくに、台湾の「外資誘致政策」については詳細に検討する。そして、台湾光学産業の形成過程を日系メーカーの台湾進出との関連で明らかにする。

　第8章では、カメラ産業発展の原動力をその人的資源の開発・活用に求め、70～80年代における実態分析を通じて典型的な例を示そうとしている。カメラ産業では、時代とともにその商品が機能的に高度化し、部品そのものが大きく変化するとともに、生産方法も変化してきたが、それに対応する人材育成を重視し、体系化してきた。しかし、そうした企業努力の背景には、激しい競争と人材不足があり、その対応としてコスト削減、生産の合理化が第1の課題とされた。人的資源の開発・活用はまさにそうしたコンテクストの中で、カメラ産業の特殊性を伴いながら推進されたのである。生産現場の技能者から高度技術者の養成の実態を探るとともに、人事管理の実態を具体的に紹介しつつ、全体としてカメラ産業が人的資源管理をいかに推進していたか、その一端を示そうとしている。

　これまでの諸章でカメラの新製品開発、国内生産体制の再編成や海外生産拠点の構築、国内・海外における販売体制の整備、経営多角化などについて論じられてきたが、第9章ではこれらについて資金面から捕捉していくことを課題とする。まず、第1節ではカメラ産業全体の資金調達とその使途を時期ごとに分析し、各期の特徴と製造業全般との相違について明らかにしていく。そして、第2節では大手カメラメーカー5社（旭光学、オリンパス、キヤノン、日本光学、ミノルタ）の貸借対照表を前提とした「資金計算書」を分析し、各社の資金の運用・源泉（調達）から設備投資の状況、資金調達方法について考察していく。さらに、第3節では第1節、第2節をふまえてキヤノンと日本光学の2社を事例に国内生産拠点の構築・再編と資金調達についてみていくことにする。

2．カメラ産業の位置と問題の限定

カメラ産業は、精密機械器具に属するカメラと化学工業に分類されるフイルム・印画紙の生産を基礎にしてカメラ・フイルムを卸す問屋・商社によって国内外の小売店・量販店に流通させ、小売店・量販店で消費者に販売され、また小売店がフイルムを現像して印画紙に焼き付けるまでの一環した過程である。1970、80、90年の20年間の事業所数、従業員数、生産額（販売額）を示したのが表2である。カメラ産業総体で、事業所数が70年1.5万カ所、80年2.3万カ所、90年1.6万カ所であり、そこで働く従業員の数も70年12.5万人、80年15.1万人、90年11.8万人であり、生産額（販売額）が70年8,385億円、80年2兆8,564億円、90年3兆5,839億円という規模となる。カメラとフイルムから成るカメラ産業総体は、80年の数値でみると、精密機械工業に対する事業所数で107.7％、従業員数で16.8％、生産額で11.4％と、全産業に対

表2　カメラ産業の規模

	1970年			1980年			1990年		
	事業所数 所	従業員数 人	生産・販売額 億円	事業所数 所	従業員数 人	生産・販売額 億円	事業所数 所	従業員数 人	生産・販売額 億円
写真機類製造業	2,638	77,558	2,809	3,881	91,979	11,480	1,898	63,628	12,442
写真機・同付属品製造	1,544	51,768	2,022	2,441	61,158	8,010	1,197	42,778	9,028
映画機械・同付属品製造	169	8,746	344	205	5,572	617	54	968	181
レンズ・プリズム製造	925	17,044	443	1,235	25,249	2,853	647	19,882	3,233
写真感光材料製造業	46	12,875	1,167	42	12,825	4,799	70	15,750	9,622
写真卸売業	858		2,754	1,391		7,035	1,248		6,935
写真・写真材料小売業	12,061	34,958	1,655	18,657	46,776	5,250	13,486	39,267	6,840
写真産業総体	15,603	125,391	8,385	23,971	151,580	28,564	16,702	118,645	35,839
精密機械	9,297	240,748	8,917	22,251	904,000	249,540	15,539	943,000	468,580
全産業	652,931	11,679,680	690,347	734,623	10,932,000	2,038,830	435,997	11,173,000	3,091,970

出所：『工業統計表』1970・80・90年版、『商業統計表』1972・82・91年版より作成。
注：1）『商業統計表』では、精密機械器具の中の細分類である写真機卸売業がないため、『日本の写真産業』から数値を採った。
　　2）卸売業の数値の中で第二次卸については小売業と重複する部分がある。

しては事業所数で3.3％、従業員数と生産額で共に1.4％ときわめて小さな産業である。ここでは精密機械工業より事業所で107.7％となっているのはカメラ小売店（DP店）を含んでいるためである。

　生産部門は、カメラを組み立てるキヤノン・日本光学・ミノルタ・旭光学・オリンパスの大手5社、フイルムと兼業の小西六・富士フイルム、70～80年代に倒産・撤退するヤシカ・マミヤ光機・東京光学・興和があり、シャッターを製造するコパル・シチズン・セイコー、光学ガラスを製造する保谷硝子・小原硝子、交換レンズを製造するタムロン、シグマ、トキナーなどをはじめとした部品メーカーがカメラメーカーに部品を納入している。こうしたカメラおよび付属品製造業は、80年の事業所数が2,400カ所、従業員数が6.1万人、生産額が8,000億円という規模である。これに対して、フイルムは富士フイルム、小西六、コダックの3社に国内市場が独占され、このうち、コダックは国内では生産していないことから製造は国内メーカー2社の独占である。この他印画紙メーカーの三菱製紙などを加えた数社を頂点にして40数カ所の事業所に1.2万人の従業員が働き、カメラ生産の約半分の4,000億円の生産額をあげていた。90年には、フイルムの生産額がカメラ生産を上回ったのは、レンズ付きフイルムが86年に発売され、大衆機の代用品として相当売れたことと、小西六と富士フイルムのカメラの売上げが含まれていることによる。

　流通部門は、事業所数が70年1.3万カ所、80年2万カ所・90年1.5万カ所と、従業員数が70年3.5万人、80年4.6万人、90年3.9万人と、販売額が70年4,400億円、80年1兆2,200億円、90年1兆3,700億円と推移した。卸業はこの時期、浅沼商会、樫村、美スズ産業、近江屋写真用品、チェリー商事、敷島写真要品などのカメラと付属品、フイルムと感光材を取り扱う問屋からメーカー系のキヤノン販売、小西六商事、オリンパス商事、ミノルタ販売など中心が移っていき、問屋も扱い商品の中心をフイルムと感光材に転換していった。また、小売業もメーカーの直販制への移行に伴って問屋との流通ルートをもつ「街のカメラ店」からメーカー系商社より直接供給を受ける量販店、スーパー、ホームセンターなどに小売業の中心が移っていった。80年には、卸業が事業所数で1,400カ所、販売額で7,000億円であり、小売業が事業所1.8カ所従業

員数 4.6 万人、販売額 5,000 億円という規模であった。街の小売店は 70 年代からカメラ販売から次第に DP 店に、とくにミニラボが普及した 80 年代からはその傾向が強くなった。

　以上のようにカメラ産業のうち、本書で取り扱うのは、大手 5 社を中心としたカメラ生産とその流通部門である卸・小売業に限定し、交換レンズ、ストロボ、三脚などの付属品生産やフイルムなどの感光材については触れない。

注
1) 小倉磐夫『国産カメラ開発物語』朝日新聞社、2001 年、226〜231 頁。
2) 1970 年代前半に大学を卒業した私の体験によれば、アサヒペンタックスレベルの一眼レフ（ボディと標準レンズ）が 70 年代前半に給料 1 カ月分で買え、ニコン F だとボーナスで購入するという感じであった。
3) 在庫関係の数値は『機械統計年報』通商産業調査会、1970・74 年版。
4) 現金給与総額の数値は『工業統計表』大蔵省印刷局、1975・80 年版。
5) 原料使用額の数値は『工業統計表』大蔵省印刷局、1975・80 年版。

第1章 カメラ産業の技術革新

矢部洋三

はじめに

　本章[1]は、カメラ産業が1970～80年代に光学技術・精密工作技術とME技術を融合させた技術革新を基軸にしてカメラの自動化・軽量化を進めた実態を検証し、カメラ産業への影響を明らかにすることを課題としている。

　カメラの技術革新は、自動化が発展基軸である。自動化は50年代末に露出機構から始まっており、70～80年代特有の技術ではない。70～80年代の自動化は、50年代以来の機械的制御による自動化から電子制御による自動化への転換に意義があった。カメラの基本操作は、まず①フィルムを装填して（自動装填）、②レンズの絞りとシャッター速度の組み合わせ（露光）を決め（自動露光）、③被写体までの距離を測り（自動焦点）、④シャッターを押して撮影し、⑤フィルムを巻き上げて次の撮影に入る（自動給装）。そして、⑥所定の枚数を撮影し終わるとフイルムを巻き戻して完了する。このうち、80年代までに④の「シャッターを押す」行為以外すべて自動化された。こうした技術革新の軌跡は、コンパクトカメラが先行し、数年遅れて一眼レフカメラでも浸透するというパターンをとって進行した。本章では、以上のような技術革新について時期を区切って述べていく。

第1節　1950～60年代の技術革新

1．一眼レフカメラの登場

　1950～60年代におけるカメラの技術革新は、一眼レフの登場と露出機構の

自動化が進行したことにあった。カメラ市場が飽和状態に近づき、とくに60年代になると、技術革新なくしては新たな需要が見込めなくなりつつあった。以下では、一眼レフの登場と露出機構の自動化について検討してみよう。

　60年代半ばまでの高級機は、西ドイツのライツ社のライカMシリーズやツァイス社のコンタックスに代表される35㍉距離計連動カメラ（レンジファインダーカメラ）であり、このカメラは、レンズとファインダーとのズレが生じてしまい、交換レンズを使用するときは専用ファインダーを装着しなければならなかった。これに対して一眼レフは、ミラーとプリズムの採用によって距離計連動カメラの欠点を克服して①シャッターを押すと速やかにミラーが上がって戻るクイックターン・ミラーの構造、②レンズを通って反射ミラーを経た反射像を正像に戻すペンタプリズムの採用、③ファインダーで焦点を合わせるとき、絞りが開放状態で見え、シャッターを切ると設定した絞りになる自動絞り構造をもつものであった。さらに、内蔵露出計でレンズを通して露光を測光するTTL機構をもつようになる。

　一眼レフは、50年に東ドイツのツァイス・イコン社から発売されたコンタックスSに始まり、日本でもペンタプリズムが着いていないが、クイックターン・ミラーが採用された一眼レフで旭光学のアサヒフレックス（52年5月）が発売されていたが、いずれも距離連動カメラを凌駕する力には至らなかった。

　一眼レフへの流れをつくったのは、55年8月にオリオン精機産業（のちのミランダカメラ）が開発したミランダTで、日本初の一眼レフとなった。これに続いて57年3月に旭光学がその後一眼レフ専業メーカーとなる基礎を築いたアサヒペンタックスを発売し、58年にはミノルタカメラのミノルタSR-2、59年にキヤノンのキヤノンフレックス、日本光学のニコンFと日本の主要メーカーから一眼レフが売り出されていった。この中でニコンFの発売が一眼レフへの転換に大きな意味をもった。このカメラは、一眼レフの諸機構が技術的に完成の域に達し、最初から一眼レフがもつ可能性を想定したシステムカメラとして設計された。ニコンFは、発売後10年間モデルチェンジすることなく累計約860万台を売り、高級機の世界市場で距離連動カメラと西ドイツカメラを凌駕し、リーディング・マシンとなっていった。そして、60年代末には一

眼レフ分野では、上位機の日本光学、小型機の旭光学という2大メーカーの地位が確立した。他方、キヤノンはキヤノンフレックス以来諸々の一眼レフを開発していたが、高級機の重点をキヤノン7シリーズの距離連動カメラに置いており、一眼レフの分野で地位を獲得するのは、71年F-1の開発（技術的確立）と76年AE-1の発売（営業的確立）を待たねばならなかった。

2．露出機構の自動化

カメラの自動化は、レンズの絞りとシャッター速度の組み合わせで適正な採光を得る露出機構から開始された。露出計は、単体で使用されていたが、次第に①カメラに外付けされ、②内蔵されるようになり、③微細で感度のよい受光素子に変化していく方向で進んでいった。57年に露出計連動カメラが登場して露出機構の自動化が始まった。これらのカメラは、セレン光電池（Se）を受光素子とした着脱式の外付露出計で、シャッター速度とレンズの絞りの双方から適正露出が得られ、それらを手動であわせて撮影した。セレン光電池式の露出計は、微量な電流に対して敏感に反応する電流計で、電池などの電源を必要としない利点があり、感度を高めるには受光面積を大きくしなければならず、内蔵露出計カメラが普及する60年代半ばまで使われた。

60年代に入ると、自動露出カメラ（EEカメラ）が登場した。プログラム方式の自動露出カメラは、①シャッター速度を設定して自動的に絞りが適正値まで絞り込まれる方式（シャッター優先の自動露出）と②絞りを設定してシャッター速度が自動的に決定する方式（絞り優先の自動露出）の2方式があった。まず、シャッター速度優先の自動露出方式、ついで絞り優先の自動露出方式、最後に双方が設定可能な方式が開発された。

60年代後半になると、半導体がトランジスターからICの時代に入り、電子シャッターが登場した。電子シャッターは、被写体の明るさをCdS（硫化カドニウム）のセンサーで検出して露出を決定し、シャッター速度の調節にコンデンサーを使う方式となっている。受光素子CdSは、セレンに比べると、安定性がよく、とくに感度が非常によいために暗い所でも測光でき、小さく、受光角を狭くして感度を高くすることができるため内蔵露出計に利用される利点が

ある。反面、電源を必要とするため水銀電池を内蔵しなければならなく、被写体への測光において前歴現象が残り、低照度の被写体に対して反応が鈍いなどの課題をもっていた。CdSは、60～70年代の中心的な受光素子として使われ、90年代になっても普及機では利用されている。

　一眼レフにおいて、画期的な変化は、撮影レンズを通して光を測る露出計をカメラ内のミラー背面に組み込み、開放絞りで測光するTTL方式がある。この技術を世界で初めて実現したのが東京光学のトプコンREスーパー（63年5月）であった。このカメラの最大の特徴は、一眼レフの反射ミラーが露出計（ミラーメーター方式）となっている点であり、東京光学は、4つの特許を獲得し、その後、TTL方式を採用した各社は、特許実施許諾契約を結んで利用した[2]。また、旭光学も64年7月アサヒペンタックスSPを発売してトプコンに対抗した。トプコンと異なるのは、ピント板にできている被写体像の平均露光を測光するCdSセルがファインダー部分に内蔵されていることであった。このカメラは、営業的に成功したカメラで、64年の発売から8年間にわたり一眼レフ市場を制覇し、旭光学を一眼レフ専業企業としての地位を確立させたカメラであった。

　以上のような一眼レフと自動露出という50～60年代の技術革新によって西ドイツのカメラ産業が世界市場で脱落していくこととなった。50年代までライツ社のライカM3に代表される距離連動カメラ、ローライ社（フランケ・ウント・ハイデック社）の二眼レフが世界の高級機を独占していた。そのため、一眼レフの開発に立ち後れ、世界の高級機市場を日本企業に奪われてしまった。西ドイツのカメラ産業も挽回をめざして一眼レフ市場に参入したが、かつての地位に戻ることはできなかった（第5章参照）。

　日本国内においては、一眼レフの開発とコンパクトの露出機構に電子部品を組み込むことができなかった中小メーカーも脱落していった。日本写真機工業会に加盟するカメラ製造企業は、60～69年の10年間に28社が倒産や統廃合されている[3]。いずれの企業も一眼レフの開発に参入したり、電子回路を設計するために電気技術者を抱えて電子制御のカメラを開発する資金的余裕はなかった。戦後、輸出産業として群生した中小零細のカメラメーカーは、ほとんど

がこの時期に消滅していった。

第2節　一眼レフカメラの露出機構の自動化——1970年代前半の技術革新

1．一眼レフカメラにおける露出機構の自動化と小型・軽量化

　一眼レフの分野で電子シャッターが登場したのは、1970年代初頭であり、コンパクトから5年遅れていた。一眼レフにおいて、最初に電子シャッターが採用されたのは、旭光学が71年10月に発表したアサヒペンタックスESであった。コンパクトの場合、電子シャッターの自動露出機構は、撮影レンズと測光回路が別々であり、押されたシャッターが開くと同時に測光回路が露光を積算して一定量に達するとシャッターが閉じる方式を採っている。しかし、一眼レフへの採用には、シャッターが開く前に反射ミラーが上がってしまうため、測光回路に光があたらないことに困難さがあった。このカメラは、露出の記憶装置をボディに搭載して①シャッターを押すと、反射ミラーが上がる直前に露出を電子回路に記憶させ、②入光量が多ければシャッター速度が速くなり、入光量が少なければシャッター速度が遅くなるよう自動制御した。しかし、基本的には絞り優先の自動露出機構を採用しており、CdSをファインダー接岸部の両端に付け、受光素子にCdSを使っている点で従来の技術を踏み出すものではなかった。ペンタックスESに続いて70年代前半に72年12月ニコマートEL、73年4月ミノルタX-1、11月キヤノンEFが追従した。

　75年11月に登場したオリンパスOM-2は、世界で初めてTTLダイレクト測光を取入れて技術的に電子シャッターを前進させた。このカメラは、自動露出機構で独立した2つの測光回路がボディに組み込まれていた。マニュアル撮影用のCdSを受光素子としたTTL連動露出計は、従来型のTTL一眼レフと同様な仕組みをなしており、他方は、自動露出撮影用のSPDを受光素子としたTTLダイレクト測光の露出計で、フイルム面からの反射光をボディの底部に配置したSPDで直接測光するもので、反射ミラー、ペンタプリズムを通さないということでダイレクト測光であった。

表1-1 一眼レフの小型・軽量化

企業名	機種名	発売期日	重量（グラム）	OM-1発売からの月数 カ月	価格 円	平均重量（グラム）
オリンパス	オリンパス OM-1	1972.7	490	—	43,000	—
旭光学	ペンタックス ME	76.12	462	66	50,000	639
キヤノン	キヤノン AE-1	76.4	590	58	50,000	803
	キヤノン AV-1	79.5	490	82	40,000	
日本光学	ニコン FE	78.4	590	69	69,000	791
	ニコン EM	80.3	460	92	40,000	
ミノルタ	ミノルタ XG-E	77.1	505	63	49,800	772
	ミノルタ X-7	80.3	495	92	39,500	
ミランダ	ミランダ d-X-3	75.1	600	40	58,800	688
小西六	コニカ AOM-1	76.11	510	52	45,500	720
東京光学	トプコン RE 300	78.4	580	69	42,500	830
富士写真	フジカ AZ-1	77.11	530	64	49,000	623
ペトリ	ペトリ MF-1	77.3	450	56	30,000	743
マミヤ光機	マミヤ ZE クオーツ	80.7	450	97	38,500	690

出所:『カメラ年鑑』日本カメラ社、各年版より作成。
注:1)重量・価格ともボディのみの数値である。
　 2)小型・軽量化の基準を500グラムと600グラムにおいている。
　 3)平均重量は、1972年発売中の各社一眼レフのボディ平均重量である。
　　　この他、ヤシカ698グラム、リコー705グラムである。

　70年に富士フイルムが、フジカST 701に受光素子SPDとした露出計を内蔵した。SPDは、CdSがもっていた課題を解決する①低照度に強く、②前歴現象が残らず、③反応速度が速い特性をもつ受光素子であった。しかし、SPDが普及したのは、70年代後半からであった。
　一眼レフ分野では、電子シャッターの普及と共に、小型・軽量化が進んだ。オリンパスは、63年ハーフサイズ一眼レフのペンFを開発して一眼レフ市場に参入し、医療機器にシステム化されており、競争相手がほとんどいなかったことから安定した売れ行きを示していた。そして、70年にオリンパスFTLを開発して本格的に35㍉一眼レフの分野に参入したが、このカメラはほとんど売れなかった。そして、72年に小型軽量のOM-1を開発した。当時各社が発売していた一眼レフのボディ重量は、上位機をもっている日本光学、キヤノン、

東京光学、ミノルタが 800 g 程度と重く、輸出中心のヤシカ、ペトリ、ミランダ、リコー、マミヤ光機、小西六が 700 g 程度と多少軽く、小型機の旭光学でさえ 639 g であり、小型機で一眼レフ市場に参入しようとした富士フイルムでも 623 g であった。これらに対して OM-1 は 490 g とプラスチックボディの開発が進んでいない時代に驚異的な軽量化を成し遂げた。一眼レフの大手 4 社は、600 g を割る小型機を発売するのに 5 年 4 カ月もかかり、500 g 以下機種に至っては 7 年を要している（表 1-1 参照）。このことは、70 年代前半には一眼レフの販売が好調であったこと、オリンパスが当初生産・販売を抑えていたため急激に売れ出したのが発売後 2、3 年経てからであったことから各社は消費者の嗜好が小型・軽量化に向いていることに気がつかなかったことによった。各社が小型・軽量化に取り組むのは、のちに述べるキヤノン AE-1 が発売された 76 年 4 月以降のことであった。

2．コンパクトカメラの多機能化

カメラの自動化は、コンパクトの分野では、60 年代に露出機構では完成し、制御機構が機械式から電子式に変化し、電子式も半導体がトランジスターから IC となり、70 年代に入ると LSI も採用されて電子シャッターを用いたプログラム式の自動露出方式が一般的な技術水準となっていた。そのため、コンパクトの技術開発の中心が「日付写込機能」とか、ストロボ内蔵とか、多機能化に移っていった。撮影された写真に年月日がデジタル数字で焼き込まれる日付写込機能は、当初「デート機構」として登場し、時計機能を付加した「オートデート機構」となって完成をみた。デート機構を備えたカメラは、70 年にキヤノンがデート E で初めて実現した。各社も 70 年代前半に追従してデート機構をもったコンパクトを発売していった。これらのカメラは、撮影する際に、その都度ダイヤルで年月日を設定するものであった。デート機構の仕組みは、設定された年月日が撮影と同時に光学的にフイルムの下方に写し込まれるようになっていた。実際、消費者が使ってみると、撮影する前に必ず日付をチェックしなければならず、煩雑であり、チェックを忘れることも多く、前日の日付を焼き込んでしまうことがしばしばあった。そこで、時計機能を組み込むことで

自動的に日付が進行して撮影時の日付を正確に写し込むことが技術的課題となった。しかし、デジタルクオーツの技術は70年代前半には発展途上の技術であり、価格的にもコンパクトに組み込むには高価であったことから78年小西六のコニカC35EFオートデート、コニカAcom-1オートデートまで待たねばならなかった。これらのカメラは、カメラの裏ぶたの中にデジタル時計用の回路と発光素子を組み込み、フイルムの裏側から焼き付ける構造を採っており、これによって日付写し込み機能が完成した。80年代前半にかけてコンパクトの分野で各社が採用し、次第に一眼レフにも普及していった。

3．1970年代前半における技術革新の結果

　以上みてきたように、70年代前半の技術革新は、一眼レフの分野では電子シャッターと小型・軽量化が基軸であり、小型・軽量の電子シャッターのTTL一眼レフが販売面でも好調であった。74年の一眼レフの市場占有率は、一眼レフを製造しているメーカー11社のうち、旭光学が23％で第1位で、第2位が日本光学の22％で、以下キヤノン19％、ミノルタ16％、オリンパス10％と続き、残りの6社で10％を分けあう構成であった[4]。電子シャッターに先鞭をつけた旭光学が首位の地位を確保し、OMシリーズで小型・軽量化を推進したオリンパスが躍進した。オリンパスは、72年に小型・軽量一眼レフOM-1を発売して一眼レフメーカーの一画に食い込み、高級機の開発にシフトしたミノルタと小型機の旭光学の市場を奪って売れ行きを伸ばしてOM-1が75～76年にベストセラー機種となり、76年には16％の市場占有率を占めてミノルタの8％を抜いて第4位となった。

　また、コンパクトの分野では、デート機能が開発されたが、60年代に確立した自動露出のEEカメラをしのぐようなめざましい技術革新はなかった。そのため、70年の大阪万博までにコンパクトに対する需要は一巡し、コンパクトの購入層は、米コダック社が開発したカートリッジカメラに流れていった。このカメラは、72年10月の日本発売から1年半でまたたく間に出荷台数が50万台を超し、国内市場の10％近いシェアを確保し、輸入も72年7万台から73年35万台、74年57万台と急増した[5]。コンパクト市場では、60年代末にEE

コンパクトの成功でオリンパスとヤシカの二強体制が形成されていた。しかし、オリンパスはトリップ35、35PCの堅調な売れ行きで首位を維持したものの、ヤシカはコンパクトにヒット商品が生み出せず、一眼レフとカートリッジに売れ筋が移り、両者の挟み撃ちにあってカメラ生産の稼働率が71年91％、72年81％、73年87％、74年82％、75年72％、76年75％と低迷し、経常利益も70年4億円、71年3.7億円あったものが72年－0.5億円と赤字となり、諏訪工場の閉鎖などで73年3.6億円、74年1.9億円と一時回復したものの、75年－31.1億円、76年－11.8億円と大幅な赤字を出して経営不振に陥ってしまった[6]。反面、一眼レフに主力を置いた日本光学、旭光学、キヤノン、ミノルタ、オリンパスの「大手5社体制」が形成された。

第3節　キヤノンAE-1とジャスピンコニカの登場と中小メーカーの脱落

1．露出機構自動化の完成

　一眼レフの分野でも、1970年代後半になると、プログラム式の自動露出カメラが登場するようになった。まず、キヤノンが76年4月にAE-1を発売した。このカメラは、①世界で初めてマイクロコンピュータを採用した一眼レフであったこと、②ファインダー、シャッター、ミラー作動部、自動露出など5つのユニットに集約して生産工程の自動化を進めたカメラであり、このことがカメラ産業に衝撃を与えた。このカメラのCPUは、MPUを使わずにユニポーラIC（MS-IC）とICとを組み合わせて、CPUの働きをさせるものであった。自動露出機構は、被写体についての情報（被写体の明るさ、レンズの開放F値、フイルム感度、設定シャッター速度、撮影絞り値など）を演算し、記憶して露出調節する一連の動きをカメラ本体に内蔵されたCPUやLSIによって統合して撮影する仕組みとなっていた。

　キヤノンAE-1によってもたらされたプログラム式の自動露出一眼レフは、70年代後半には、IC使用の絞り優先のアサヒペンタックスME（76年12月）、シャッター速度優先の両方ができるデュアルAEカメラのミノルタXD（77年

10月)、ニコンEL2（77年5月）、5つのAEを備えたキヤノンA-1（78年4月）、CPU制御のシャッター速度優先AEカメラのコニカFS-1（79年）が相次いで開発された。

キヤノンAE-1は、一眼レフの分野において、プログラム式の自動露出という革新と共にオリンパスOMシリーズによってもたらされた小型・軽量化の流れを決定づけ、さらに低価格化の先鞭を付ける衝撃をカメラ産業に与えた。

フイルムの給送機構の自動化は、簡易装塡、巻上げ、巻戻しの3つの作業の自動化を内容としている。一部の機能は、60年代からあったが、一般的に一眼レフ、コンパクトに内装されるようになったのは、70年代末からで半導体の発展とともにカメラの電子化の中で行われた。3つの作業の中で最初に自動化したのは、巻上げであった。62年に機械式の自動巻上げ機構を内蔵したリコー・オート・ハーフが発売された。このカメラは、スプリングドライブまたはスプリングモーターと呼ばれる機械式の自動巻上げ機構をもち、あらかじめスプリングを巻いてシャッターを押すと1コマずつ自動的に巻上げられる。その後、電動の自動巻上げ機構は自動車レース、野生動物などの連続撮影のために開発されたプロ用上位一眼レフに外付けモータードライブ機構として発展していく。

自動給送機構をカメラに内蔵するためには、①モーターの小型化、②どのような状態でも大電流を供給できる小型電池の開発、③モーターをすばやく停止させる制御、④フイルム終了を検知するセンサーの開発、⑤巻上げ・巻戻しの際に静電気が発生して放電感光することなど、の技術的課題を解決しなければならなかった。自動装塡機構が最初に導入されたのは、79年に小西六が発売した一眼レフコニカFS-1であった。このカメラは、CPUが組み込まれているため、カメラ内の広範な制御が可能になり、露出機構の制御だけに留まらず、自動装塡・自動巻上げ機構を制御するためにも使われた。この自動巻上げ機構は、カメラ本体にモーターを使ったモーターワインダー（またはオートワインダー）で、マイクロモーター2個とソレノイド（シャッターレリーズ用電磁石）4個で構成されていた。また、このカメラの自動装塡機構は、所定の位置までフイルムのベロを引出し、裏蓋を閉めるだけで自動的にマイクロモーターが作

動して最初のコマが設定されるものであった。

　自動巻戻し機構は、自動巻上げを前提として巻上げ終了を電気的に検知して内蔵マイクロモーターで自動的に巻戻すオートリターン機構である。最初に採用されたのは、81年10月コンパクトのフジカオート7である。そして、一眼レフにおける自動巻戻し機構は86年に発売されたキヤノンT90からである。

　80年代半ばまでに、プロやマニア用マニュアル上位機以外の一眼レフ、コンパクトでは、内蔵されたモーターによって《装填→巻上げ→モーター停止→巻戻し》という機構が普及した。

2．コンパクトカメラのストロボ内蔵と自動焦点化

　この時期、コンパクトの分野では、ストロボの内蔵と自動焦点（AF）が市場構造を変える技術的変化であった。まず、ストロボ内蔵カメラについてみてみよう。本格的なストロボ内蔵カメラが登場したのは、76年3月の小西六のピッカリコニカ（コニカC35EF）であった。ストロボ内蔵カメラを開発するには、①コンパクトの横10㌢、縦8㌢、厚さ5㌢という寸法の中にいかに小型化できるのか、②コンパクト故にレンズとストロボの発光部との配置が近すぎるために起こる「赤目現象」の解消、③電池の消耗を最小限にするストロボのスイッチをどのように設定するのか、④カメラボディがアルミダイカスト製であるため通電し感電する、などの課題が山積みされていた。こうした技術的課題を解決したこのカメラは、フラッシュマチック方式と呼ばれるもので、ガイドナンバー14の小型ストロボを内蔵し、設定した距離に応じて自動的にカメラの絞り値を変更し、ストロボ光による適正露光がえられる方式を採用した。ピッカリコニカは、5年以上もヒットが続き、通算250万台も販売されたベストセラーカメラであり、その後のコンパクトには、ストロボ内蔵が一般化する潮流をつくった。

　カメラボディは、電子制御による自動化が進行する中でストロボ内蔵を契機にプラスチック化が模索されるようになった。カメラボディのプラスチック化は、70年代に入るとカメラの自動化が電子制御による自動化が本格化する中でシャッター・ストロボ・AFなどを駆動させるエネルギーをコンデンサーに

蓄電するため、開発段階で金属ボディで感電する事故がしばしば起こり、絶縁ボディが求められ、電子部品の重量と容積が加わったことからボディ素材の軽量化・小型化が模索されてプラスチックが採用された。したがって、カメラボディのプラスチック化は、電子制御による自動化の副産物といえる。しかし、70年代中頃のプラスチック成型は、寸法精度や強度、素材がまだ非常に低レベルにあったので、ほとんど開発はプラスチック金型や成型技術、プラスチック素材の検討から始めなければならなかった。プラスチックボディは、81年に405㌘もあったコンパクトカメラの重量（キヤノンオートボーイ）が88年には、240㌘（リコーFF-9D）となり、90年には190㌘（コニカビッグミニBM-201）というように軽量化が進んだ。80年代になると、重量が軽く、生産工程の加工がしやすく、ボディのデザインに自由度が拡大して多様なカメラが登場し、生産コストが軽減される利点からプラスチック・ボディがコンパクトで主流となり、一眼レフでも83年のグラスファイバー入りポリカーボネートというプラスチックを使ったキヤノンT-50から始まり、次第に高級機にも普及していった。

　カメラにおける自動化の最後は、AF機構である。AFカメラの原理は、まず①被写体との距離を検出器で測定し、②測定結果を電気信号に換えてカメラに伝え、③レンズを自動的に駆動させる。AFカメラは、60年代に露出機構の自動化とほぼ同時期に研究が開始され、63年にキヤノンのAF試作機キヤノンAF、71年に日本光学の80㍉AF交換レンズ、73年に小西六のコニカAFヘキサノンAR100㍉などの試作機器が発表されていた。

　AFカメラの実用化が現実となったのは、74年に米ハネウェル社が「VAFモジュール」の開発に成功したことであった。このAFモジュールは、パッシブ式AFで、センサーとLSIを横19㍉、縦16㍉、高さ16㍉の大きさのプラスチック箱に一体化して距離測定装置の微細化、集積化がなされた。パッシブ式は、カメラ自体が信号を発するのではなく、被写体像のズレやコントラスト、位相のズレを検知して三角測量を行う受動的検知方式であった。ハネウェル社は、カメラメーカー13社（うち7社は日本メーカー）と技術供与契約を結んだ。

　77年11月に小西六がAFカメラの実用化に成功してジャスピンコニカ（コ

ニカC35 AF)[7]を発売した。60年代以来開発課題となっていたのを小西六が実用化できたのは、第1にAF機構にハネウェル社のVAFモジュールを採用したことにあった。小西六は、60年代半ばからAF機構の研究が行われ、「光電的二重像合致検出方式」というAF機構に到達し、この方式がハネウェル社のAF機構と同様な考え方であったことからハネウェル社からの技術導入が最後発であったにもかかわらず、最短で実用化してしまった。このAF機構は、被写体からの光をセンサーの左右にある2つの鏡（固定ミラーと可動ミラー）で受けとめてAFモジュールに送り、被写体からの左右の鏡からの異なった距離をAFモジュール内のセンサー上の結像をLSIが判定して、三角測量で距離を割り出し、レンズに距離信号を送り、レンズが焦点の合うところで止まるというものである。

　第2の成功要因は、AFカメラを一眼レフではなく、コンパクトで実現したことにあった。コンパクトは、単焦点の38㍉レンズを着けているため、焦点深度が深くボケが少なくてすむ。また、コンパクトはサービスサイズの写真を楽しむ利用者が大半を占め、大伸ばしの焦点を必要としなかった。さらに、70年代半ばの半導体の発展状況は、普及品がICからLSIに代わりつつある時期で、コンパクトのAF機構に必要な半導体はICを駆使することで間に合い、LSIを採用すれば十分余裕ができるくらいであった。

　第3に、小型化を図るためにレンズのモーター駆動をやめ、バネでレンズを動かす方式を採用したことに成功要因があった。コンパクトにAF機構を採用したことは、逆に小型化という困難な開発条件を持ち込んでしまった。フィルムを巻き上げるときの動力を同時にレンズを動かす動力に利用することでレンズを駆動させるモーターをやめてしまった。そのため、カメラの大きさは、横128㍉、縦73㍉、厚さ53㍉のピッカリコニカよりAF機構で大きくなった分が横4㍉、縦3㍉、厚さ1㍉であり、必要最小限に抑えられた。このことは、限られたカメラの空間をとらず、重量が抑えられ、ピッカリコニカより1万2,000円の価格上昇の4万2,800円という安い価格で販売できた。

　77年に発売されたジャスピンコニカは、11月30日発売当日に用意された1万台が即日完売し、月産1万台で出発した生産計画も月産8万台に引き上げら

れ、フル稼働させる量産体制で79年11月には100万台を突破した。

　この段階のAFカメラは、暗い被写体には焦点が合いにくかったり、白い壁や芝生、遠くの山並みなど、像のズレ分を検出しにくい被写体も焦点が合いにくかった。また、視野の真ん中を対象にしていることから人物が2人並んでいるとその背景に焦点が合ってしまうなどの課題を残していた。中央部焦点合わせ機構の欠点を補うフォーカスロック機能をもったAFカメラが78年10月にヤシカオートフォーカス、11月にフラッシュフジカAF、79年10月にミノルタハイマチックAFといずれも米ハネウェル社のVAFモジュールを採用して発売された。

　キヤノンは、小西六から2年遅れた79年11月にオートボーイ（AF35M）というAFのコンパクトを発売した。他社がハネウェル社のパッシブ方式を採用していたのに対して、キヤノンはアクティブ方式のAFカメラを開発した。アクティブ方式は、カメラから被写体に信号を送り、被写体から反射してきた信号を検知して距離を測量する方式で、キヤノンの場合、赤外線を発光ダイオードに用い、被写体に向けて近赤外線を照射し、この反射光を赤外センサーで感知して三角測量を行って距離を合わせる方式を採用した。この赤外線を照射するのは63年の試作機キヤノンAFと同様であった。アクティブ方式のAFは、パッシブ式と比較して撮影場所が暗くても、被写体のコントラストが低くてもAFが機能する利点をもっている反面、遠距離の被写体の焦点が合いにくい弱点をもっていた。

3．半導体の革新と自動化の完成

　カメラの自動化が機械制御から電子制御に転換する決定的な要因は、半導体の発展にあった。カメラへの半導体の採用をみると、①カメラという小さい空間に収まり、②低電圧・低容量の電池を電源として、③かなり厳しい温度や湿度でも作動することなどの制約があった。

　電子化が始まった60年代のCdS式露出計を制御する程度であれば、半導体も数石のトランジスターで間に合っていたが、70〜80年代の露出、モーター、ストロボなど制御する領域が拡大すると大容量化が求められた。この時期、半

導体がトランジスター、ICからLSI、V-LSIへと発展し、次第に大容量の半導体がカメラに組み込まれるようになった。また、腕時計がクオーツ化して電子時計となり、時計に搭載する半導体の開発が進み、微細化された半導体がカメラにも応用された。さらに、ハイブリットIC（混成IC）、モノリシックIC（半導体IC）も登場してくる。ハイブリットICは、LSIを別々に取り付けるのでは、カメラの空間の面でも、生産工程の組み付けの面でも、費用の面でも不利なことから生まれたもので、単部品を集めて、ある程度小さくセラミック製の基板に取り付けたもである。これによって抵抗がプリントされ、半導体はミニモールドのまま着けられ、半田ごてが不要になり、配線の数も極端に減少した。そして、シリコンウェハーの薄板の上に回路を半導体製造装置で焼き込んだモノリシックICに発展した。

　半導体を搭載する基板は、70年代末にフレキシブル基板が登場した。この基板は薄いプラスチックの軟らかい板に複雑な配線パターンが銅箔で積み重ねにされ、その上に半導体、半導体には組み入れられないディスクリート部品やエンコーダーのような部品まで取り付けられ、その柔軟性を利用してカメラの中に折り曲げられて取り付けられた[8]。80年代には、自動露出、自動フイルム供給、自動焦点、ストロボ内蔵などの機能が電子制御されるようになり、当初別々の半導体で制御していたのが、次第に大容量の半導体に集約され、半導体を搭載する基板もフレキシブルボートが普及してくる。

　半導体の導入は、①2,000～3,000の機械部品が電子回路に置き換わってカメラの中に電子基板が張りめぐられ、②反面、機械機構が簡略化され、③カメラの精度が向上し、④操作も簡単になり、⑤重量が軽くなり、容積も小型化する、などに貢献した。

　70～80年代の自動化は、機械的制御から電子制御に代わり、センサーと小型モーターを活用したプログラムを電子回路として半導体に組み込んで制御するようになった。そのため、制御するプログラムを設計する半導体のソフトウェアの開発がカメラメーカーにとって重要な課題になってきた。当初、カメラメーカーは半導体メーカーと共同で電子回路を設計していたが、次第にソフトウェアの開発はカメラメーカーが独自に行うようになっていった。カメラメー

カーで設計された専用の半導体は半導体メーカーに発注して製造され、そして、汎用の半導体と共にカメラメーカーで基板に組み立てられた。

4．電子制御の進展と電動部品の革新

カメラが電子制御になるのに伴って小型モーターの開発、電池の小型化と容量の増大が求められていった。ここでは、小型モーターと電池についてみていく。カメラへのモーターの採用は、60年代から外付けのモータードライブには取り付けられていたが、外付けである限りそれほど小型化は問題にはならなかった。70年代半ばには、カメラ用モーターは、AF、フィルム給送の自動化が実用化の段階を迎えて①カメラへの内蔵、②小型化・軽量化、③機能としては高出力で、起動・停止の反応が速く、とくに停止が高精度であること、④低電圧・低消費電力であることなどの省エネルギー化、⑤長時間放置されても起動し、間欠運転が可能であること、⑥低価格であることが課題となっていた。そのため、77年ジャスピンコニカや79年ミノルタハイマチックAFなど初期のAFコンパクトは、モーターと電池が大きすぎてカメラに内蔵できなかったことからスプリング駆動の機械制御のAF機構であった。ミノルタを事例にすれば、表1-2のように80年代の10年間に急速に進むことがわかる。

表1-2　カメラのモーター（ミノルタ）

	商品名	発売年	モーター数	用途	モーターの種類（モーター数）
コンパクト	ハイマチックAF	1979年	0	AFはスプリング駆動、フィルム給送は手動	無
	AFテレ・クオーツデイト	85年	4	AF駆動、焦点切替、駆動制御、フィルム給送	ステッピングモーター(2)、コアモーター(2)
	MAC-ZOOM90QD	89年	3	AF駆動、シャッター、フィルム給送、ズーミング	ステッピングモーター(1)、コアモーター(2)
一眼レフ	α-7000	1985年	2	AF駆動、フィルム給送	コアモーター(2)
	α-7700i	88年	2	AF駆動、フィルム給送	コアモーター(2)
	α-8700i	90年	2	AF駆動、フィルム給送	コアモーター(2)
	α-7xi	91年	3	AF駆動、フィルム給送、ミラー・絞り・シャッターのチャージ駆動	コアモーター(2)、コアレスモーター(1)

注：1）ミノルタ関係者への聞き取り。
　　2）α-7xiは交換レンズの一部にパワーズーム採用でレンズ内にコアモーターがついている。

80年代にフイルム給送機構が自動化し、AFカメラも登場してコアモーター、コアレスモーター、ステッピングモーターと呼ばれる小型モーターが開発されてカメラに取り付けられるようになった。コアレスモーターは一般のモーターが鉄心にコイルを巻いたローターを磁気によって回転させるのに対して、鉄心をもたないローターを回転させる。このモーターは、樹脂で固めたコイルをローターにして内側に永久電池を着けて回転する直流モーターである。①制御性に優れ、②電圧ロスが少ないことから出力効率がよく、③小型で軽量であるという利点があり、精密制御用モーターに使われた。しかし、製造原価が高くなる欠点をもっていた。半導体による電子制御の技術がそれほど進展していない80年代初めには、コアレスモーターが使われていた。80年代後半になると、半導体による電子制御の技術が進むことで、低価格のコアモーターが多くなっていった。

　ステッピングモーターは、一歩一歩段階的に回転するモーターという意味で、電力パルス数に応じて回転角が変化し、入力周波数に比例して回転速度が変化するため、モーターを制御することができる特性をもっていた。また、カメラを制御するMPUと整合性がよく、高性能化しやすく、回転磁界の方向を切り替えれば、回転方向を正逆転でき、AFのレンズを左右回転するなどに適していた。カメラには、クオーツ時計で使われていた超小型軽量のステッピングモーターが応用された。

　79年に一眼レフコニカFS-1とコンパクトキヤノン・オートボーイの双方で自動巻上げ・巻戻し機構にコアードモーターが着いたカメラが発売された。FS-1は、モーターのサイズを小さくすることをせずに、巻取り軸の空間にうまく組み込むことで実用化したが、巻戻しは手動機構に残した。オートボーイは、毎分7,500回転する高速モーターを採用して正攻法に小型化を図ってカメラに組み込んだ。巻戻しに36枚撮りフイルムで25秒かかった。この段階で双方の差は、コンパクトと一眼レフのフイルムを巻き取る力の違いからくるものであった。

　カメラの電池は、60年代の露出計の電源程度であれば、水銀電池で十分であったが、70年代に入ると、電子シャッター、ストロボ内蔵、自動装填・巻

上げ・巻戻し、AFなどの駆動電源として電子制御が拡大されると共に高出力、高エネルギー密度、高信頼性の小型電池の開発が要請された。しかし、70年代前半には高出力の小型電池の開発は、ストロボにおける電池の部品容積比調査[9]では、68〜75年での7年間にコンデンサーの容積が半分になっているのに対して電池は1対1で変わらず、十分に進まなかった。70年代後半には、電子制御が露出機構からストロボ、AFに拡大し、ひとつの半導体を動かすのに最低2Vから4.5Vの電池が必要になり、電池もボタン型水銀電池から単三マンガン乾電池・アルカリ乾電池が採用されるようになった。表1-3でコンパクトをみると、75年発売のピッカリコニカは、AE機構の電源が従来のコニカC35を踏襲してボタン型水銀電池を使い、ストロボ機構の電源には新たに単三のマンガン乾電池か、アルカリ乾電池2本が付け加わった。77年にAF機構が加わったジャスピンコニカでは電子制御と電池の関係が技術的に整理さ

表1-3 電子制御の進行と電池容量

	機種名	発売年	内蔵電動部品	電池の種類
コンパクト	コニカ C35	1968年	自動露出（CdS）電源	ボタン型水銀電池
	コニカ C35EF	75年	自動露出（CdS）、ストロボの電源	ボタン型水銀電池、単三乾電池2本
	コニカ C35AF	77年	自動露出、ストロボ、自動焦点の電源	単三乾電池2本
	コニカ Z-up80	88年	自動露出、ストロボ、自動焦点、ズーミングの電源	リチウム電池（2CR5）1個
一眼レフ	ニコン F	1959年	無	無
	ニコン F2	71年	一部機種のみTTL自動露出	ボタン型水銀電池2個
	ニコン F3	80年	シャッター制御、液晶表示	ボタン型酸化銀電池（SR44）2個
	ニコン F4	88年	プログラム自動露出、自動焦点、自動巻上げ・巻戻しの電源	単三乾電池4本
	アサヒペンタックス	57年	無	無
	アサヒペンタックス SP	64年	自動露出（CdS）電源	ボタン型水銀電池1個
	アサヒペンタックス ES	71年	電子シャッター、自動露出電源	ボタン型酸化銀電池（G13）1個
	アサヒペンタックス ME	76年	電子シャッター、自動露出電源	ボタン型酸化銀電池（G13）2個
	アサヒペンタックス LX	80年	自動露出の電源	ボタン型酸化銀電池（G13）2個
	アサヒペンタックス SFX	87年	自動露出、自動焦点、自動巻上げ・巻戻し、ストロボの電源	リチウム電池（2CR5）1個

出所：『カメラ年鑑』日本カメラ社、各年版、『ニューフェース診断室　ニコンの黄金時代上下』朝日新聞社、2000年1月、『ニューフェース診断室　ペンタックスの軌跡』朝日新聞社、2000年12月より作成。

れて駆動電源は、単三のマンガン乾電池か、アルカリ乾電池2本となった。アサヒペンタックスの一眼レフもCdS内蔵露出計のSPの電源は、ボタン型水銀電池1個で十分であったが、電子シャッターとなってICやLSIにより制御されるESやMEは酸化銀電池2本が使われた。80年代に入ると、電池は、コンパクトでは、自動巻上げ・巻戻し、ズームレンズに採用され、一眼レフでもAF、自動巻上げ・巻戻し、ストロボ内蔵が電子制御で行われ、より高出力、高エネルギー密度、小型なリチウム電池が主流となった。

　電池には短時間に高出力を必要とするモーター向きの電池とか、長時間微電力を使うのに向いた電池とか、電池の性格もあるが、それぞれの電池がカメラでどのような出力があるかをみると表1-4のようになる。ストロボの発光回数によって電池の出力を計測すると、マンガン電池を1としてニッカド電池が1.8、ニッケル電池が2.6、アルカリ電池が4.6、リチウム電池が6.8となり、また、バッテリーパックにそれぞれの電池を入れて撮影すると、ニッカド電池が36枚撮りフイルム20本、ニッケル電池が25本、アルカリ電池が45本、リチウム電池が90本とアルカリ電池とリチウム電池が優れていた。リチウム電池はアルカリ電池に比べると、容積が半分ぐらいであり、単位出力は圧倒的に大きく、小型化してカメラ用電池として適していた。しかし、世界各地で簡単に入手できるという点では、リチウム電池はアルカリ電池にかなわない。そのため、ニコンは、ニコンF5、ニコンF100にもアルカリ電池を使っている。電池の発展には、以上でみたように電池の出力・エネルギー密度の向上した一方で、70年代中頃に6Vを必要とした消費電力も80年には3Vに半減したよ

表1-4　電池の能力

電池の種類	ストロボの発光 発	撮影枚数 枚
単三マンガン乾電池	1.0	—
単三アルカリ電池	4.6	1,620
単三ニッカド電池	1.8	720
単三ニッケル電池	2.6	900
リチウム電池	6.8	3,240

注：1）ストロボはニコン・スピードライトSB-22s。
　　2）撮影はニコンF80用のバッテリー・パックMB-16のデータを使用した。

うに半導体消費電力の削減が大きく貢献していた。

5．1970年代後半の技術革新の結果

キヤノンAE-1は、技術的には露出機構を電子制御によるプログラム式で自動化を確立させると共に、営業的には一眼レフの低価格化を推進した。これによって一眼レフの市場構造を変化させていった（表1-5参照）。国内市場では、上位機の日本光学、小型機の旭光学が市場の半分を占め、残りの半分をキヤノン、ミノルタ、オリンパス、その他6社で分けあう構造であった。キヤノンは、75年の18％から77～82年24～25％に市場占有率を拡大した。日本光学は、当初その影響を被り、77～79年に占有率が20％に落ち込んだが、対抗機種のニコンFEを発売して80年には75年の24％を回復し、81年にはキヤノンAE-1を抜き、82年には28％を占めてキヤノンを抜いて首位に返り咲いた。一番影響を受けたのは、対抗機種の開発に遅れた旭光学とミノルタであった。75～82年の間に旭光学が8％、ミノルタも6％市場占有率を減らしている。また、輸出比率の高いミノルタはアメリカ市場でもキヤノンに喰われた。さらに、深刻なのは、表1-6のようにアメリカ市場での販売価格をみると、輸出市場で低価格一眼レフを販売していたミランダ、ペトリ、興和であり、マミヤ光機やヤシカの一眼レフであった。

コンパクトの分野では、小西六によるストロボ内蔵（75年）、AF（77年）の開発に先行したことによって74年のカメラ生産額が95億円であったのが75

表1-5　一眼レフの各社占有率

(単位：％)

	キヤノン		日本光学		旭光学		ミノルタ		オリンパス		その他	
1975年	18		24		22		17		13		6	
76年	19	1	23	-1	21	-1	11	-6	18	5	8	2
77年	24	6	20	-4	22	0	8	-9	16	3	10	4
78年	25	7	20	-4	18	-4	10	-7	12	-1	15	9
79年	24	6	20	-4	18	-4	8	-9	15	2	15	9
80年	24	6	24	0	17	-5	10	-7	12	-1	13	7
81年	24	6	25	1	15	-7	11	-6	12	-1	13	7
82年	25	7	28	4	14	-8	11	-6	11	-2	11	5

出所：『月刊ラボ』、『ラボ年鑑』月刊ラボ社、各年版より作成。

表1-6 キヤノンAE-1とミランダ・ペトリのアメリカ市場での価格

(単位:ドル)

	発売価格	実勢価格					
		1976年6月	1976年12月	1977年6月	1977年12月	1978年6月	1978年12月
キヤノンAE-1	260	—	198.75	198.75	198.75	208.75	204.95
ミランダdX-3	285	219.95	174.95	147.75	147.75	139.95	134.99
ペトリFA-1	340	175.00	—	149.95	134.50	132.50	132.50
ヤシカFX-1		339.89	229.39	190.00	182.00	154.50	154.50
オリンパスOM-2		359.50	383.95	336.50	283.95	292.75	292.75
ペンタックスME		—	—	199.90	188.99	188.99	188.99
ペンタックスMX		—	—	197.50	178.94	178.94	198.99
対ドル・レート	東京外為市場	267.7(6.30)	292.2(12.30)	297.4(6.30)	240.0(12.30)	204.7(6.30)	194.5(12.28)

出所:『POPULAR PHOGRAPHY』誌 CAMBIDGE Camera Exchange Inc.の広告より作成。
注:対ドル・レートは『日本経済新聞』より摘出。

年にヤシカを抜いて107億円となり、78年には2.5倍の239億円、79年359億円、80年357億円と飛躍的に業績を伸ばした[10]。市場占有率も表1-7のように74年に13%であったものがピッカリコニカの効果で76年34%を獲得して首位に立ち、77年に29%にやや減少したが、78年にはジャスピンコニカの爆発的売れ行きで38%をも占めた。しかし、79年にキヤノンがオートボーイで参入したことでかげりが出始め、82年には16%と販売力で勝るキヤノンの25%に抜かれ、ストロボ内蔵・AFの技術的先行の効果が失われた。ここにコンパクト分野における電子制御による自動化が最終局面を迎え、販売力と特許戦略に優れたキヤノンがリードしつつ、小西六、オリンパス、ミノルタ、資本

表1-7 コンパクトカメラの市場占有率

(単位:%)

	小西六		オリンパス		キヤノン		ミノルタ		富士フイルム		その他	
1974年	13		24		14		14		6		29	
75年	21	8	21	-3	13	-1	14	0	8	2	23	-6
76年	34	21	15	-9	13	-1	8	-6	10	4	20	-9
77年	29	16	16	-8	13	-1	10	-4	17	11	15	-14
78年	38	25	9	-15	12	-2	8	-6	22	16	11	-18
79年	29	16	11	-13	10	-4	13	-1	22	16	15	-14
80年	22	9	15	-9	18	4	15	1	16	12	12	-17
81年	21	8	15	-9	19	5	16	2	17	11	12	-17

出所:表1-5と同じ。

表 1-8 コンパクトのストロボ内蔵化

企業名	機　種　名	発売期日 年月	コニカから の月数 カ月	価　格 円	市場占有率 1974年 %	自社発売年 %
小西六	コニカ C35EF	1975. 3		30,800		
ヤシカ	ヤシカ 35MF	76. 8	17	30,800		
富士フイルム	フラシュ・フジカ	76.11	20	30,300	6	10
キヤノン	キヤノン A35 デートルックス	77. 1	31	36,300	14	13
ミノルタ	ミノルタ・ハイマチック S	78. 6	39	30,300	14	8
オリンパス	オリンパス C-AF	81. 5	74	48,000	24	15

出所:『カメラ年鑑』日本カメラ社、1976〜82年版、『ラボ年鑑』月刊ラボ社、1976〜82年版より作成。

表 1-9 コンパクトの自動焦点化

企業名	機　種　名	発売期日 年月	コニカから の月数 カ月	価　格 円	市場占有率 1976年 %	自社発売年 %
小西六	コニカ C35AF	1977.11		42,800		
ヤシカ	オートフォーカス	78. 1	11	41,000		
富士フイルム	フラッシュ・フジカ AF	78.11	12	49,800	10	22
ミノルタ	ミノルタ・ハイマチッ AF	79. 1	23	42,300	8	13
キヤノン	オートボーイ・AF35M	79.11	24	42,800	13	10
オリンパス	オリンパス C-AF	81. 5	42	48,000	15	15

出所：表 1-8 と同じ。

力で台頭した富士フイルムの「コンパクトの5社体制」が成立した。70年代初頭にオリンパスとコンパクト分野で覇権を争ったヤシカが開発競争中で脱落していった（表 1-8、1-9 参照）。

　一眼レフの低価格化で輸出市場を奪われたミランダが76年、ペトリが77年に倒産し、興和が84年にカメラ部門から撤退した。また、カメラが精密機器から電子機器に変化することで電子技術の開発について行けず、東京光学が82年に撤退し、ヤシカが83年に京セラに吸収され、マミヤ光機が84年に倒産することで中下位メーカーがカメラ生産から脱落し、カメラ産業の大手5社体制がいっそう明確となった。

第4節　一眼レフカメラの自動焦点化と自動化技術の完成

1．一眼レフ自動焦点カメラ・ミノルタ α-7000 の登場

　AF 一眼レフは、コンパクトから 8 年間遅れてミノルタが 1985 年 2 月にミノルタ α-7000 をもって登場した。一眼レフの AF 化は、コンパクトより数段の複雑な制御を必要とし、CPU で全体を制御し、制御命令を書き込んだ呼び出し専用メモリーの ROM と書き込みと呼び出しのできるメモリー RAM を一緒にしたマイコンが必要であった。そのため、77 年 AF コンパクトの登場から一眼レフの AF カメラが開発されるのに 8 年間を要した。α-7000 の AF 機構は、ハネウェル社のパッシブ式を基礎としてミノルタが開発した「TTL 位相差検出法（横ズレ法）」によるボディ駆動方式であって、① AF などカメラ本体の制御だけでなく、レンズ・ストロボ・プログラムシステムアクセサリーとの関連を制御する情報をデジタル化してボディ内の 8 bitCPU に組み込んで操作すること、② AF センサーには横一列に並んだ 128 個の受光部をもつ CCD が用いられたこと、③動力源のモーターをボディ内に置いたこと、④レンズ内に焦点距離、明るさ、繰り出し量、回転角などの情報を記憶させた ROM を組み込み、ボディからの信号を瞬時に読みとってレンズを駆動させること、⑤レンズマウントを AF 専用に変更したこと、などの特徴をもっていた。シャッターにはコパル製シャッターが採用された。

　85 年 2 月に売り出されると、爆発的人気をえて当初月産 3 万台で出発したが、5 月にはキヤノンを抜いて一眼レフ販売第 1 位となり、9 月には月産 6 万台でフル稼働して 1 機種で一眼レフ市場の 40% を占めた。そして、9 月に上級機種の α-9000、86 年 6 月には下級機種の α-5000 を発売した。ミノルタ α-7000 は、87 年まで 2 年間で国内市場と輸出市場において 200 万台を販売し、このうち 30% がアメリカ市場での販売であった。86 年 4 月ニコン F501、10 月オリンパス OM707、12 月京セラ 230AF、87 年 3 月キヤノン EOS650、ペンタックス SFX など各社もストロボを内蔵する機能を付加して 80 年代後半

に相次いでAF機構をもった一眼レフカメラを発売していった。AF一眼レフカメラも85年にはミノルタ2機種だけで年間128万台を販売したが、88年には55万台に落ち込んだ。これを底に88年から第二世代のAF一眼レフカメラが開発されて再び売上げを伸ばしていった。第二世代のAF一眼レフカメラの特性は、①フォーカスエリアの拡大、②ワンショットAFとコンティニュアスAFの自動切替、③AF作動の高速化、④AFセンサーの高感度化、⑤動く被写体に対して追従してレンズの動きを補正する機能をもった動体予測フォーカス制御などで、第一世代のAF機構より数段の技術進歩があった。

こうした第二世代機には、88年5月ミノルタα-7700i、12月ニコンF4、89年4月キヤノンEOS630QD、91年6月ペンタックスZ-10QDなどがあり、90年にはAF一眼レフが一眼レフカメラ市場の生産台数で66.8％、生産額で78.4％を占めるまでに至った[11]。

カメラに組み込まれる小型軽量モーターが発展するのは、80年代中頃からである。AF一眼レフを最初に開発したミノルタを例にとると（表1-2参照）、一眼レフカメラでは、「α-7000」にAF駆動用とフイルム給送駆動用のコアモーターがそれぞれ内蔵された。フイルム給送駆動用モーターはミラーの上下駆動、レンズの絞り・シャッターの駆動に併用された。第二世代のAFカメラα-7700i、α-8700iではα-7000と同じモーター構成で、モーターの発展はなかった。91年に発売されたα-7Xiになると、フイルム給送駆動用モーターからミラーの駆動、レンズの絞り・シャッターの駆動が独立してコアモーターが使われ、AFもコアモーターで駆動した。フイルム給送駆動用モーターにはコアモーターに代わってコアレスモーターが採用された。また、コンパクトカメラでは、多焦点カメラAFテレ・クオーツデート（85年）に4つのモーターが内蔵され、フイルム給送駆動と焦点切替駆動にコアモーターが、AF制御と駆動にそれぞれ専用のステッピングモーターが使われた。以上のようにカメラに内蔵される小型モーターも80年代後半になると、駆動用途に応じて多様なモーターが採り入れられた。以上のように、一眼レフのAF化は、90年代前半にこの分野の主流となり、交換レンズのズームレンズ化をもたらしていくことになる。

2．ズームコンパクトの登場

　ズームレンズ付コンパクトカメラの登場である。コンパクトの分野では、77年の AF カメラ以来、新技術による新型カメラが久しくなかった。こうした中、一眼レフの旭光学が 86 年 12 月にズームレンズを着けたペンタックス ZOOM-70DATE を発売し、ズームコンパクトブームを作り出した。このカメラは、半導体の発展に支えられ、① 35㍉ F 3.5 から 70㍉ F6.7 までのズームレンズを着装し、②ファインダーの視野もズーミングに伴って自動的に変化して③ストロボの照射角度もズーミングによって変化するものであった。京セラサムライ（87 年 11 月）、3 倍ズーム機能をもったオリンパスイズム 300（88 年）、4 倍ズーム機能のリコー「MIRAI」（88 年）など各社のズームコンパクトが登場し、高機能化の開発競争が演じられた。そして、90 年にはズーム付コンパクトが国内のコンパクト市場で生産台数 38.6％、生産額 64.3％も占有するようになった[12]。

3．1980 年代における技術革新の結果

　AF 一眼レフの開発に先行したミノルタは、カメラ生産の稼働率が 95 年に 98％であったが、α-7000 の発売で 86 年に 105％、87 年に 103％と高まり、カメラの生産額も 402 億円から 1986 年 594 億円、87 年 741 億円と増額した[13]。一眼レフの市場占有率も発売前年の 84 年には 9.7％と大手 5 社の中で最下位であったが、85 年に 29.7％と一挙に首位に立ち、86 年には 40.1％をも占めた。しかし、87 年になると、キヤノンが AF カメラを発売し、30.4％で首位に返り咲いたため、20.8％に反落した。88 年には AF の二世代機種を発売して 40.0％を獲得した。後れをとった各社は、キヤノンでは、高級機生産の稼働率が 85 年 90％、86 年 85％と低下し、87 年には EOS650、620 の 2 機種の AF カメラを発売して反撃して 90％に回復したが、88 年も 90％に留まった[14]。ニコンは、86 年に AF 一眼レフ F 501 を発売して追撃したので、他社ほど影響が少なかった。オリンパスは、86 年 10 月に OM703 を発売したが、マニュアル一眼レフにシフトしていたので、その後の開発が続かず、85 年に 42 万台あ

図 1-1　一眼レフカメラ

		非自動焦点	1985 年	1986 年	1987 年
			第　一　世　代		
ミノルタ	下位機種				
	中・下位機種			6月 α-5000	
	上位機種		2月 α-7000		
	最上位機種		10月 α-9000		
ニコン	下位機種				6月 F401AF
	中位機種			4月 F501AF	
	上位機種				
	最上位機種				
キヤノン	下位機種				
	中・上位機種				3月 EOS650
					5月 EOS620
旭光学	下位機種				
	中位機種				3月 SFX
	上位機種				
オリンパス				10月 OM703	

出所:『カメラ年鑑』日本カメラ社、1986～92 年版より作成。

った高級機販売台数が 86 年 42 万台、87 年 21 万台、89 年 15 万台と減少の一途をたどった。一番影響が大きかったのは、ミノルタの開発に丸 2 年遅れた旭光学であった。稼働率が 85 年 73%、86 年 75% と低迷して 87 年には 62% にまで落ちた（図 1-1 参照）。

　以上のように、一眼レフにおける AF 化は、60 年代から始まったカメラの自動化の完成であり、電子技術と資本力の弱いメーカーが脱落していく過程であった。すなわち、一眼レフの分野でオリンパス、旭光学がミノルタの α シリーズに対抗できる AF カメラを開発できず、弱体化して大手 5 社体制が崩れ、キヤノン、ミノルタ、ニコンの 3 社体制に移っていった。84 年に 7.6% の市場占有率を有したその他メーカーは、80 年代後半には 1～2% となり、AF カメラに参入できずに撤退していった富士フイルム、コニカなどの企業もあった。

　カメラが精密機械から電子機器に代わることによって電子部品に喰われてカメラメーカーの利益率が落ちていった。カメラ部門の比率が高い旭光学を例に採ってみてみよう（表 1-10 参照）。電子部品のみの統計がないので、部品全体

のAF化の進展

1988年	1989年	1990年	1991年
	第　二　世　代		
9月α-3700i			9月α-3xi
	9月α-5700i		
5月α-7700i			6月α-7xi
		3月α-8700i	
	4月F401s		9月F401x
		9月F601	
6月F801			3月F801s
12月F4			
10月EOS750QD		3月EOS700QD	11月EOS1000QDP
10月EOS850QD		10月EOS1000QD	
	4月EOS630QDP	3月EOS10QD	10月EOS100QD
	10月EOS RT		
9月SF7			
11月SFXs			
			6月Z-10QD
			12月Z-1QD
		9月L-1	

の統計を使う。部品の製造費用に占める割合は、アサヒペンタックスSP（TTLのCdS露出計）をH-D型水銀電池1個によって動かしていた70年代前半には、20％程度であったものがMシリーズ（絞り込み優先AE、GDP、電子シャッター、G-13型銀電池2本）の70年代末～80年代初めには25％程度となり、スーパーAシリーズ（プログラムAE、LR44/SR44型2本）の1980年代半ばには30％台となり、SFXシリーズ（AF、プログラムAE、2CR5型1本）の88年以降40％台となって91年に49.1％にも達するようになった。これに反して、利益率（営業利益率、売上高利益率）は部品の占有率が高くなるのに従って73年（営業利益率19.4％、売上高利益率7.9％）であったものが77年（営業利益率6.3％、売上高利益率3.4％）、83年（営業利益率0.35％、売上高利益率2.81％）、87年（営業利益率－6.33％、売上高利益率1.63％）と低下していった。利益率は80年頃のMシリーズまでは低下しながらもなんとか対応していったが、プログラムAEの時代から低落の一途をたどり、AF時代には決定的となった。電子部品が製造費用のうちで構成比が高まる中でカメラ産業でも企業間

表1-10　旭光学の部品購入と利益率

	購入部品費 %	営業利益率 %	売上高利益率 %
1972年	20.1	15.9	7.90
73年	20.0	19.4	7.90
74年	21.1	13.6	7.20
75年	18.9	12.9	6.20
76年	18.5	6.9	3.90
77年	20.8	6.3	3.40
78年	25.1	8.4	3.30
79年	23.0	8.4	4.50
80年	24.7	11.4	6.50
81年	25.3	10.7	6.40
82年	28.7	6.67	5.06
83年	28.0	0.35	2.81
84年	32.4	-1.30	1.63
85年	36.8	0.02	1.84
86年	36.8	0.04	0.50
87年	38.3	-6.33	1.63
88年	43.5	0.45	2.11
89年	43.0	1.22	1.03
90年	46.6	2.42	0.64
91年	49.1	2.51	0.32

出所：『会社年鑑』日本経済新聞社、各年度版。
注：製造費用に占める購入部品の割合。

で対応が異なった。キヤノンは、70年代に電子関係の技術者を増員する一方、キヤノン電子をはじめ電子関係の企業を買収してグループ内の内製化を拡大していった。こうした努力が80年代から今日のデジタルカメラにおけるキヤノンの強さをつくってきた。

おわりに

　1970～80年代の技術革新は、カメラの自動化と小型軽量化であった。その自動化は、電子技術によって達成された。電子制御による自動化は、60年代からコンパクトの分野で露出機構から始まり、70年代には一眼レフでも普及した。他方、小型軽量化は、カメラを一眼レフとコンパクトに集約させた。技術革新は、新しい技術を備えたカメラが新たな需要を生み出して個別の技術開

発に成功したメーカーに成果をもたらし、いっそうのカメラ産業発展をもたらしていったが、電子技術と資本力が決定的要因となることから新しい技術開発ごとに中下位メーカーがその都度脱落して大手メーカーへの集中が進んでいった。80年代後半になると、カメラの技術発展が行き着くところまで到達してカメラ産業の経営を圧迫してカメラ専業では営業できないようになった。

注
1) 本章は、「日本写真機工業の技術革新」『紀要』日本大学経済学部経済科学研究所、2003年3月（第33号）を大幅に改稿したものである。参照されたい。
2) 『東京光学五十年史』東京光学機械、1982年、372～374頁。
3) 『日本カメラ工業史』日本写真機工業会、1987年より摘出。
4) 『ラボ年鑑』月刊ラボ社、1975年版。
5) 前掲『日本カメラ工業史』63頁。この数値は、日本写真機工業会推計である。
6) 日経『会社年鑑』日本経済新聞社、各年度版。
7) 内橋克人『匠の時代』サンケイ出版、1978年、内田康男『商品開発のはなし』日科技連、1991年、『プロジェクト X』第4巻、NHK出版、2001年参照。
8) 編集部「小さなカメラ小さな部品」『カメラレビュー』朝日ソノラマ、1980年5月号（No.11)、39頁。
9) ミノルタカメラ開発部長吉山一郎氏の座談会での発言、同上32頁。
10) 前掲『会社年鑑』各年版、より摘出。
11) 『日本の写真産業』日本写真機工業会、2001年版。
12) 同上。
13) 前掲『会社年鑑』。
14) 同上。

＊個々のカメラの構造については、朝日新聞社発行『アサヒカメラ』の「ニューフェイス診断室」を参照した。

第2章　生産体制の再編成

矢部洋三　木暮雅夫

はじめに

　1970～80年代、カメラ産業を取りまく環境はドルショック、石油ショック、長期不況などによって大きな変化を強いられた。本章は、カメラ産業の生産体制の変化を明らかにすることを課題としている。そこで、まず70～80年代の生産の動向を数量的に掌握し、次いで、東京都内に集中したカメラ生産が安くて豊富な労働力を求めて北関東・東北地方に拡散し、大手メーカーも直接本体の工場を展開する形態でなく、生産子会社を設立する形で生産拠点を地方に展開することを明らかにする。あわせて、工場内の合理化として省力化・自動化を推進してコスト削減を進めていくことを検討する。さらに、キヤノンとミノルタの両社を事例として一眼レフの生産工程を具体的に比較検討し、部品調達と下請関連企業体制を中心とする生産体制の特徴を明らかにする。

第1節　1970～80年代の生産動向

1．生産台数、生産額の推移

　1970年代前半のカメラ生産は、表2-1のように70年大阪万国博覧会のブームで582万台（前年比20.5％増）、892億円（同24.6％増）と大きな伸びを示して始まった。71年には、メーカー、卸・小売段階で1965年不況時並みの約190万台の過剰在庫を抱え、メーカー各社が4月から10～30％程度の自主減産体制をとって71年520万台（10.7％減）、72年524万台（10％減）、73年576万台（1.0％減）と①70年万国博ブームでの過剰生産の反動、②70年をピー

表2-1 カメラ生産の推移

	生産台数 万台	伸び率 %	生産額 億円	伸び率 %
1970年	582	20.5	892	24.6
71年	520	-10.7	896	0.4
72年	524	0.8	1,014	13.2
73年	576	9.9	1,238	22.1
74年	639	10.9	1,553	25.4
75年	657	2.8	1,651	6.3
76年	763	16.1	2,023	22.5
77年	927	21.5	2,479	22.5
78年	1,181	27.4	2,911	17.4
79年	1,363	15.4	3,182	9.3
80年	1,585	16.3	3,762	18.2
81年	1,736	9.5	3,865	2.7
82年	1,592	-8.3	3,654	-5.5
83年	1,565	-1.7	3,477	-4.8
84年	1,845	17.9	3,841	10.5
85年	2,073	12.4	4,097	6.7
86年	2,183	5.3	4,096	-0.0
87年	2,220	1.7	3,540	-13.6
88年	2,236	0.7	3,469	-2.0
89年	2,576	15.2	3,872	11.6

出所：日本写真機工業会統計『日本の写真工業』各年度版より作成。

クに需要が一巡したこと、③円切上げとアメリカの輸出抑制などで3年間在庫調整と減産を迫られた。その後、74年639万台、75年657万台と増産に転じた。生産額でも72年の1,014億円から75年の1,651億円と順調に推移した。これは、主力製品が高級化したことでカメラ価格が高額化し、ヨーロッパ向け一眼レフ輸出が好調に推移したことによった。76〜81年の時期は、小型・軽量・低価格の一眼レフ、ストロボ内蔵・AFコンパクトなど新製品の登場およびヨーロッパ向け輸出拡大によって生産台数が76年の763万台から81年に1,736万台に達して5年間で2.3倍も増加した。生産額も76年の2,000億円より81年の3,865億円と5年間で1.9倍に伸びた。

82〜83年のカメラ生産は、主力製品である一眼レフの需要が内外市場で一巡して1980〜82年不況で欧米市場が停滞し、過剰在庫が膨らんだことで82年台数8.3％減（金額5.5％減）、83年同1.7％減（同4.8％減）の生産調整に入っ

た。84年から景気が回復して欧米市場での在庫調整が終わり、アメリカ市場でAFコンパクトを中心にした需要が高まってAF一眼レフ、ズームコンパクトなど新製品も登場したことでカメラ生産は回復した。生産台数は生産調整以前のピークである1,736万台を84年に1,845万台と超えて以来、85年から2,000万台の水準を保って89年には2,576万台に達した。しかし、生産額はピーク時（81年）の3,865億円を上回ったのが85年4,097億円、86年4,096億円、89年3,872億円の3年だけで、86年0.0％、87年13.6％、88年2.0％と前年より減額となった年が3年も続いた。これは主力製品が一眼レフからコンパクトに移行することで単価が84年2万818円（ピークは77年の26,742円）から年々下がって89年1万5,031円と5,787円（38.5％）も低下したことによった。

2．生産品目の構成

カメラ生産の製品構成を見ると（表2-2）、第1に70年代までは高級機の一眼レフ、中級機のコンパクト、大衆機のカートリッジカメラという三極化した製品構成が80年代には一眼レフとコンパクトに二分された。これはカートリッジの「簡単に撮影できる特性」をカメラの自動化・小型軽量化によってコンパクト、一眼レフでも可能にしたことで、カートリッジの購買層がコンパクトに流れていったことによった。

カートリッジは、コダック社が72年に日本で発売して以来、輸入台数が1年半で50万台、75年に100万台を突破するブームを巻き起こし、コンパクト市場を奪っていった。このため、国産メーカーも、コダック社と提携して74年にリコー、ヤシカ、ミノルタ、75年にキヤノン、富士フイルム、小西六、オリンパスなどが新規参入して81年まで13～18％の占有率で伸び悩み状態の生産が続いた。そして、ストロボ内蔵・AFコンパクトがアメリカ市場で普及する80年代初頭に急速に縮小していった。さらに、80年代後半になると、レンズ付きフイルムが登場して衰退を決定づけた。60年代に国内市場で普及したハーフサイズカメラは、コダック社が系列ラボでハーフサイズ用現像機を採用しなかったことから海外市場で普及しなかった。

表 2-2　カメラの機種別生産

(単位：％)

	一眼レフ		レンズシャッター		ハーフサイズカメラ		カートリッジカメラ	
	台数	金額	台数	金額	台数	金額	台数	金額
1970年	28.5	50.0	47.3	37.9	10.8	6.2	10.5	4.0
71年	35.8	57.1	46.0	34.4	8.8	3.9	6.3	2.5
72年	42.9	66.6	40.6	26.5	6.3	2.3	7.8	2.2
73年	45.0	68.3	39.6	24.0	6.4	2.1	5.9	1.5
74年	43.2	68.1	36.6	22.2	6.4	2.0	10.6	3.7
75年	41.1	66.6	31.7	20.0	4.0	1.4	20.7	8.5
76年	43.4	67.5	35.1	21.5	4.6	1.5	14.3	5.7
77年	45.5	69.1	35.3	21.2	3.9	1.3	13.1	5.4
78年	43.9	68.4	33.0	22.1	3.0	1.2	18.7	6.4
79年	46.6	66.0	35.1	25.7	2.3	0.8	14.9	5.8
80年	47.7	70.0	33.1	22.8	2.0	0.7	16.3	5.4
81年	44.2	64.4	39.2	28.5	1.4	0.6	13.8	4.9
82年	42.0	60.3	49.9	35.7	0.7	0.3	6.5	2.5
83年	34.3	51.0	60.3	46.3	0.4	0.1	4.1	
84年	28.8	43.9	64.0	51.9	1.4	1.3	1.8	
85年	29.1	44.6	66.5	52.9	1.0	0.8	2.8	
86年	21.8	38.0	76.2	60.5	0.3	0.1	1.4	
87年	18.2	36.4	80.7	62.6				
88年	15.5	29.9	84.1	69.3				
89年	14.7	31.3	84.9	68.7				

出所：表2-1と同じ。

　第2に、一眼レフは70年代前半から80年代初めまでコンパクトに代わって台数でも主要製品となっていった。生産額では、すでに70年に50％に達して70年代には66～68％の水準で推移して80年には70.0％に達した。台数で70年に28.5％であったものが70年から一斉に各メーカーが設備増強に乗出して72年40％を超えて73年45％、79年46.6％、80年には47.7％とピークを迎えた。しかし、欧米の深刻な1980～82年不況の影響と一眼レフ需要の一巡で、一気に減少傾向に入った。このため、メーカー各社は82年後半から、在庫減らしに入り生産調整を行った。85年にAF化、プラスチックボディなど電子、新素材の先端技術を結集した一眼レフの新製品を投入して懸命に回復を図ったものの台数で86年21.8％、89年14.7％、金額で86年38.0％、88年29.9％というように減少傾向に歯止めをかけることができなかった。

　第3に、コンパクトは70～80年代V字型の経過をたどった。すなわち、70

年代前半 AE 化以後新しい技術が付け加わらず、年々減少して 75 年には台数で 31.7%、金額で 20% と底に達したが、70 年代後半ストロボ内蔵、AF 化という新技術を背景にして 80 年代初めに一眼レフを凌駕し、80 年代後半にはズームコンパクトによって一眼レフのレンズ交換機能をコンパクトに取り入れて台数で 85%、金額で 70% に達して一眼レフを圧倒した。カメラの分類に入れていない「レンズ付きフイルム」は 80 年代後半に急成長を遂げて簡便性・多様性・低価格を特徴として大衆機の購買層を獲得していった。

3．カメラ産業の規模と集中

カメラの完成品メーカーは、戦後カメラ生産が始まった 40～50 年代には「四畳半メーカー」と言われる中小零細メーカーが 50 年には 40 社、51 年に 60 社、53 年に 80 社[1]と雨後の竹の子のように設立されていった。カメラ産業は、表 2-3 のように 50 年には上位 1 社への集中が 27%、上位 3 社が 53%、上位 5 社が 70% と当初から上位メーカーへの集中度が高かった。60 年には 60 社とな

表 2-3　カメラ産業における生産集中度

(単位：%)

	上位 1 社		上位 3 社		上位 5 社		上位 5 社メーカー	
1950 年	27.2		53.6		70.1		C, K, N, Ma, M	
55 年	15.0		35.0		53.2		C, N, K, M, R	
60 年	11.1		32.2		45.4			
65 年	20.5		46.1		66.7			
71 年	－		42.2		60.9		C, N, M, Y, A	
75 年	－		49.8		73.4		C, N, M, A, O	
80 年	－		46.9		67.1		C, N, M, O, A	
	一眼レフ	コンパクト	一眼レフ	コンパクト	一眼レフ	コンパクト	一眼レフ	コンパクト
1975 年	24.0	21.0	64.0	56.0	94.0	77.0	N,A,C,M,O	O,K,M,C,F
80 年	24.0	22.0	65.0	58.0	87.0	88.0	N・C,A,O,M	K,C・F,O・M
85 年	29.7	23.9	73.2	55.0	94.6	71.7	M,N,C,A,O	C,F,M,K,O
90 年	34.3	20.9	87.4	55.4	96.9	73.3	C,M,N,A,O	F,O,C,M,A

出所：1）1950～65 年は公正取引委員会事務局経済部編『日本の産業集中』東洋経済新報社、『日本の産業集中　昭和 38～41 年』東洋経済新報社より作成。
　　　2）1971～80 年は『現代日本の産業集中』日本経済新聞社より作成。
　　　3）1975～90 年の機種別シェアは『ラボ年鑑』月刊ラボ社、各年度版より作成。
注：上位 5 社メーカーは A（旭光学）、C（キヤノン）、F（富士フイルム）、K（小西六）、M（千代田光学、ミノルタ）、Ma（マミヤ光機）、N（日本光学）、O（オリンパス）、R（リコー）、Y（ヤシカ）をさす。

ったが、集中度は上位1社11％、上位3社32％、上位5社45％と弱まっていった。60年代には、レンズシャッター、一眼レフといった35ミリ判への一元化、自動化、電子技術の導入など技術の高度化が始まり、28社が倒産、廃業していることから70年代初めには30社程度と見られ、集中度も50年代後半より上昇して上位1社20数パーセント、上位3社40数パーセント、上位5社60数パーセントという水準で推移した。70～80年代には、キヤノン、日本光学、ミノルタ、旭光学、オリンパスの大手5社を中心にヤシカ、小西六、富士フイルム、マミヤ光機、東京光学、リコー、興和など10数社であった。このうち、83年ヤシカが京セラに吸収合併されてマミヤ光機（84年）が倒産して東京光学（82年）と興和（84年）などが、カメラ事業から撤退し、カメラの完成品メーカー、とくに準大手のカメラメーカーが減少していった。70～80年代の集中度は、一眼レフにおいては74年から90年の変化を見ると、上位1社が24→34％、上位3社が64→87％、上位5社が94→97％と年々集中が高まり、コンパクトでは技術開発の速度が早く上位数社の入れ替わりが多くて上位1社20数パーセント、上位3社50数パーセント、上位5社70数パーセントと同じ水準で推移した。

　カメラ産業の規模別構成は、表2-4のとおりである。これによると、58年から88年まで10～29人層が59～63％、30～49人層が12～15％、50～99人層が10～14％、100～199人層が5～6％、200～299人層が1.5～1.9％、

表2-4　カメラおよび同部品製造業の推移

（単位：所）

規　模	1958年	1968年	1970年	1980年	1988年
10～ 29人	193	308	404	573	444
30～ 49人	48	81	96	118	100
50～ 99人	36	65	65	132	98
100～199人	17	28	37	60	44
200～299人	6	10	10	18	11
300～499人	5	7	5	12	11
500～999人	7	9	10	16	11
1000人以上	5	13	13	8	9
合　計	315	521	639	937	728

出所：『全国工場通覧』日刊工業新聞社、各年度版より摘出作成した。

300～499人層が0.8～1.6％、500～999人層が1.5～2.2％、1,000人以上層が0.9～2.5％とほぼ一定で、30年間変化がない。そして、重層的な外注生産を反映してカメラの完成品メーカーを中核として主要部品を納入する部品メーカー、さらにカメラメーカーや主要部品メーカーに部品納入や部品組立を行う中小・零細企業から構成されていた。それぞれの階層について80年を例にとって見ると[2]、1,000人以上層の工場は、ほとんどがカメラの最終組立工場（キヤノン福島工場・玉川工場、日本光学大井事業所、ミノルタ堺工場、旭光学益子工場、富士フイルムの子会社富士写真光機の6工場）で、レンズ生産とその組立工場の栃木ニコン、時計生産のかたわら自社用シャッターを生産するリコー時計恵那工場の8工場である。500～999人層の工場は、カメラ組立工場（ミノルタ豊川工場、旭光学東京工場、マミヤ光機、ヤシカ本社工場、オリンパス八王子工場・諏訪工場、メーカー系の子会社水戸ニコン、OEMメーカーのコシナ・チノン、シャッター生産のコパルコーオン）が10工場、交換レンズ工場の旭光学小川工場、ミノルタ総合開発センター、オリンパス伊那事業所の3工場、カメラ部品・付属品のセコニック（露出計）、セイコー電子（シャッター）、シチズンの子会社河口湖精密（シャッター）、キヤノン電子影森工場（電子部品）の4工場とカメラ・交換レンズの組立工場とシャッター・電子部品などの主要部品と露出計の工場から構成されていた。300～499人層の工場は組立工場がメーカー系子会社の仙台ニコン、リコー光学、マミヤ、朝日工機（旭光学）とOEMメーカーの日東光学本社工場、飯山コシナの6工場、交換レンズ工場の水戸器機（富士フイルム）、富岡光学（ヤシカ）の2工場、部品・付属品のウエスト電気本社工場・長田原工場（ストロボ）、山陽光学精工（部品）、日本精密（露出計）の4工場で、500～999人層と同様の構成である。そして、主要部品やその他の部品を組み立てる中規模なアッセンブリメーカーで、100～199人層と200～299人層の2つの階層が8％前後存在する。この階層は大手メーカーの有力な外注、下請会社が多い。さらに、その下に主に単体の部品や組立を行う小零細の部品メーカーが広汎に存在する。これらの階層がカメラ工場の90％程度を占めている。とくに30人以下の階層がその3分の1を構成している。この階層は、独自に市場を確保している会社はほとんどなく、大手メーカーお

よびその傘下の部品メーカーの下請会社である。

第2節 生産体制の再編成と地方展開

1．1960年代の生産体制

　カメラ産業は、精密機械器具製造業に分類され、商品点数が多くて一商品あたり生産個数が少ないという生産の枠組、生産の上でも外注依存度が高く、部品点数も多い、組立ラインにおいても検査作業が多いため労働集約的生産とならざるをえない特徴を持っていた。そのため、人件費の上昇が製品価格に直接響き、メーカーの収益にも関わってくる。こうした特徴を踏まえて各メーカーは、1970〜80年代に生産体制を再編成していった。

　70〜80年代の生産体制の再編成を検討する前に、戦後のカメラ産業の生産体制を概略しておこう。カメラ産業は、大阪に立地したミノルタを例外として40〜50年代に東京都内と長野県諏訪地方の本社工場、それらの周辺部に部品工業を成立させて出発した。東京都内に本社工場を持っていたのは、キヤノン、リコー、日本光学、旭光学、東京光学、ブロニカ、オリンパス、小西六、マミヤ光機、ミランダと10社を数えた。また、長野県諏訪地方にはヤシカ、オリンパスの主力工場と関連部品工業が成立していた。

　そして、60年代には、カメラ生産の増大に対応して新工場を相次いで建設して生産力増強を図った（表2-5参照）。ひとつは、従来の本社工場を主力工場として使いながら別に生産拠点を新設する場合である。キヤノンは下丸子工場を主力工場として目黒工場を補助工場とし、茨城県取手町に生産子会社キヤノン取手工場を新設して中級機の組立を行った。また、日本光学も大井製作所を拠点としながら68年茨城県那珂町に子会社橘製作所を設立して組立部門の増強を図った。旭光学も栃木県益子町に益子工場を新設した。これらは東京都内に広大な敷地の工場を持った大手メーカーであった。また、ミノルタ、小西六、オリンパス、マミヤ光機、ミランダなど各社が東京都内（大阪市内）の本社工場を廃止して東京近郊に新たな主力工場を新設したり、既存工場を増強して主

表2-5　1950～60年代のカメラ組立工場

	1958年			1968年		
	主力工場	量産工場	子会社	主力工場	量産工場	子会社
キヤノン	下丸子工場	大田区		下丸子工場	目黒工場	キヤノン取手
日本光学	大井工場	品川区		大井工場		橘製作所
ミノルタ	本社工場	大阪市	堺工場、豊川工場	堺工場	豊川工場	葵カメラ
旭光学	本社工場	板橋区		本社工場	益子工場	
オリンパス	本社工場	渋谷区	諏訪工場	諏訪工場		
ヤシカ	諏訪工場	長野県		諏訪工場	岡谷工場	
小西六	淀橋工場	新宿区		八王子工場		
富士フイルム			富士写真光機			富士写真光機
マミヤ光機	本社工場	文京区		浦和工場		
東京光学	本社工場	板橋区		本社工場		
ペトリカメラ	本社工場	足立区		本社工場		
ミランダ	本社工場	世田谷区		狛江工場		
リコー	本社工場	大田区		本社工場		台湾リコー

出所：『全国工場通覧』1960年版、1970年版より作成。

力工場にした。ミノルタは、大阪市東区の本社工場を廃止して堺工場を主力工場とし、豊川工場をコンパクト専用工場とし、子会社の葵カメラでアメリカ向け大衆機のOEM生産、という生産体制にした。東京都内の工場から主力工場を移したのが小西六、マミヤ光機、ミランダの3社であった。リコーは輸出比率が高く、大衆機・中級機を主要商品としていたことから台湾リコー[3]という子会社を設立して生産拡大に対応し、他メーカーとは異なった再編成を模索した。

次に、カメラとその部品の工場が全国的にどのように展開しているのか見てみよう（後出表2-9参照）。カメラ産業が成立した50年代には、75％の工場が関東地方に、その中でも東京都内に60％が集中し、残りの15％も隣接する埼玉県（6.0％）・神奈川県（4.1％）・東京郡市（2.5％）の3県地域で12.6％を占めるという特異な地域展開をしていた。その他も、15％の長野県を含めた中部地方に21％、千代田光学（ミノルタ）とその関連部品工場の近畿地方が3％という集中した展開であった。また、北海道、東北、中国、四国、九州の各地方には、カメラ関連産業がまったく存在しなかった。そして、関東地方でも、埼玉県を除く茨城・栃木・群馬・埼玉の北関東各県においてはカメラ関連工場が

ほとんどなかった。

60年代になると、生産力増強を目的とした完成品メーカーの生産体制の再編成に伴ってカメラ関連工場の展開も変化していった。すでに見たように、完成品メーカーが東京周辺に主力工場を移したり、量産工場を新設したことにより東京都内の工場立地は、188工場から195工場に増加したにもかかわらず、カメラ関連産業の割合としては60%から37%にほぼ半減した。カメラ産業が労働集約的であることから労働力が安価で、既存の東京都内の組立工場との利便性により北関東の埼玉・茨城・栃木の各県と東京の郡市部、戦争中からの疎開工場があって精密機械工業の集積が高い長野県にその比重を移していった。とくに増加した地域は、長野県が47工場（15%）から108工場（20%）と工場数で2.3倍・全国シェアで1.4倍になったのを始め、埼玉県が19工場（6%）から61工場（11%）と工場数で3.2倍・全国シェアで2倍に、茨城県が6工場（1.9%）から19工場（3.6%）と工場数で2.3倍・全国シェアで1.9倍に、栃木県が1工場（0.3%）から13工場（2.5%）と工場数で13倍・全国シェアで8.3倍に、東京郡市が8工場（2.5%）から21工場（4.0%）と工場数で2.6倍・全国シェアで1.6倍になったことが顕著であった。

2．生産拠点の地方展開

70~80年代のカメラ産業は、カメラ生産の障害に対して85年のプラザ合意以前には海外生産には向かわずに国内生産を強化する方向で対処していった。カメラ産業の海外生産は、表2-6のように65年のカメラ不況対策として60年代後半から始まり、コンパクトにおいては70~80年代を通して生産台数、生産額ともに一貫して増加した。また、一眼レフについては、70年代は旭光学のみで、一眼レフの中でも中・下位機における旭光学の輸出動向に左右されており、80年代になるとミノルタの海外生産が加わって70年代の2倍程度となったが、全体の動きからすると、伸び悩んだ。しかし、国内生産を含めて考えると、海外生産は輸出用の大衆機をアメリカおよび発展途上国への輸出が実態で、日本市場へ投入することは、ほとんどなく、海外生産を行っているカメラメーカーにとって輸出用生産の補助的な位置しか占めなかった。その結果、新

表 2-6 国内生産比率と海外生産

(台数、生産額)

	コンパクトカメラ				一眼レフカメラ				海外生産拠点（進出・操業年）
	生産台数		生産額		生産台数		生産額		
	%	万台	%	億円	%	万台	%	億円	
1970年	—	—	99.0	—	100.0	0.6	100.0	0	65年リコー（台湾）、67年ヤシカ（香港）
71年	—	—	—	—	—	—	—	—	
72年	99.5	1	—	—	100.0	0	97.8	15	旭光学（香港）
73年	95.2	11	97.6	7	99.6	1	95.9	35	チノン（台湾、韓国）
74年	91.5	20	87.0	45	98.2	5	95.0	53	ウエスト電気（韓国）
75年	75.5	51	75.5	84	95.2	13	88.4	127	旭光学（台湾）
76年	70.5	79	72.1	121	96.1	13	86.2	188	
77年	70.6	96	70.9	153	97.6	10	87.8	209	
78年	68.7	122	76.1	155	97.1	15	84.1	317	ミノルタ（マレーシア）
79年	78.2	104	77.0	187	98.0	13	92.1	166	ヤシカ（ブラジル）
80年	74.9	132	64.2	307	99.5	4	92.4	199	
81年	80.4	133	70.4	326	95.7	33	91.4	214	
82年	81.9	144	79.2	263	94.6	36	88.3	258	
83年	80.7	182	82.4	284	95.5	24	90.9	161	
84年	81.0	224	82.7	345	92.0	43	88.4	196	
85年	79.0	290	80.1	430	90.1	54	88.3	213	GOKO（中国）
86年	76.1	397	83.2	416	93.1	33	87.6	193	
87年	70.3	532	82.4	390	94.3	23	94.0	77	
88年	65.3	653	75.5	589	94.2	20	95.8	44	キヤノン（マレーシア）、GOKO（マレーシア）
89年	60.8	856	70.8	767	90.5	36	95.9	50	オリンパス（香港）

出所：「日本写真機工業会統計」より作成。
注：1）海外生産は工業会数値から機械統計数値を引いたもので、その数値を工業会数値で割ったものが海外生産比率となり、それを100から引いたものが国内生産比率ということになる。
2）工業会の生産台数及び生産額は加盟企業の国内と海外を含めた数値を合計したものである。
3）通産省の機械統計は日本写真機工業会加盟企業と非加盟企業の国内生産の数値である。
4）生産台数は1万台未満、生産額は1億円未満を切り捨てた。
5）ミノルタは当初複写機で進出したので、カメラ生産を始めた78年を操業年とした。

技術に基づく新製品が相次いだことにより70年代末から80年代前半には海外生産の比重を低下させていった。したがって、この時期の海外生産は本格的な海外生産が始まった85年のプラザ合意後の第3次円高に対応した88年からの海外生産とは区別して考える必要がある。

カメラ産業は、70～80年代に70～73年と80～82年の2度にわたって生産体制を再編成した。70年代の再編成は、①主力製品がコンパクトから一眼レフに代わり、②国内需要が落ち込んで輸出拡大をめざし、③ドルショック、輸

表 2-7　1970 年代の生産体制

	主力工場		量産工場		レンズ組立工場		海外子会社
	本体	子会社	本体	子会社	本体	子会社	
キヤノン	下丸子工場			福島キヤノン	玉川工場	栃木キヤノン	台湾
日本光学	大井製作所			水戸ニコン、仙台ニコン		栃木ニコン	
ミノルタ	堺工場		豊川工場	葵カメラ	総合開発センター		マレーシア
旭光学	本社工場		益子工場		小川工場		香港、台湾
オリンパス	諏訪工場		八王子工場	信濃オリンパス	伊那工場		
小西六		山梨コニカ				甲府コニカ	
富士フイルム		富士写真光機		水戸器機			
ヤシカ	岡谷工場		相模原工場			富岡光学	香港、ブラジル
マミヤ光機	浦和工場			マミヤ			
リコー		リコー光学					台湾
ペトリカメラ	本社工場		埼玉製作所				
東京光学	本社工場			東京光学精機			

出所:『全国工場通覧』1972〜1980 年版より作成。

出自主規制により対米輸出が制約され、ヨーロッパ市場に活路を見いだし、④円切上げにより輸出価格の上昇が懸念され、⑤石油ショックで製品価格が上昇したこと、などを背景としていた。この再編成は、生産力増強と人件費削減を原動力として地方展開と生産子会社設立という方向で推進された（表 2-7 参照)。

　最大手のキヤノンは、カメラの下丸子工場、レンズの玉川工場を中心にしてコンパクトの量産工場であったキヤノン取手を 73 年複写機などの事務機専用工場に転換させ、取手の製品を福島キヤノンと台湾キヤノンに移管した。「首都圏のカメラ工場を補完する工場」[4]として設立された福島キヤノンは、下丸子工場が最上位機種の生産と一眼レフの試作生産に特化されたのに伴い、漸次一眼レフの量産と他工場で組み立てる部品生産が移されて、70 年代後半にはキヤノンのカメラ生産の中心工場になっていった。レンズの組立工場も 69 年に協力工場であった太平光学を栃木キヤノンとし、玉川工場から次第に製品を移管していった。一眼レフ専業の日本光学は、ヨーロッパ市場への輸出が伸びたことで大井製作所がまかないきれない分を新工場の建設、子会社の新設、協力工場の買収という形で再編された。71 年には、相模原工場を新設して大井製作所内の老朽化したレンズ熔融工場を移し、カメラ部品の生産子会社仙台ニコンを設立してカメラ組立も移管し、カメラの部品と組立工場に拡大していっ

た。73 年にレンズ組立子会社桜電子工業を栃木ニコンに、77 年に一眼レフの下位機種の組立子会社橘製作所を水戸ニコンと改称してグループ化を強化した。

ミノルタと旭光学は、本体の中に主力工場、量産工場、レンズ組立工場を持っていた。ミノルタの場合、日本光学とともにレンズ熔融工場（伊丹工場）を持ち、一眼レフとコンパクト上位機種を生産する主力工場堺工場、コンパクト中心の量産工場豊川工場、大衆機・OEM 生産の生産子会社葵カメラという体制はすでに 60 年代末に出来上がっており、70 年代になっての変化は 71 年主力工場の堺工場からレンズ組立部門を総合開発センター（のちの狭山工場）に移管し、65 年にプリズムの南海光学、68 年にカメラ部品の奈良ミノルタ精工、73 年にボディの岡山ミノルタ精密の生産子会社を設立した。これは日本光学と同様に主力工場の機能を生産力増強にあわせて分散した。一眼レフ専業の旭光学は、TTL 一眼レフ最初のヒット商品 SP を生み出していたことからすでに 60 年代末に本社工場のカメラ組立の一部を栃木県の益子工場に、レンズ組立を埼玉県の小川工場に移して生産拡大を図っていたが、70 年代に入ってからは、益子工場が主力一眼レフの組立、レンズ研磨・コーティング、ボディなどカメラ部品の生産を行う主力工場となり、本社工場では、生産量の多くない一眼レフと中型一眼レフの組立、研究開発に業務が移り、またアメリカ市場を中心に輸出用一眼レフのボディと交換レンズをノックダウンで組み立てるカメラ組立子会社旭光学（国際）有限公司を 72 年香港に、レンズ組立子会社台湾旭光学を 75 年台湾に設立して海外生産による生産体制を整備した。

フイルムメーカーの富士フイルムと小西六は、カメラ生産を生産子会社に委託する体制を採っていた。富士フイルムは、当初から富士写真光機がカメラ生産を担当し、その部品やレンズ組立を栃木県の佐野精工、茨城県の水戸器機といった孫会社が生産する体制であった。富士写真光機は、一眼レフの組立とともにカメラ用、VTR カメラ用、複写機用など諸々のレンズも生産していた。佐野精工では、カメラ部品を含めた光学製品の金属加工、レンズのコーティングと組立を行い、水戸機器では、コンパクトの組立とレンズ研磨を分担していた。小西六もこの時期にカメラ事業の中心であった八王子工場が事務機のラインで満杯となったのに伴い山梨県に拡がっていき、カメラ組立の山梨コニカと

レンズ生産の甲府コニカ、少量機種を協力工場に委託するという体制に変化させていった。

また、下位メーカーのマミヤ光機とリコー、東京光学も労働力の安い地方に量産子会社を展開した。マミヤ光機が70年に長野県佐久市にマミヤと新潟県新発田市にシバタマミヤという生産子会社を設立して主力工場の浦和工場で商品の企画・開発、中・大型カメラと一眼レフの組立、マミヤで交換レンズと一部中・大型カメラの組立、交換レンズの鏡筒生産を分担する体制を採った。リコーはカメラ市場が一眼レフ中心となっているのに対応して、73年に岩手県花巻市に生産子会社リコー光学を設立して台湾リコーのコンパクト用を含んだレンズと一眼レフの一貫生産を行った。東京光学も69年に福島県常葉町にカメラ部品の生産子会社東京光学精機を設立していた。

この時期、体制が定まらなかったのがオリンパスとヤシカである。ヒット商品が相次いで市場をリードし、増産体制を早急に構築しなければならないオリンパス、コンパクトの過剰生産で工場閉鎖に追い込まれて生産体制を立て直さねばならないヤシカでは対照的であった。オリンパスは、一眼レフのOMシリーズ、コンパクトのXAというヒット商品を生んだことで主力組立の諏訪工場、レンズの伊那工場だけではまかないきれず、72年からオリンパス精機、信濃オリンパス宮田・伊那両工場、74年から八王子工場、会津オリンパス、大町オリンパスでもカメラの組立を行った。このうち、76年よりオリンパス精機が黒石工場と平賀分工場の操業に伴い本社工場でのカメラから撤退し、信濃オリンパス伊那工場が、また78年に会津オリンパスが医療機器に転換した。オリンパスの場合、当時の生産品目がカメラ、医療機器、計測器、テープレコーダーなど精密機器に属するものであり、部品の製造は別として組立工程は共通する部分が多く、いつでも転換が可能であるという事情があった。

また、ヤシカは需要動向がコンパクトから一眼レフに移り、輸出比率が高いためアメリカへの輸出が停滞したことによって経営が悪化し、主力工場であった諏訪工場の操業を72年に停止して73年に売却し、相模原工場も74年に閉鎖、76年に売却してカメラ部品の加工と組立工場が岡谷工場のみとなってしまった。レンズの加工と組立については、子会社の富岡光学で行うという体制

表 2-8　1980 年代の生産体制

	主力工場		量産工場		レンズ組立工場		海外子会社
	本体	子会社	本体	子会社	本体	子会社	
キヤノン	福島工場			大分キヤノン、ダイシンカメラ	宇都宮工場、鹿沼工場		台湾
日本光学	大井製作所			水戸ニコン、仙台ニコン		栃木ニコン	
ミノルタ	堺工場		豊川工場	葵カメラ	狭山工場		マレーシア
旭光学	益子工場		本社工場	朝日工機	小川工場		香港、台湾
オリンパス	辰野事業場		八王子事業場	大町オリンパス、オリンパス精機		坂城オリンパス	
小西六		山梨コニカ				甲府コニカ	
富士フイルム		富士写真光機		水戸器機			
京セラ	長野岡谷工場					富岡光学	香港、ブラジル
マミヤ光機	浦和工場			マミヤ			
リコー		リコー光学					台湾

出所：『全国工場通覧』1982～1990 年版より作成。

となった。

　次に、80～82 年における再編成を見てゆくと（表 2-8 参照）、①一眼レフの需要が国内・ヨーロッパ市場で一巡し、コンパクトにおいてストロボ内蔵・AF など新技術に基づいた新製品が登場したことにより主要製品が一眼レフからコンパクトカメラに移ったこと、②第 2 次石油ショックと 1980～82 年不況によって輸出の中心であったヨーロッパ市場が縮小したこと、③輸出市場の中心が大衆機中心のアメリカ市場に戻ったこと、④キヤノン AE-1 以降一眼レフの分野でも低価格化が進行していっそうのコスト削減を求められたこと、などの背景があった。

　70 年代の生産体制から大きな変化があったのがキヤノンとオリンパスである。キヤノンは、AE-1 の生産体制を整備する 70 年代中頃から 80 年代初めにかけて①カメラ事業の開発・生産体制の管理を下丸子工場から玉川工場に移し、②主要生産子会社をキヤノン本体に取り込んで自社工場に編成替し、これらの工場をカメラ・レンズの主力組立工場とし、③新たに生産子会社を設立するといった、社内的には、内に向かって集中化し、地域的には外に向かって拡がっていった。まず、カメラ生産の中心軸の下丸子工場から玉川工場への移管は、76 年にカメラ開発部門を移転したのに始まり、80 年に下丸子工場の工場機能を廃止したことで終了し、これによって玉川工場カメラ部がカメラの開発、傘下工場・生産子会社・下請会社の管理を行う中核となった。これに対応して下

丸子工場のカメラ、玉川工場のレンズ生産の機能を福島キヤノン、栃木キヤノンに移していった。カメラ組立の量産工場となった福島キヤノンは、78年に生産子会社からキヤノン本体に吸収合併され、キヤノン福島工場となり、カメラ生産の主力工場となった。また、栃木キヤノンも77年に宇都宮工場を新設して玉川工場からレンズ部門を本格的に移管され、82年に本体に吸収され、キヤノン鹿沼工場・宇都宮工場となり、これによってレンズ部門の玉川工場から宇都宮工場への移管が完了して宇都宮工場がレンズ、鹿沼工場がプリズムの主力工場となった。さらに、82年コンパクトの量産工場として大分キヤノンを新設し、80年に設立された生産子会社ダイシンカメラ（宮崎市）と連動されることとなった。

70年代相次ぐヒット商品によって生産体制の整備が追いつかなかったオリンパスは、新たに長野県辰野町に辰野事業場を建設して主力工場の諏訪工場に代わってカメラ生産の中心にすえた。カメラ生産をオリンパス本体の八王子事業場からオリンパス精機青森工場、大町オリンパス、岡谷オリンパスなど生産子会社に、レンズも本体の伊那工場から坂城オリンパスに移していった。辰野事業場で一眼レフ、コンパクトの上位機、内製している主要カメラ部品、新製品の生産立上げなどを行い、コンパクトの組立、技術を要しない内製部品、レンズ組立などを長野県を中心にした生産子会社で行う体制を採った。さきに述べたように、オリンパスの場合、諸々の光学製品を生産していることから部品材料の生産を除いた生産部門、とくに組立部門はこの時期もそれぞれの光学製品の需要に対応して生産する工場・生産子会社を短期的に変えていった。

他のメーカーについては、70年代の生産体制と基本的に変化がなかった。このうち、一眼レフ専業メーカーの日本光学と旭光学が一眼レフ需要の一巡によりコンパクトに進出した。日本光学の場合、83年ニコン・ピカイチを発売してコンパクトに進出したが、コンパクトを将来的にも主力商品に育てる展望を持っていなかったことから日東光学などOEMメーカーに委託することで凌いだ。

以上のようにカメラメーカーの生産体制が①カメラ・レンズの主力工場を地方に移し、②新設したり、買収したりして量産を生産子会社に担わせるという

方向で再編成されたのに伴って 70〜80 年代のカメラ産業も地方展開していった。表 2-9 を使って説明しよう。まず、カメラ産業の工場は、70 年 639 工場から 80 年 937 工場と 46.6% 増加してこれをピークに 88 年には 728 工場と

表 2-9 1970〜80 年代におけるカメラ工場の地域展開

(単位：所、％)

	1958年		1968年		1970年		1980年		1988年	
	事業所数	割合	事業所数	割合	事業所数	割合	事業所数	割合	事業所数	割合
全国	315	100.0	521	100.0	639	100.0	937	100.0	728	100.0
北海道	0	0.0	0	0.0	0	0.0	1	0.1	0	0.0
東北	0	0.0	9	1.7	28	4.4	127	13.6	140	19.2
青森	0	0.0	0	0.0	0	0.0	12	1.3	10	1.4
岩手	0	0.0	1	0.2	3	0.5	13	1.4	32	4.4
宮城	0	0.0	0	0.0	1	0.2	10	1.1	22	3.0
秋田	0	0.0	1	0.2	1	0.2	6	0.6	3	0.4
山形	0	0.0	2	0.4	3	0.5	17	1.8	15	2.1
福島	0	0.0	5	1.0	20	3.1	69	7.4	58	8.0
関東	238	75.6	344	66.0	406	63.5	482	51.4	288	39.6
茨城	6	1.9	19	3.6	29	4.5	47	5.0	51	7.0
栃木	1	0.3	13	2.5	22	3.4	48	5.1	38	5.2
群馬	2	0.6	3	0.6	13	2.0	11	1.2	8	1.1
埼玉	19	6.0	61	11.7	71	11.1	110	11.7	71	9.8
千葉	1	0.3	7	1.3	11	1.7	21	2.2	16	2.2
東京区部	188	59.7	195	37.4	212	33.2	168	17.9	64	8.8
東京市郡	8	2.5	21	4.0	23	3.6	31	3.3	21	2.9
神奈川	13	4.1	25	4.8	25	3.9	46	4.9	19	2.6
中部	68	21.6	142	27.3	162	25.3	277	29.6	243	33.4
山梨	3	1.0	12	2.3	17	2.7	39	4.2	31	4.3
長野	47	14.9	108	20.7	115	18.0	191	20.4	155	21.3
愛知	17	5.4	15	2.7	21	3.3	21	2.2	38	5.2
近畿	9	2.9	20	3.8	33	5.2	35	3.7	42	5.8
大阪	6	1.9	9	1.7	17	2.7	21	2.2	27	3.7
中国	0	0.0	6	1.2	7	1.1	7	0.7	7	1.0
四国	0	0.0	0	0.0	0	0.0	1	0.1	3	0.4
九州	0	0.0	0	0.0	2	0.3	5	0.5	8	1.1
大分	0	0.0	0	0.0	0	0.0	1	0.1	3	0.4
宮崎	0	0.0	0	0.0	0	0.0	1	0.1	3	0.4

出所：『全国工場通覧』1960、70、72、82、90年度版より摘出作成した。
注：本来なら1990年を摘出すべきであるが、1992年版は製品名の表記が変更されているので88年の内容を使った。

28.8％も減少しているが、88年の工場数は70年より90工場、13.9％も多い。

次に、カメラ産業の中心的地域は、かつての東京都内からメーカーの主力工場が展開している北関東の埼玉・茨城・栃木諸県と長野県、その外縁部に移っていった。都府県別に88年のカメラ産業が集中している上位5県を見ると、長野県が21.3％とトップとなり、次いで9.8％の埼玉県、東京都内の8.8％、福島県8.0％、茨城県7.0％という順位となる。60％が集中した東京都内は70年の212工場をピークに80年168工場（26.2％減）、88年64工場（162.5％減）と減り、とくに80年代の減少がはなはだしい。60年代後半から一定のカメラ工場の立地があり、88年首位となった長野県は、カメラ工場全体が増加すれば増えるし、減少すれば減るという形で絶対数が変化してもその割合は20％程度で、第2位の埼玉県も10％程度で20年間推移した。

さらに、70～80年代にカメラ工場の増加数、増加率が高い地方を見ると、東北と北関東である。58年にはカメラおよび部品工場の立地がひとつもなかった東北地方が70～80年代の増加がめざましく、88年には140工場が立地し、カメラ工場の20％を占め、東京都内の2倍以上も立地するまでに増えた。70年には20工場、80年69工場、88年58工場の福島県を筆頭に、70年の3工場から88年32工場となった岩手県、仙台ニコンのある宮城県が続いた。メーカーのカメラ・レンズの主力工場が集中する茨城・栃木の両県も70年の29工場（4.5％）、22工場（3.4％）から88年の51工場（7.0％）、38工場（5.2％）と共に70％増加している。70～80年代におけるカメラ産業の新規立地は東北地方の諸県と北関東の茨城・栃木両県が中心であった。したがって、カメラ産業は、65年のカメラ不況以後70年代初めまで一部メーカーで海外生産を志向したが、70年代後半から88年まで大手5社の新たな海外生産はなく、東北諸県と茨城・栃木の北関東地方を中心として国内に展開していった。

3．カメラ生産工程における省力化・自動化の推進

70～80年代における生産工程の革新について見てみよう[5]。カメラの生産工程は、内製・外注の部品をボディに着装して組み立てるものである。カメラの本体となるボディは、鋳造されたダイカストが外注先から搬入され、まず、平

削盤によって表面を切削し、次いで多軸ボール盤で穴をあけ、ネジを切って検査を行い、塗装をして加工が終わる。出来上がったボディにシャッター、レンズ、露出計、絞り器、巻上げ器・ミラーなど電装・機械部品を着装してそれぞれ検査して組み立てていく。

　カメラ部品のうち、レンズ、シャッターが中枢部品であり、70～80年代に露出、距離計測、巻上げ・巻戻しの制御を行う電装品が付け加わった。レンズの生産工程は、熔融から光学ガラスまでの前工程と光学ガラスからレンズ玉を作り、レンズに組み立てていく後工程とがある。カメラメーカーの中でレンズの一貫工程を行っているのは、熔融工場を持っている日本光学・ミノルタの2社だけで、キヤノンをはじめ、各メーカーは保谷硝子・住田光学・小原光学から光学ガラスを買い入れて後工程のみを行っている。シャッターは、一部内製しているが、ほとんどをコパル、セイコー、シチズンの3社（とくにコンパクト）から購入しており、その生産工程は部品の加工から始まり、部品組立、テンション・ピストンの組込み、シャッター羽根の組込み、速度検査、性能検査を経てシャッターとして完成してメーカーに納入される。

　省力化・自動化などの生産工程の革新は、キヤノンが先行し、他メーカーが追従してカメラ産業全体に普及してゆくというパターンを採る。それはキヤノンが他メーカーに比べて圧倒的に生産量が多く、生産技術を改善することで生産性を高める必要性が他メーカーより大きかったことによる。ここでは、まず70年代前半までの自動化・省力化の進行状況を確認した上で70年代後半から見ていこう。70年代前半までの自動化[6]は、57年にキヤノン下丸子工場でカメラの組立工程に単純なベルトコンベアーが導入されて60年代には部品点数が少なく、量産を必要とするコンパクトの組立工程に拡がっていった。また、64年にはビスの自動絞め機といった産業ロボットが登場し、70年代初頭までに普及していった。さらに、73年福島キヤノンで機械加工と表面処理加工、カメラ組立を結ぶ無人搬送車が登場して「一貫系列ライン化」が図られた。この時期の自動化は、部品加工の限られた産業ロボットの登場と組立の運搬手段の自動化が始まった状況であった。

　AE-1の生産工程革新によって始まる70年代後半の自動化・省力化は、「福

島工場が自動組立工場か？」という質問に答えてキヤノン福島工場長小川正氏が「それはどちらかというと、部品加工の方で、ウチの総合組み立ての方では、一部に自動でやっていますが、全部自動というわけではありません」[7]と語っていることに集約される。すなわち、カメラの組立工程は、一部に産業ロボットが導入されているが、大半を人手に頼っており、自動化ラインとなっていないことがまず確認できる。キヤノンはAE-1によって自動化・省力化の生産技術の革新に向かう以前には、一眼レフの分野では旭光学・日本光学の後塵を拝してコンパクトの分野のような量産システムに取り組むほど売れていなかった。オリンパスが小型・軽量一眼レフOM-1の開発によって一眼レフの分野で風穴を開けたことことからキヤノンはこれに主力市場がアメリカ市場であるために低価格というコンセプトを付け加えて二強体制に挑んだ。AE-1を生産するのに際してキヤノンでは、①カメラに着装する部品をユニット化し、②カメラの機構を電子化して半導体の中に取り込み、③部品加工に産業ロボットを導入し、④部品の移動に無人搬送車を使うことなど設計・開発の段階から自動化しやすいカメラを開発すると共に生産工程での革新に努めた。ユニット化については、直接自動化には進まないが、カメラの部品をシャッター、巻上げ、ファインダー、AE、絞りといった機構をそれぞれの部品ユニットに集約することで、組立工場は諸々の部品をひとつのユニットに組み立てる作業を下請会社や関連会社に移転し、部品点数も減らすことで省力化ができると共にカメラへ組み込みやすくなる効果をえた。また、カメラの電子化は、露出の測定、絞りの制御、セルフタイマー、巻上げ・巻戻しの制御などの機械機構を半導体の回路の中に取り込んで機械部品を減らしたことで組立の省力化につながった。さらに、部品加工を中心に産業ロボットが導入された。レンズ生産では、産業ロボットに置き換えられた工程は研磨・芯取り・コーティング・鏡筒の金属部品加工・レンズ締付リング加工であり、鏡筒組立と調整・検査工程に手作業が残された。その他、組立工程でもダイカスト・ボディの自動加工、プラスチック塗装の自動化、シャッター精度・自動絞りの自動検査装置などの工程で産業ロボットが導入された。

　80年代の自動化・省力化は、70年代の輸出市場、とくに一眼レフの需要が

第2章　生産体制の再編成

拡大するのに伴って生産力を増大しながら自動化・省力化を図ったのとは異なって80年代初頭のカメラ不況を経て内外の市場の拡大が多くを望めず、製品のライフサイクルが短くなり、需要の変化が激しいという状況の下で推進しなければならなかった。そのため、80年代の自動化・省力化は、①大型コンピュータの利用による原材料の購入から部品の機械加工、カメラの組立までの生産工程を集中管理するフレキシブル生産システムを採用し、②ボディの機械加工ライン、金属部品のプレス加工ライン、原材料の供給・取り出し、電装品の組立、完成したカメラの検査・調整工程、運搬の自動化（コンベアー、無人搬送車）などの工程で70年代よりいっそう産業ロボットが導入されて自動化が進み、また、③物流システムの面でも自動化が進展して自動倉庫が登場し、反面、④なかなか自動化が進まない工程に組立工程があり、依然として人手に頼らざるをえない状況が続いていた。

80年代初頭に建設された工場は、変化の激しい市場動向に大量生産も可能で、多品種少量生産もでき、その切替えも迅速に行いうるといった柔軟に対応をしうるフレキシブル生産システムが登場した。こうした工場は、大型コンピュータと各生産工程に置かれた端末機をオンラインで結び、生産計画とその日の進捗状況、生産実績、不良品の発生率などを常に掌握して、生産工程を効率よく運営した。コンピュータに蓄積されたデータによって新たな生産計画を作成していく。ただ、この段階では、コンピュータによる生産ラインの作動に手間がかかり、却って生産性が悪くなる欠点も生じていた。

また、ユニット部品の生産工程で、産業ロボットと産業ロボットを連動させて一定の自動ライン化が進展した。仙台ニコンでは、「最大の効果をあげる自動化」をめざしてミラーボックスの組立、電装品の組立、カメラの検査・調整工程の自動化を達成させてきた。ミラーボックスの組立は、57点のユニット部品から構成されていて「3本の自動組立ラインでI基板、L基板というユニットをあらかじめ組み付け、それを組み立てる方法をとって」おり、そのうち「1本の自動組み立てラインでは精密ロボットが小さなパレットの上に次々と部品を乗せていき、最後にユニットにまとめるという方法」であり、「ロボットは一台ずつマイコンで制御され、動作はスピーディー」で「3本のラインに

25台のロボットが配置されてい」た。工場では、「この工程では従来約80人を必要とした作業者が10分の1の7人まで減った」ということで「ミラーボックスのユニット部品の自動化は『部品点数が多いので省力化の威力は大きかった』」ことを成果としている。また、電装品の組立は、フレキシブル基板に生ハンダを付け、小型の半導体、大型半導体・コネクターを着装してリフロード、カットを経てテスターと目視で検査して完成する工程となっているが、仙台ニコンでは、フレキシブル基板の部品搭載ラインを「カメラの組立工程の側のクリーンルームの中に」設置して「9台の精密ロボットが抵抗やコンデンサーなど20点の部品をプリント基板の上に次々と装着」して完成品が「コンピューター管理による検査を受ける」という自動ラインとなっている[8]。

　生産工程の省力化と共に自動倉庫と無人搬送車による新しい物流システムが始まった。カメラやレンズの日東光学は88年に主力の上諏訪工場内に三階建てで延べ床面積が約1,800平方㍍の大型自動倉庫を建設した。同社は、OEMメーカーであるため生産品種が多く部品点数も膨大であり、これをコンピュータで管理することとなった[9]。

　80年代末においても、カメラの組立工程は、84年当時最新鋭かつ最大規模のカメラ工場であったオリンパス辰野事業場では、「最も人手がかかるのはカメラの組み立てラインで『ほとんど人海戦術に頼っている』」[10]、88年のミノルタ堺工場も、吉山一郎専務が「組み立てラインの方はまだ人手に頼っている部分が大きい。機械部品を一から組み上げていく昔と違って、部品はユニット化されて工場に入ってくる。だが、ベルトコンベアーの両わきで人手で組み上がっていく光景は昔ながらの工場と大きく変わらない」[11]と語っているように、さきの78年当時のキヤノン福島工場と基本的には変わらず、ベルトコンベアーから流れてくるボディにそれぞれの工程で部品を組み込んで、次にの工程にベルトコンベアーで流すという人手頼りであった。

（矢部洋三）

第3節　カメラ生産体制の実態分析[12]

　カメラの生産において、カメラ部品の内製率と外注依存度の関係は、一般に

4対6と外注依存度が高く、「親企業は、特定の重要部品や、完成品の組立調整を行う方式を採用、コスト競争に備えている」[13]とされてきた。前節で述べたように、そして実際に日本や海外の日系工場を見学しても、カメラ主要企業の製造工場では、完成品の組立工程とそれと並行して行われる微調整・検査工程がほとんどを占めている。つまり部品加工の外注依存が高いのである。また、有価証券報告書等の資料を見ても、とりわけキヤノンとミノルタは、およそ70～80％とカメラ業界の中でも外注依存度が高い会社となっている。もちろんこの数値は複写機などカメラ以外の生産を含めた全体のものなので、カメラ生産における正確な外注依存度を示すものではない。しかし、それほど多角化が進んでいなかった1970年代（一眼レフ全盛の時代）だけを見ても、両社の外注依存度は飛び抜けて高いものとなっている。部品の外注依存が強いほど、組立工程の自動化・海外移転の進展により、逆に技術的優位性は衰えてくるはずである。ところが、必ずしもそうとは言えない。

そこで、70～80年代における両社の一眼レフカメラの生産工程を具体的に比較検討し、部品調達と下請関連企業体制を中心とする生産体制の特徴を見ることにしよう（開発・設計および管理については、第8章を参照）。

1．ミノルタに見る生産の組織化

1970年代後半のミノルタでは、レンズは伊丹と狭山工場が分業生産し、一眼レフカメラ本体は堺工場と豊川工場で生産されていた。このうち、堺工場が主力工場として高級一眼レフの専用工場であったのに対し、豊川工場はそれ以外の様々なカメラを生産していた。すなわち、一眼レフ、コンパクト、カートリッジ、8ミリカメラ、その他計測機器、医療用機器などである。そしてそれらの製品は、驚くべきことに部品加工の内製率平均で10％程度、組立においても28％程度の社内比率で生産されていた。とはいえ、これは主力製品工場で生産設備が整っている堺工場とそうでない豊川工場との違いも反映している。またこれらの数値は、豊川工場以外のミノルタ工場や子会社・関連会社からの調達も「外部」として捉えているので、注意が必要である。一般に、主力製品ではない場合、OEM（相手先ブランドによる製造）や設計から完成までを他社

に任せてしまうODM（相手先ブランドによる設計・製造）14)も行われている。すなわち、豊川工場で製品化されていた中級機＝コンパクトカメラのハイマチックシリーズ（Hi-G、Hi-7SⅡ）は日東光学から完成品を購入してミノルタブランドで国内外に出荷していたし、8ミリ映写機なども山和電機から完成品を購入・出荷していた。これらの結果、豊川工場全体としては外注依存度が実際以上に高くなるのである。

それゆえ、一眼レフカメラの生産に限定して外注依存の実態を調べる必要がある。豊川工場では、77年当時、XG-Eという一眼レフ本体が生産されていた。このカメラは、電子自動露出制御のフォーカルプレンシャッター付一眼レフAEカメラ（絞り優先方式）で、ミノルタにおける電子制御カメラのXシリーズの中では、小型軽量タイプとして標準レンズ付4万9,800円で1977年10月から発売された。このカメラの本体部品調達に関するやや詳しい資料があるので、それを手がかりにカメラ生産体制の実態に迫ってみてゆきたい。

一眼レフ本体の生産体制は、部品・材料調達→部品加工・部分組立（社内外）→社内完成組立・検査（社内）→包装・出荷（社内）という流れになっている。このうち、部品調達についてはあとで詳しく見るとして、労働集約的な組立工程から見ていくことにしよう。一般にカメラ完成品工場は、完成組立とそれと並行して行われる検査に集中する傾向があるが、豊川工場の場合も、部品加工・部分組立を外部に依存し、豊川工場自体は完成組立工程を受け持っている。これを社内の組立人員と外注の組立人員に分けてみた場合、社内外合計の組立人員に占める社内組立人員割合は、パートを含めて76年までは約42％、77年以降の4年間では外注増大に伴い約28.9％に減少した。このように豊川工場では、中級機・大衆機中心の工場であることと新製品生産の要因もあるとはいえ、意外に組立の外部依存度が高いと言える。しかし「外部」と言っても、部品加工と同様に、実はその多くが三恵精密機械などのミノルタの子会社と、強力な下請関係にある系列会社または「協力工場会加入会社」によって行われていた15)。それゆえ、XG-Eの組立工程に関する限り、ミノルタは社内組立と下請子会社・系列会社による組立を基本とし、それ以外の他社への外注依存は部分的なものにとどまると考えられる。伝統的な一眼レフカメラ生産において、

第2章 生産体制の再編成

完成までの組立と検査の工程がいかに重視されていたかが伺い知れる。

それでは、部品加工の外注依存度はどうであろうか。一般に600点から1000点とも言われる一眼レフカメラ部品を、ミノルタではどのように調達していたのであろうか。ここに示す表2-10は、XG-E本体部分の外注部品ごとの調達先を一覧表にしたものである。XG-Eの総部品点数は、ユニットも1点

表2-10 ミノルタXG-E本体の外注部品調達先一覧

部品分類	外注先と外注部品
シャッター1点 2,300円（20.7%）	堺工場（シャッター）
光学部品4点 1,635円（14.7%）	南海光学（ペンタプリズム）、Ms光学（結合接眼レンズ）、Tk商会（焦点板）、N真空（ミラー）
電装部品36点 3,451.8円（31.1%）	Rd商事（IC3点）、Hr電工（抵抗体等8点）、Ms電器（固定抵抗等8点）、鳥取S（LED基板）、Rs（タンタルコンデンサ6点）、HmTV（Cds×2）、Fj産業（固定抵抗3点）、Rk電機（Mgコイル）、Tk周波（LED）、Mo電機（タンタルコンデンサ）、MtSS（セラミックコンデンサ）、Ty電子（ダイオード）、Tyケミカル（フレキシブル基板）、Hc金属（永久磁石）、IiSS（プリント基板）
旋造部品144点 985.51円（8.9%）	Hk工業（バヨネット座板等9点）、Cb工業（巻戻しフォーク等12点）、Kn精工（巻取アイドルギヤー等6点）、Ky製作（三脚ネジ等6点）、奈良ミノルタ（巻上レバー軸等2点）、Kt精工（小物旋造52点）、Ob金属（小物旋造9点）、He精工（小物旋造7点）、N機工（小物旋造6点）、Nt公進（小物ネジ35点）
プレス部品106点 1,363.25円（12.3%）	豊橋精密（下カバー等4点＋処理）、Sk製作（バヨネットSP等32点）、三恵精密（レリーズMg台板等18点）、Ss精工（コンタクト接片等18点）、R工業（小物プレス18点）、Fj精工（小物プレス12点）、Ke精工（小物プレス4点）、堺工場（巻上レバー1点）
DC焼結部品3点 224円（2.0%）	KtDC（ボディ・ダイカスト）、Rb（前枠）、Rk社（巻取ギヤー）
プラスチック部品55点 794.68円（7.2%）	Fj化学（ボディ等40点）、Skプラ（シャッターダイヤル銘板等10点）、Cln（裏蓋ポケット等5点）
その他58点 332.93円（3.0%）	Th精工（スプリング18点）、Rk発条（スプリング7点）、KySP（スプリング6点）、Ky（ハリ皮他7点）、Ss工業（モルトプレーン8点）、H（印刷銘板4点）、Ysマーク（電池装填マーク）、Diカメラ（目盛板）、Mk精機（彫刻2点）、Kz技研（焼純3点）、Tk（Eリング4点）、Uyゴム（フィルム走行面保護板等2点）
外注部品計407点 11,087.17円（100%）	参考：社内加工部品（プレス29点および二次加工5点）

出所：ミノルタ豊川工場資料。

として616点である。この表には、レンズが含まれていないが、レンズはミノルタ狭山工場で生産されているので、社内調達である[16]。それ以外のいわゆるカメラ本体を構成するすべての部品が、この表に納められている。その436点にも昇る部品の内、社内加工として豊川工場で加工される部品が29点で、残りの407点が「外注部品」(外注依存度93.3％)である。この表の部品リストは、材質や加工方法＝業界などによって8つに分類され、外注先ごとの調達状況と部品価格を示している。

これを見ると、カメラ製造における本体部品の外注依存度が高いというカメラ業界の生産体制の特徴を裏付けるものとなっている。すなわち「大手完成品メーカーの外注工場の数には違いがあっても、外注依存度の高さは各社とも共通している。これは、自動車産業、家電、住宅産業などと同じように、外注企業の頂点に立って、最終製品を市場に送り出す形態といえる」[17]。周知のように自動車産業などでも完成車メーカーは、部品の外注依存度が高いのであるが、その理由はカメラ完成品メーカーと共通するものがある。すなわち、地場産業・安定取引先を育てて緊密で優秀な部品メーカーにする、系列取引関係を通じて開発・生産変動に協力してもらう、専門外の技術や設備を利用する、部品メーカー同士を競わせて部品調達コストを削減する、製品の多様化・変化に応じて部品メーカーを使い分ける、労使問題などに煩わされないなど、完成品メーカーにとって外注化は自社の投資リスク（固定費）を軽減しつつ外注の機動性とコスト性を享受できるメリットがある。

また、表2-10で注目すべき点は、このリストの中で最も単価が高い「フォーカルプレン・シャッター」（これ自体、多数の部品から組み立てられているユニット）が自社の堺工場から、次に高額な「ペンタプリズム」が子会社の南海光学から、それぞれ調達されている点である。この2つの部品だけでリストの外注部品総単価の3割近くを占める[18]。つまり、金額ベースで見ると外注依存度は大きく低下する。シャッターはミノルタのマレーシア工場で作られ堺工場を経由して調達されているようだが、いずれもミノルタの自社工場であり、ペンタプリズムを供給する南海光学はミノルタの子会社なので、工場「外注」とはいえ重要部品はミノルタ社内とその子会社で押さえていることがわかる[19]。こ

の他、豊橋精密、三恵精密、奈良ミノルタが子会社である。換言すれば、これらの会社以外は非ミノルタの会社である。ミノルタにとって、光学部品は基本的に自社生産し、本体部品のシャッター、ペンタプリズム、精密加工部品、および組立加工は自社工場、子会社で生産するので、一眼レフの基本部品は実はかなり内製率が高いということになる。つまり、伝統的に技術力を誇る部分、利益率が高い部分は自社や子会社で生産しているが、それ以外の部品は他社・下請に依存している実態が浮かび上がってくる。

この非ミノルタの会社のうち、旋造部品（金属部品）、プレス部品、プラスチック部品、光学部品などの生産、および組立加工している会社のほとんどは、ミノルタ「協力工場会」の会員（図2-1参照）なので、ミノルタとはかなり緊密な関係にある工場と考えられる[20]。しかし、それ以外のところに問題が潜んでいる。すなわち、ダイカスト・焼結部品と電装部品を供給している会社は、ミノルタの子会社・関連会社でもなければ協力工場会の会員でもない。その内

図2-1 ミノルタ外注工場組織図

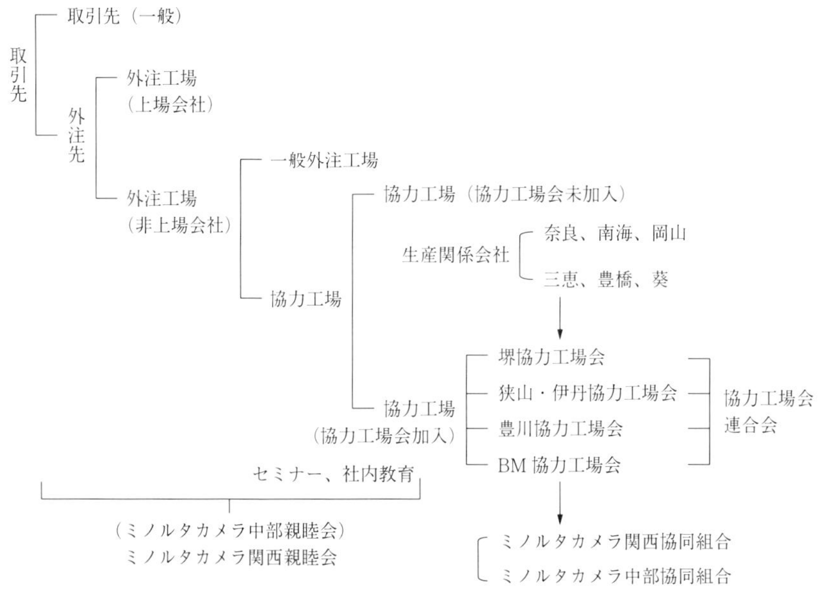

```
取引先 ─┬─ 取引先（一般）
        └─ 外注先 ─┬─ 外注工場（上場会社）
                    └─ 外注工場（非上場会社） ─┬─ 一般外注工場
                                                └─ 協力工場 ─┬─ 協力工場（協力工場会未加入）
                                                              │        生産関係会社 ─┬─ 奈良、南海、岡山
                                                              │                      └─ 三恵、豊橋、葵
                                                              └─ 協力工場（協力工場会加入） ─┬─ 堺協力工場会
                                                                                              ├─ 狭山・伊丹協力工場会    協力工場会連合会
                                                                                              ├─ 豊川協力工場会
                                                                                              └─ BM協力工場会
```

セミナー、社内教育
（ミノルタカメラ中部親睦会）
ミノルタカメラ関西親睦会

ミノルタカメラ関西協同組合
ミノルタカメラ中部協同組合

出所：「ミノルタ協力工場規程」。

表 2-11　堺工場における部署別人員数

(単位：人)

部署			1974年下	75年下	76年下
カメラ生産	直接作業	部品加工	90	79	54
		表面処理	75	62	53
		組立	596	520	446
		小計	761	661	553
	間接	技術系	122	145	149
	合計		883	806	702
レンズ生産	直接作業	部品加工	392	344	308
		表面処理	75	62	53
		組立	254	202	184
		小計	721	608	545
	間接	技術系（工技除く）	235 (173)	233 (180)	227 (173)
	合計		956	841	772
製造管理			255	272	254
総務			78	77	73
他			21	49	46
総合計			2,193	2,045	1,847

出所：ミノルタ堺工場資料。

　とりわけ電装部品の調達先に注目したい。電装部品は、金額も大きく、70年代以降カメラの電子化が急速に進んでいるので、ますますその重要性が高まってきていた部品である。その部品生産のほとんどを他社に依存していることは、長期的に見てミノルタがこの面で技術の独自性を発揮しにくいことを物語るものであろう。

　しかし、以上のことがXG-Eなどの普及機だけの問題、あるいは少なくとも豊川工場だけの問題であるのかどうか疑問は残る。そこで、ミノルタの主力工場である堺工場におけるカメラ生産体制も見ておくことにしよう。上に示す表2-11は、1970年代半ばのミノルタ堺工場におけるカメラとレンズの生産に関わる人員配置の状態を部署や職種ごとに表にしたものである。堺工場は、さきにも述べたようにミノルタの高級一眼レフ主力工場であり、ミノルタの中で最も長い歴史のある工場である。当時の主な生産機種には、ミノルタの主力機

種であるSRシリーズ、XD、その少し後のX-700などがあった。主力機種ほど内製率が高くなるのであるが、表2-11を見ると、堺工場においても、カメラ組立生産における部品加工と処理作業に従事している従業員は組立作業に従事している従業員の4分の1ほどしかおらず、直接作業者の大部分が組立作業に従事していることがわかる。これに対し、レンズ組立生産の方では、部品加工に従事する者が直接作業者の6割近くにのぼり、カメラ組立生産とは際だった違いを見せている。これらの事実から明らかなように、少なくともミノルタのカメラ本体の生産は、機種により差があるとはいえ、その部品供給のほとんどを外部の下請に頼りながら、組立生産を主として行っていたのである。それは、製造コストなどの点で外注依存の方が有利であったからである。とはいえ、前述のように外注依存度そのものの高さが問題なのではなく、その中身が重要である。ミノルタの場合、確かにシャッターやペンタプリズムなどのマニュアル時代からの重要部品については自社生産しているとはいえ、豊川工場に見られるように、自動化＝電子化時代の重要部品である電装部品の量産を系列でもない他社に外部委託していたことは、長期的には多様な商品開発力や多角化などの事業の発展性に制約要因となったように思われる。

2．キヤノンの部品調達構造

以上のようなミノルタの外注依存のあり方と対照的なのが、キヤノンの「外注依存」の中身である。キヤノンは76年4月、「世界で初めてマイクロコンピュータ内蔵のカメラ」としてキヤノンAE-1を発売した。このカメラは、発売当時AE（自動露出）一眼レフの相場が10万円をくだらないのに対し、標準レンズF1.4ケース付で8万5,000円という破格の売価で市場を圧倒し、空前のベストセラー機となった。このAE-1を例に、キヤノンにおけるカメラ生産の特徴を明らかにしてみよう。

AE-1の開発は、キヤノン社内で74年に組織化された「新機種X開発計画」であったとされる。この「Xタスク」[21]に課せられた技術テーマは、①電子化、②プラスチックモールド化、③自動化の3点であった[22]。とくに②については、外装部品を含む大幅な「モールド化」により、15％のモールド化率を

達成し、軽量化とコストダウンを図ったとされる。多工程を必要とする金属外装部品に代わり、ワンショットで加工できるプラスチック素材に置き換えた「モールド化」により、大幅なコストダウンが図られたのである。また、技能者の手作業に頼っていたガラス加工工程を系列化して流れ全体を自動化する改善も行われた。ガラスレンズの加工工程には、研削（荒摺り）、精研削（砂かけ）、研磨、芯取加工[23]などの段階がある。その中で、たとえば当時のガラスレンズの研磨は、皿状の治具（リセス皿）に多数のガラス素材を貼り付けて行われていたが、キヤノンはいち早くこれを1個ずつ高速加工する装置にかえて自動化を進めやすくした。また、ペンタプリズムの加工においても、70年に反射面の化学処理を真空蒸着法に変えており、72年に作られていたペンタプリズム自動化系列のタスクフォースは、その自動化・省力化の成果をAE-1の増産に役立てることができた。

　カメラの部品加工における自動化は、60年代から始まり、70年代には本格的な展開を見せていたが、従来の一眼レフの組立工程では、アルミ合金製のボディシェル＝型枠の中に熟練工が部品を組み込む作業が自動化を阻んでいた。また、部品点数の多さや、調整・検査、手直し作業が多く、労働集約的で部品加工に比べてますますコスト比率が高いものとなっていた。しかし、70年代になるとさすがに組立作業も一部自動化され始め、それら自動組立機にはキヤノン内製機を導入してノウハウを蓄えていた。これらの製造技術をまとめる形で、AE-1の組立の自動化が行われたのである。すなわち、Xタスクは、自動化しやすい部品形状、部品のユニット化[24]を設計段階から追求し、部品点数の削減と組立工程の短縮を図った。部品の組付けも容易になったため、未熟練の女子作業員に組立させた。一方、部品供給会社（子会社・関連会社など）には、安定した自動組立と無調整化のための部品精度の向上が求められた[25]。そのために必要なユニットの自動組立機[26]などもキヤノンが独自に設計・供給した。こうして原価が大幅に削減された。

　AE-1の製造工場であった福島工場[27]では、カメラ本体の部品加工・処理を一部手がけるとともに、子会社や下請会社からの部品ユニットを最終組立・検査していた。図2-2は、その福島工場を中心とするAE-1の部品供給から完成

図2-2　キヤノンAE-1本体の部品加工ライン（1981年現在）

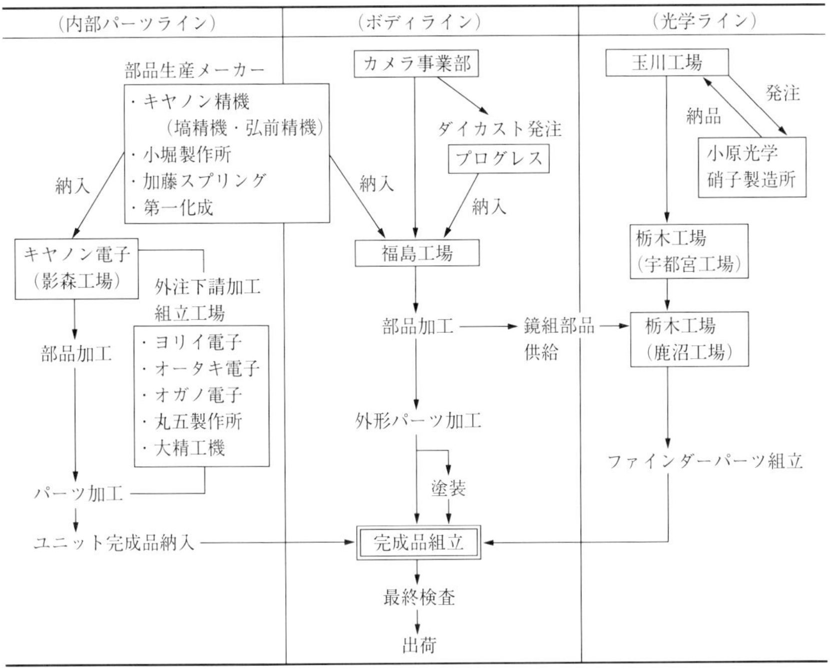

```
（内部パーツライン）              （ボディライン）              （光学ライン）

                              部品生産メーカー              カメラ事業部        玉川工場
                              ・キヤノン精機                      ↓                ↑  ↘発注
                                （塙精機・弘前精機）        ダイカスト発注        納品
                      納入   ・小堀製作所                    プログレス          小原光学
                      ↓     ・加藤スプリング        納入         ↓              硝子製造所
                             ・第一化成              ↓         納入
                                                   福島工場
                   キヤノン電子      外注下請加工                                   栃木工場
                   （影森工場）      組立工場                                     （宇都宮工場）
                      ↓          ・ヨリイ電子       部品加工 ──→ 鏡組部品
                   部品加工        ・オータキ電子                 供給            栃木工場
                                 ・オガノ電子                                    （鹿沼工場）
                                 ・丸五製作所      外形パーツ加工
                                 ・大精工機                                          ↓
                      ↓                             ↓塗装                   ファインダーパーツ組立
                   パーツ加工 ──────────→ 完成品組立 ←────────────
                   ユニット完成品納入 ──→
                                                最終検査
                                                   ↓
                                                  出荷
```

出所：「調査資料」による。

組立・検査までの流れを示したものである。この図は、さきのミノルタXG-E外注部品調達先一覧ほど詳細なものではないが、キヤノンの部品調達の基本的なあり方を示している。まず、光学ラインは光学ガラスを小原光学から仕入れ、キヤノン栃木宇都宮工場などでレンズ加工、プリズム加工などが行われている。日本光学と並ぶ光学ガラスメーカーの老舗である小原光学（現・株式会社オハラ）は、服部セイコーが株式の4割以上を所有する会社であるが、キヤノンも2割以上の株式を所有し関連会社としている。次に福島工場への部品の流れに注目してみよう。まず、ボディラインにおいて、アルミダイカストボディは他社への発注となるが、その加工ラインは福島工場で完全無人化されているし、他の部品の多くは子会社であるキヤノン精機とキヤノン電子を通じて供給されている。すなわち、キヤノン精機は塙精機と弘前精機を子会社として電子部品

以外の本体部品の多くを福島工場やキヤノン電子に供給し、キヤノン電子（影森工場）はヨリイ電子、オータキ電子、オガノ電子を子会社として電子部品をユニット化して福島工場へ供給している。このため、AE-1の基幹部品がすべてキヤノンとその子会社・孫会社・関連会社によって供給され、自動加工や完成品組立が福島工場で行われるという、きわめて内製率の高いキヤノンの生産体制が浮かび上がる。そして組立ラインではファインダーピントの検査などをやり、組立ラインの最後尾には、「AE-1自動検査装置を接続して、シャッター精度、自動絞り精度等多くの検査項目の測定を機械化し、製品の良否が自動的に判定される」ようになっていた。この「AE-1で確立した組立・検査自動化の技術は、その後キヤノン全事業に急速に波及」[28]したとあるように、労働集約型カメラ生産を自動化・機械化した。この生産体制がキヤノンの強みとしてカメラ部門以外にも展開されていった。そしてこうした組立ラインにおける自動化への取り組みはすぐに各メーカー共通の生産体制へと拡がっていったのである[29]。

　このように、キヤノンの生産体制は、一般的な意味での外注依存度が高い点でミノルタや他のカメラメーカーと共通する面を持っているが、その「外注先」の多くがキヤノンの子会社・関連会社によって占められている点に注目する必要がある。光学部品はもとより、とりわけ電子部品などの基幹部品・重要部品は、内製するか子会社・関連会社に造らせ、強固な系列生産体制をとっている。一般に部品の内製化率を高めることは、生産変動に対応しにくい点や人件費・開発費・設備などの固定費が増大するなど部品調達コストに不利な面が出てくる。その反面、内製化率を高めることによって、部品のユニット化などに見られるような技術連携効果による設計・開発力が高められ、それによるコスト削減も可能である。子会社・関連会社の受注を多方面化して自立性と規模の経済性を高められる。キヤノンは、子会社・関連会社を利用した半「外注化」により、経営的には弾力的だが、技術的には緊密な生産体制を構築していたと言える。こうして、部品の材料選択の段階から最終組立の自動化を睨んだ細部にわたる設計変更ができたのも、キヤノンの強みとなったと思われる。また、自社系列が高いことにより、知識や技術的な秘密性も高まり、すぐに他社

にまねをされるといった懸念も少なくなる。80年代中葉にトヨタ生産方式をカメラメーカーとしていち早く取り入れたのも[30]、子会社・関連会社を含めた内部のコストパフォーマンスを高めたいキヤノンとしては当然の選択だった。

(木暮雅夫)

注

1)「カメラ工業の現況と今後」『国民金融公庫月報』国民金融公庫調査部、1960年7月号（No.118）、5頁。
2) 通産大臣官房調査統計部編『全国工場通覧』日刊工業新聞社、1982年版より作成。
3) 詳しくは矢部洋三「日本写真機工業の海外展開過程」『日本大学工学部紀要』2004年3月（第45巻第2号）を参照。
4)『キヤノン史 技術と製品の50年』キヤノン、1987年、104頁。
5) カメラの組立工程、レンズの生産工程、シャッターの組立工程については、前掲「カメラ工業の現況と今後」、『写真業界年鑑』光嶺社、1969年版、「レンズ工場めぐり」『カメラ・レビュー』朝日ソノラマ、1978年4月号、岡部冬彦「カメラ工場訪問シリーズ①～⑧」『カメラ・レビュー』朝日ソノラマ、1978年4月号～80年7月号、各社「社史」を参考にした。
6) 前掲『キヤノン史』参照。
7) 岡部冬彦「カメラ工場訪問シリーズ②キヤノン福島工場」『カメラ・レビュー』朝日ソノラマ、1978年7月号、128頁。
8)『日経産業新聞』1984年9月24日。
9)『日本経済新聞』1988年9月9日。
10)『日経産業新聞』1984年3月26日。
11) 同上、1988年10月17日。
12) この節は、木暮雅夫「カメラ産業における経営と労働」『経済集志』日本大学経済学研究会、2005年1月（第74巻第4号）の一部を加筆・訂正したものである。
13) 斉藤繁『カメラ・時計・磁気メディア業界』教育社、1990年、91頁。
14) OEM（Original Equipment Manufacturing）は、委託を受けた製造会社が完成品までの全製造工程を受持ち、委託した販売元に卸す生産方式で、販売元から見ると、開発設計した製品（新旧製品両方の場合がある）を自社工場で製造させずに委託先で製造させて、その製品を自社ブランドで販売する。この方式を進化させたものがODM（Original Design Manufacturing）であり、製造会社が設計から製造までのすべての生産工程を担い、相手先ブランドで受注する生産方式を言う。時には、製造業者が独自に企画開発した新製品をブランド会社に売り込み、ODM生産する場合もある。なお、ODMは比較的新しい用語法であり、1970年代に事実上のODM委託生産がなされていたかどうか確認がとれていない。
15) 豊川工場の資料によると、8㍉を含むカメラの組立は、豊川工場内部で行われる工程以外に、葵カメラ、Snカメラ、三恵精密、Fi工業、Mi精密、Ho工業、Sr精密、Cb

工業で行われていた。このうち葵カメラと三恵精密はミノルタの子会社であり、その他の会社も2社を除き系列または協力工場会加入会社であった。
16) ミノルタは、光学ガラス材料からレンズ生産、カメラ本体の生産までの一貫生産を行う数少ない会社のひとつである。とはいえ、レンズ生産においても部品加工の外注はもとより、レンズによっては完成品外注（OEM）も行われていた。
17) 斉藤繁『前掲書』92頁。
18) 別の資料によると、ミノルタが生産するカメラの原価に占める社内加工費・管理費の比率は、廉価製品で低く、高額製品で高い（28～66％）傾向が見られた。
19) これらのユニットも他社・下請に外注される部分があることは言うまでもない。
20) ミノルタの規程によると、協力工場および協力工場会の会員は、ミノルタが発行する図面・仕様書などに基づき加工製造する「外注工場」のうち、継続的取引が行われ、品質・納期・価格がミノルタの条件に適合するなど、一定の基準を満たした会社を「協力工場」とし、そのうち「特に長期的に密接な取引関係の維持を必要とする協力工場を持って構成する会」が「協力工場会」である。
21) 当初100人規模、のちに250人規模に拡大された。キヤノンのタスクフォースについては、木暮「キヤノンにおける社内研修制度の展開過程」『紀要』日本大学経済学部経済科学研究所、2004年3月（第34号）。
22) 前掲『キヤノン史』226頁。
23) 丸いレンズの外周を削って光軸に対して偏りのないようにする加工工程
24) 5大ユニットと25の小ユニットに分け、それをマイクロコンピュータが中央集中制御する方式を採用。ユニット化と電子化により従来機種で1,200点あった部品点数を850点に減らした（『キヤノン史』より）。
25) 前掲『キヤノン史』229頁。
26) ユニット工法と呼ばれ、ミラー作動、シャッター、ファインダー、前板、自動絞りの各部をユニット化し、自動組立機で大量に組み立てる。
27) 1978年12月現在で福島工場の従業員総数1,550人中、女性が900人と6割を占め、そのほとんどが組立要員であったので、ここでも組立生産主体であったことがわかる。AE-1は、1978年11月には累計200万台を突破し、その80％が欧米へ輸出された。（『日本工業新聞』1978年12月16日）。
28) 前掲『キヤノン史』230頁。
29) 日本写真機光学機器検査協会編『世界の日本カメラ』1984年、427頁。
30) 木暮「前掲論文」（2004年）参照。

第3章　カメラメーカーの経営多角化

飯島正義

はじめに

　カメラ産業は、①市場規模がそれほど大きくない、②労働集約的な産業である、③国際競争力が圧倒的に強い輸出産業であるという3つの特徴を持っている。カメラメーカーは、新技術による新製品開発だけでなく、価格面における激しい競争を展開する中で、1970年代後半以降、カメラ売上高を拡大させながら経営の多角化を本格化させており、多角化の進展に伴い、カメラ部門の比率を著しく低下させてきている。その結果近年では、カメラメーカーとは厳密な意味では規定できない状況となっている。したがって、カメラメーカーは、「本業」であるカメラはもとより、多角化した分野においても熾烈な競争を展開している。

　本章では、カメラメーカーが経営多角化を推進していった要因をみていくと共に、「本業」部門の熾烈な競争の中で生き残っている理由は何なのか、また、多角化した分野で強い競争力を発揮させているものは何なのかについて明らかにしていきたい。

第1節　経営多角化の時期と進出分野

　今日、経営多角化は、製品も市場も新しい分野に進出する「外部的多角化」を意味し、企業が同一の製品市場分野において新製品を追加していく場合の「内部的多角化」は拡大戦略として区別している[1]。本章では、経営多角化を新製品・新市場への進出であると規定する。具体的には、カメラ部門以外の製品・市場への進出、すなわち、カメラ部門以外の光学機器製品・市場への進出

表 3-1　カメラメーカーの売上構成比の推移

(単位：％)

	1970年		1975年		1980年		1990年	
旭光学	カメラ関連*	98.4	カメラ関連	94.4	カメラ関連	93.3	カメラ関連	65.3
	特殊機器*	0.5	眼鏡レンズ	3.2	特殊機器	3.1	ビデオ機器	3.3
	その他*	1.1	特殊機器	1.8	眼鏡レンズ	2.9	オプトデバイス	9.8
			その他	0.6	その他	0.7	システム機器	4.5
							医用機器	7.1
							眼鏡レンズ	3.9
							その他	6.1
オリンパス	カメラ関連	57.7	カメラ関連	48.0	カメラ関連	52.9	カメラ関連	33.0
	顕微鏡	25.3	録音機	10.1	録音機	3.9	内視鏡	41.3
	ガストロ・ファイバー	17.0	機器	16.1	機器	16.5	顕微鏡	12.8
			内視鏡	25.8	内視鏡	26.7	分析機	4.8
							その他	8.1
キヤノン	カメラ関連	48.8	カメラ関連	54.1	カメラ関連	50.9	カメラ関連	18.9
	電卓	39.6	電卓	19.1	電卓	11.3	複写機	31.6
	光学特殊機器他	11.6	複写機	19.1	複写機	27.7	光学機器他	5.6
			光学特殊機器他	7.7	光学特殊機器他	10.1	コンピュータ機器	27.6
							情報通信機器	16.3
日本光学	カメラ関連	62.4	カメラ関連	66.9	カメラ関係	66.1	カメラ関連	42.3
	映画機械	2.9	映画機械	2.2	望遠鏡	3.5	望遠鏡	3.7
	望遠鏡	3.6	望遠鏡	3.6	顕微鏡	6.8	顕微鏡	6.9
	顕微鏡	10.9	顕微鏡	6.8	測量機	2.8	測量機	2.9
	測量機	4.0	測量機	2.3	測定機・光学ガラス	5.0	測定機・光学ガラス	3.3
	測定機	6.5	測定機・光学レンズ	3.6	眼鏡製品・眼科機器	15.8	眼鏡レンズ・機器	8.1
	眼鏡レンズ・眼科機器	8.7	眼鏡レンズ・眼科機器	14.5			半導体関連機器	32.8
	光学ガラス	1.0	光学ガラス	0.1				
ミノルタ	カメラ関連	78.2	カメラ関連	77.6	カメラ関連	61.8	カメラ関連	35.7
	事務機・特機	21.8	事務機・特機	22.4	事務機器	37.3	ビデオ機器	14.3
					特機	0.9	複写機	35.9
							マイクロ機器	4.2
							他事務機	9.9

出所：日本経済新聞社『会社年鑑』より作成。
注：1）カメラ関連は、カメラ、交換レンズ、露出計、付属品を含む。キヤノンは8㍉カメラ、その他カメラも含む。
　　2）旭光学の＊は、1972年を示す。

も多角化として含めていくものとする。

　旭光学、オリンパス、キヤノン、日本光学、ミノルタの大手5社はいずれも戦前に創業している。しかし、最初からカメラメーカーとしてスタートしたのはキヤノンとミノルタの2社だけで、旭光学、オリンパス、日本光学の3社はカメラメーカーとしてではなく、光学メーカーとして創業している。この3社

図3-1　カメラ各社の多角化率

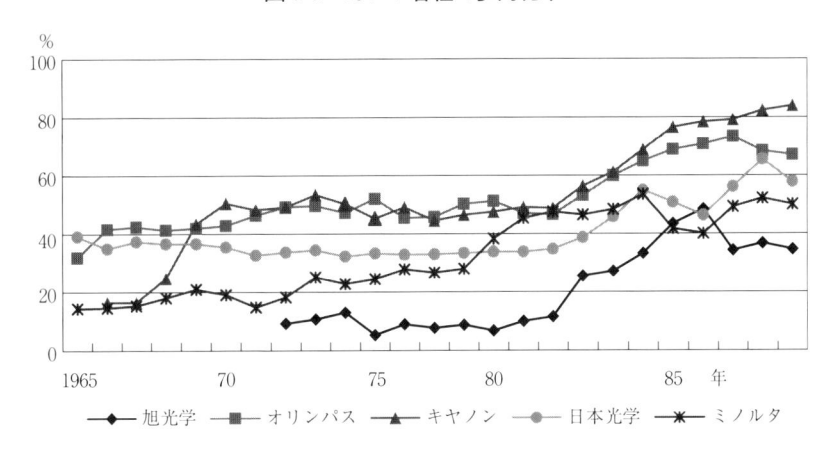

出所：各社『有価証券報告書総覧』より作成。
注：多角化率＝非カメラ部門売上高÷総売上高×100。

は、戦後軍需から民需に転換していく中でカメラメーカーとしての色彩を濃くし、カメラメーカーとしての評価を高めてきたのである。

　カメラメーカーの経営多角化は、比較的早い時期からみられるが、それが本格化するのは1970年代後半以降、とくに80年代に入ってからである（表3-1）。主要5社の多角化率（総売上高に対する非カメラ部門売上高の割合）を図3-1でみていくと、60年代にその割合が高いのはオリンパスと日本光学である。

　オリンパスは顕微鏡事業をもって創業している。カメラについては36年にズイコーレンズを開発し、38年セミオリンパス、40年オリンパスシックスを発売していったが、まもなく全工場が軍需工場に指定されたことからカメラ生産が本格化するのは戦後になってからとなる。また、日本光学は、戦前はレンズと潜望鏡、測距儀、望遠鏡などの軍事用光学機器の生産を中心としていたことから戦後はカメラ、測量機、測定器、眼鏡などの民生用光学機器の生産に転換せざるをえなかったという事情がある。キヤノンは50年代後半から多角化を模索し始めているが、それが本格化するのは「右手にカメラ、左手に事務機光学特機をふりかざし」といわれた67年の「第2次長期経営計画」以降で[2]、多角化の進展に対応して社名からカメラをはずし「キヤノン」となったのは

表3-2 主要カメラメーカーにおける多角化分野の製品開発・販売

	1960年代以前	1960年代	1970年代	1980年代
旭光学			眼鏡レンズ (72) 自動製図機 (73) 気管支ファイバースコープ (77) コンピュータ設計システム (77)	人工歯根 (83) 電子内視鏡 (87) 電子スチルビデオカメラ開発 (88)
オリンパス	胃カメラ (50)* 測定器 (55)	ファイバースコープ付ガストロカメラ (63) 眼底カメラ (68)* マイクロカセットテープレコーダー (69)*	生化学自動分析装置開発 (71)	マイクロカセットテープ (80) レーザー光学式ピックアップ (80)* 高速ページプリンター (85)* 光磁気ディスク (86) データ処理システム (86)
キヤノン	シンクロリーダー (59)	テンキー式電卓 (64) 複写機 (65)*	普通紙複写機 (70) 半導体焼付装置 (70)* オフィスコンピュータ (74) レーザービームプリンター開発 (75) ファクシミリ (76) 眼底カメラ (76)	ワードプロセッサ (80) 自動眼屈折力測定器 (80) カラーインクジェットプリンタ (82) パーソナルコンピュータ (82) 欧文電子タイプライター (82) 新生児聴覚検査装置 (82) ワークステーション (84) レーザーファクシミリ (84)* 半導体露光装置 (84)
日本光学	眼鏡レンズ (46) 測量機 (47) 測定器 (48)		眼鏡フレーム (75) 自動眼屈折力測定器 (79)	半導体露光装置 (80) 人工歯根開発 (80) 光磁気 (MO) 記録媒体及び再生装置開発 (84)
ミノルタ	プラネタリウム完成 (58)	複写機完成 (60)	電子複写機 (75) 普通紙複写機 (79) 光学医用機器指先オキシメーター (77)	ビジネスワードプロセッサ (83) 高速ファクシミリ (86)

出所：各社『会社案内』より作成。
注：1) ( ) は発表、開発、完成、発売年を示す。
　　2) *は発表、無印は発売を示す。

69年であった。ミノルタも58年プラネタリウム1号機の完成、60年複写機の発売と非カメラ部門の展開は早いが、60年代においてはカメラに対する依存が強く、70年代後半から急速に多角化率を高めている。旭光学は一眼レフの

専業メーカーを強く志向してきたことから大手メーカーの中で最も多角化率が低く、また遅れて本格化した。

次に、大手5社の多角化分野における製品別の開発・発売時期についてみていくと、カメラメーカー各社は、事務機器、情報機器（OA機器含む）、医療機器の分野を中心に多角化を進めてきている（表3-2）。具体的には、旭光学は光学機器、情報機器、医療機器、産業機器、オリンパスは光学機器、医療機器、情報機器、キヤノンは光学機器、事務機器、医療機器、情報機器、半導体製造関連、日本光学は光学機器、半導体製造関連、医療機器、ミノルタは光学機器、事務機器、情報機器の分野にそれぞれ進出している。

さらに、進出先を詳細にみていくと、多角化の重点を異業種の事務機器、情報機器、医療機器の分野におき、これを拡大強化していっているオリンパス、キヤノン、ミノルタと多角化を光学機器分野中心に展開し、80年代から異業種分野に本格的に進出していった旭光学、日本光学に大別できる。これは、カメラメーカーの主力機種との関係がある。当時、旭光学、日本光学は一眼レフ中心の戦略をとっていたのに対して、オリンパス、キヤノン、ミノルタの3社は高級機の生産販売を行っていたが、どちらかといえば中級機、大衆機を中心とした戦略をとっていた[3]。この主力機種の違いがカメラメーカーにカメラにおける利益率の違いをもたらしたのである。中級機、大衆機は、高級機のように交換レンズや付属品などの売上を伴わず、さらに低価格競争を展開していたことから高級機に比べて利益率が低かったのである。そして、そのことはカメラ事業の限界を早い時期（60年代）から認識させ、多角化を本格化せざるをえない状況を作り出していったのである。

第2節　技術関連型の多角化

カメラメーカーの経営多角化は、技術的な関連を持った同業種あるいは異業種の分野に進出した点に特徴がある。カメラメーカーに共通して言えるのは、自社技術、すなわち、①光学技術、②精密加工組立技術、③電子技術を活かした方向の事業展開によって、高収益・高成長を実現していることである。次に、

各社の技術的な関連についてみていくこととする。

1. 旭光学

　旭光学が経営多角化に力を入れるようになったのは1960年代末からであるといわれている。しかし、一眼レフの専門メーカーを強く志向したこと、一眼レフの高収益性が経営多角化の本格的な推進を遅らせたのであった。

　後述するように60年代後半から70年代前半において、カメラメーカー各社の売上高営業利益率は二桁の利益率を示している。旭光学の場合、表3-1でみると、カメラ売上高がそのまま会社全体の売上高を示す状況となっていたことからいかに一眼レフの収益性が高かったかが判明するのである。

　旭光学は、「技術面において、あるいは市場において、直接・間接に互いにどこかでつながっていると、新製品は開発しやすいし、育ちやすい」[4]という考え方に基づいて多角化を展開している。具体的には、72年眼鏡分野、73年情報機器分野（自動製図機）、77年医療機器分野（気管支ファイバースコープ）、産業機器分野（CADシステム）、83年ニューセラミックス分野（人工骨）、87年電子内視鏡分野に参入している。眼鏡分野への参入にあたっては眼鏡レンズ事業を育成するために西ドイツのツァイス社と提携している。自動製図機の開発販売については、富士通と共同開発した「全自動写真植字装置」により取引関係ができ、その後、富士通からプリント基板の「パターン原版図形処理システム」の開発依頼を受けたことが自動製図機の開発につながった。そして、自動製図機の流れから産業機器分野に参入し、コンピュータ設計システム（CADシステム）を開発していった。医療機器分野では気管支ファイバースコープを発売しているが、これは研究開発者の大学時代の専攻と関係したもので、それはさらに電子内視鏡の開発へと発展していった。また、アパタイト（人工骨）は、エレクトロニクス材料であるニューセラミックスの研究の中から開発されたもので人工歯根として発売された。

2. オリンパス

　オリンパスの場合、早い時期から多角化率が高いが、これは、先述したよう

にカメラメーカーではなく顕微鏡メーカーとしてスタートしたこと、さらにオリンパスの経営方針が大きく作用していた。50年代半ばにカメラの総売上高に占める割合が顕微鏡の割合を上回る状況となるが、そのとき、「今後の大きな方向として、他の光学機械分野を積極的に開拓して、顕微鏡及びこれとの関連分野を持って、カメラ関係分野と半々の比率とすることを大目標として掲げた」[5]といわれ、経営の安定化のためにひとつの事業に偏らないという経営判断が働いていたのである。

オリンパスの多角化の特徴は、各分野における製品の多角化を図る中で、技術的に関連する新分野を開拓している点にある。

顕微鏡事業は、医療用だけでなく工業用の顕微鏡開発へと発展していくが、その中から50年代半ばに光学測定器分野への進出が図られている。また、顕微鏡とカメラを組み合わせた顕微鏡写真装置の開発は、その後、顕微鏡映画装置、顕微鏡TV装置の開発へと発展している。49年から研究開発に着手したガストロカメラ（胃カメラ）[6]には、その後、開発されたファイバースコープやビデオが導入され、さらに各種内視鏡の開発へと進展していった。68年にはガストロカメラのファインダーとして製作が開始されたグラスファイバーを活用して東方電機株式会社とファクシミリを共同開発している。

68年度から始まる長期計画（5カ年計画）では、「光学技術とエレクトロニクスの技術を中心として、この技術の応用範囲を拡大」していく方針がとられ[7]、医療、情報分野における一層の光学技術の利用がいわれている。69年には精密加工組立技術（精密設計を含む）を応用して東京電気化学（現TDK）と世界最小のカセット式テープレコーダーを開発している[8]。70年代には分析機器分野、医療用硬性内視鏡分野へ、80年代に入ると、光学式ピックアップを商品化すると共に、コンピュータ関連分野、バイオテクノロジー分野への進出が行われている。バイオテクノロジー分野については、光学機器メーカーの強みを活かして分析機器と試薬を組み合わせた医療用診断システムに特化するとしている[9]。

3．キヤノン

　キヤノンでは、すでに60年代初頭に「カメラのみに依存していては日本経済の成長テンポにも劣るのではないかとの危機感が社内に高まっていた」[10]といわれ、それを背景としてカメラで培ってきた技術（光学技術、精密機械技術、精密生産技術）をもとに多角化が具体化されていった。62年からの「第1次長期経営計画」（5カ年計画）で多角化の方向性（事務機分野への展開）が示され、67年の「第2次長期経営計画」以降、それは本格的に展開されていった。

　キヤノンの場合、多角化における技術的関連性については、3つの柱となる流れが存在する。

　第1は、一眼レフからシンクロリーダー・電卓・電子事務機（ワープロなど）の流れで、精密機械技術が関連している。磁性材料を塗布した紙シートを使う新しい録音装置であるシンクロリーダーを開発した当時、キヤノンの技術は、光学技術と精密機械技術の2つが中心で、電子技術は露出計などの開発などに関連した蓄積があるにすぎなかった。シンクロリーダーの開発にあたり多くの電気技術者が採用されたが、シンクロリーダーが失敗に終わり、その技術、人材などを活用するために電卓が、電卓の失敗によりさらに電子事務機の開発が行われていったのである。

　第2は、一眼レフから複写機・映像事務機（ファクシミリ、レーザープリンターなど）の流れで、複写機の原理はカメラの原理とほぼ同じであるが、フイルムを使用しない点で従来のカメラ技術とは異なっていた。しかし、この技術を自社技術とすることで、その後の映像事務機の展開の技術的基礎を獲得することとなったのである。

　第3は、高級機からマスクアライナー（半導体焼付け装置）・光学機器（眼底カメラなど）の流れで、レンズ技術が関連し、紫外領域光学技術への挑戦となっている。当初、マスクアライナー用レンズを供給するだけであったが、装置そのものを手がけるようになったのである。マスクアライナーはカメラより精密度が格段に高く、その後の技術進歩のテンポもカメラより速かったため、キヤノンの技術全体を引き上げることに結びついた。また、この紫外領域光学技

術への挑戦は既存の光学技術の枠を打ち破るものでもあった。以上の3つの流れはさらに相互に関連し、シナジー効果をもたらしたのである[11]。

4. 日本光学

　日本光学の多角化は、自社の技術追求を通して他社がすぐに追随できない製品を作り出し、安定的な利益を確保することのできる分野を指向している。日本光学は、高度なレンズ技術を追求する過程で一眼レフ、高級顕微鏡、半導体製造用の特殊レンズ、半導体製造装置（ステッパー）を次々と開発してきた。半導体製造装置はIC基盤となるシリコンウエハに超微細な回路パターンを焼き付ける露光装置で、「史上、最も精密な装置」と呼ばれるものである。日本光学がこれを販売したのは80年、そして、世界トップメーカーになったのは85年である。日本光学が短期間にステッパーを開発できたのは、「光学技術」「超精密機械技術」「光電センサー技術」の3つの基盤技術を持っていたからといわれている[12]。日本光学はもともとステッパー開発の先駆者であり、当初世界トップメーカーであった米GCA社にステッパー用レンズを供給してきており、76年通産省主導で発足した「超LSI技術研究組合」からステッパー開発を要請されたことを契機として本格的にステッパー開発に乗り出した。ステッパー用レンズや組立技術は、カメラ技術と比べて格段に高い精度を要求されるもので短期間に習得できるものではない。さらに、日本光学の場合、これまでのレンズ技術の評価に加えてレンズのもととなる光学ガラスそのものを原料の調合から行ってきており、この点もステッパーの大口径レンズ製造にあたって強みとなっているのである。

5. ミノルタ

　ミノルタは、50年代後半という早い時期から多角化の方針を打ち出している。「景気の波を乗り切るにはカメラだけでは駄目」と判断し、「光を原点」とし、カメラメーカーとして永年培ってきた光学技術、精密機械技術、電子技術を活用できる方向で多角化を模索した。そして、研究検討されたのが複写機、マイクロ写真機器、拡大撮影機であった。製品開発ではプラネタリウムが58

年と早いがこれには創業者の強い思い入れが関係している。次いで、複写機が60年に開発され、その後、ジアゾ式から潜像転写方式、PPC（普通紙複写機）へと発展し、カメラに次ぐ経営の柱となっていった。70年代には、光学ガラスやレンズ分野においてオーディオディスクのピックアップレンズ、ICステッパー用レンズの開発と共に、光学測定機器を中心とした医療用分野、高速画像処理装置、光学設計用パソコンソフトウェアなどのOAシステム分野、ビデオムービーやスチルビデオカメラなどの電子映像機器分野へと多角化が拡大されていった。80年代に入ると、カメラメーカーとして培ってきた技術と多角化した分野の技術を有機的に複合化、統合化した革新的な製品づくりの方向性が打ち出され[13]、総合視覚情報機器メーカーとしての色彩を濃くしていくのである。

第3節　経営多角化の要因

カメラメーカーの経営多角化を推進、加速化させたのが1965年不況であった。1950年代から60年代前半の日本のカメラ産業は国内市場を中心として発展してきたが、64年の東京オリンピックを当て込んで過剰生産に陥り、65年4月から12社による不況カルテルを締結するに至った。カルテルは、当初半年の予定であったが効果が上がらず、66年3月まで継続された[14]。この不況の中でカメラメーカーは、不採算機種の切り捨て、外注部品の社内取り入れ、間接部門の縮小、経費削減などの対策を推し進めていった。そして、製品の高級化（一眼レフへの転換）を図り、次々と一眼レフ分野に参入していった。さらに、各社は輸出にも注力していったのである。

1965年不況で大きな影響を受けたのは、中級機、大衆機に主力を置いていたメーカーで、高級機の比率の高かったメーカーほど堅調であったといわれている[15]。したがって、中級機、大衆機に主力をおいていたオリンパス、キヤノン、ミノルタなどの影響は大きく、とくにオリンパス、キヤノンでは比較的早い時期からカメラ事業の限界を認識していたこともあり、多角化を加速させていったのである。

製品の高級化は、技術的蓄積を持たず、部品を寄せ集め、それを組み立てるだけの中小メーカーを淘汰したのである。コンパクトは量産部品の寄せ集めによるアセンブル生産であったのに対して、一眼レフはその仕組みの上からも自社内に光学技術、精密加工組立技術の蓄積を持たなければ生産できなかったからである。さらに、70年代に入ると、カメラへの電子技術の本格的導入が図られていくが、このことは小型化、軽量化、自動化、低価格化の条件を備えたカメラの開発技術競争の激化をもたらした。そして、こうした状況は一眼レフ専業メーカー（日本光学、旭光学）の優位性をも揺るがすこととなり、一眼レフ専業メーカーも経営多角化を本格化させざるをえなくなっていくのである。

カメラメーカーが経営の多角化を推進した要因には複数の要因が存在する。そして、それらは単独の要因としてではなく関連性を持つ要因として作用したのである。以下にその主要な要因をみていくこととする

1．カメラおよびメーカーの特性

カメラは、運動会や入学式、クリスマスなどのイベント時に売上が伸びるという傾向が強く、そのことが生産の平準化や経営の不安定化をもたらす要因をなしていた。そして、カメラメーカーはフイルムメーカーによって規定された存在であった。フイルムメーカーがフイルム規格において主導権を握っており、フイルムメーカーが規格を変更してしまうとカメラメーカーはそれに追随せざるをえなかった[16]。さらに、カメラメーカー（富士フイルム、小西六などを除く）はカメラ本体の販売が中心で、フイルムのような消耗品と一体化させて販売することができなかった。そのために売上の増加には限界があった。カメラの耐用年数は長く、売上を伸ばすためには新機軸を採用した新製品を開発し、常に買え替え需要を喚起する必要があったのである。

カメラメーカーは、フイルム事業には参入していない。それはフイルム製造が最高水準の化学技術を必要としたため、高い参入障壁をなしていたのである。経営多角化を展開するにあたり、とくにキヤノンは、製品（機器）本体と消耗品を一体として販売できる分野を模索した。機器本体の売上が増大すれば消耗品の売上も増大し、たとえ機器の売上がそれほど伸びなくてもその機器を

使い続けるかぎり一定の消耗品の売上が継続できることを期待したのである。

2．カメラの市場規模と新市場開拓

通産省の『工業統計表』（品目編）の工業出荷額をみると、カメラ産業が含まれる精密機械の出荷額は70年8,763億円、80年3兆2,363億円、90年4兆7,274億円と出荷額を伸ばしてきているが、出荷額総額に占める割合は70年1.3％、80年1.6％、90年1.5％と非常に小さい。カメラ関係[17]の出荷額をみると、70年2,247億円、80年9,350億円、90年1兆1,560億円で精密機械出荷額の4分の1弱を占めるにすぎず、カメラ市場は、規模としてはそれほど大きな市場ではなかった。そのために、カメラ市場における熾烈な競争が生じたのである。公正取引委員会の資料[18]で75年のカメラの生産集中度をみると、3社で50％、8社で90％が占められ、新しい市場開拓を不可欠とさせていたのである。

3．カメラ市場の成熟化

カメラは、当初、奢侈的な性格の強い商品であったが、カメラ操作の自動化、カメラへの電子技術の導入により低価格化が推進されたことで次第に大衆商品へと変化していった。国内におけるカメラ普及率は、60年代初めにはすでに50％を超えており、その後も上昇し続け72年に72.7％と70％を超え、さらに77年には82.1％と80％を超え、以後高止まり状態で推移してきている[19]。

カメラの購入目的をみると、70年新規45％、買い替え19％、買い増し36％であったのが、75年には新規36％、買い替え21％、買い増し43％、80年新規24％、買い替え28％、買い増し48％と普及率の上昇と共に、買い替え、買い増しが増えている[20]。カメラメーカーは、購入者に対していかに買い替え、買い増しを促すかが大きな課題となっていたのである。

4．製品開発における技術的到達

70年代に入り、カメラメーカーにとって需要創造型のカメラ開発ができるかどうかが生き残りのポイントとなった。新技術による新製品開発→新需要喚

起→需要一巡→低迷→新技術による新製品開発という状況の繰り返しの中で、カメラメーカーは新技術によって新製品を市場に投入し一定期間ではあるが先行利得を獲得し、他社が新製品開発で先行した場合には短期間に追随し、さらに新技術に基づく新製品を他社に先駆けて市場に投入できるかどうかが生き残りの条件となったのである[21]。

カメラの生産量は新技術による新製品の登場、普及が繰り返されながら増大してきたことが判明する（第2章参照）。カメラ市場は過当競争状態にあったが、さらに、新製品がヒットすれば、売上、シェアは一気に上昇する状況にあった。85年から87年における一眼レフの市場占有率をみると、85年にミノルタが$α$-7000を発売したことから前年よりシェアを4.1%上昇させ20.4%に、86年には15.2%と急激な上昇を示して35.6%を占め、キヤノンを抜き、首位に立った。しかし、キヤノンは87年にこの$α$-7000に対抗してEOS650を発売し、再び首位を奪回しているのである[22]。

カメラへの電子技術の導入は、カメラ部品のユニット化を推進し、部品点数を減少させ、生産工程における機械化を可能にして生産性を著しく向上させた。しかも製品の機能を高め、さらに画期的な製品を生み出すことを可能としたのである[23]。カメラにおける電子化は自動露出（AE）から自動焦点（AF）へと進み、80年代に入り一眼レフもAF化されていったが、さらにフイルムの装填から巻上げ、巻戻しに至るまで完全自動化されていった。これらはいずれも急速に進歩しているIC技術の応用によって生み出されたものであるが、カメラへの電子技術の導入によってカメラは技術的に行き着くところまでいったといわれる状況となったのである。

5．収益性の低下

60年代後半以降、とくに70年代における人件費の高騰は労働集約的な性格を持つカメラ産業の収益を圧迫した。カメラメーカー各社は、カメラの電子化を本格的に推進すると共に、低賃金を利用すべく中級機の生産を国内の地方工場へあるいは海外（東南アジア）[24]へ移転させ、さらにコスト削減のために外注依存を高めるなどの対応策をとったのである。

図 3-2 平均単価の推移

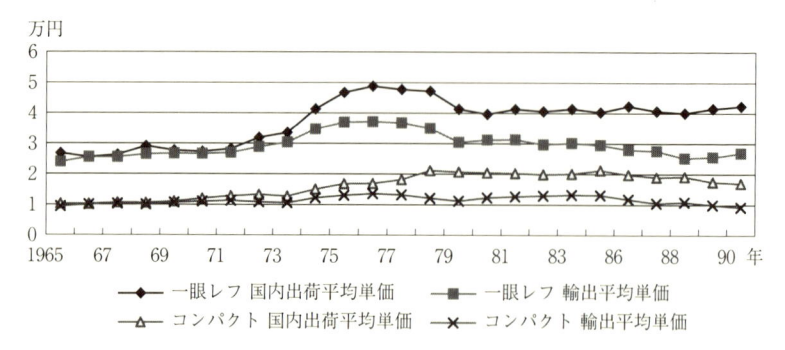

[グラフ: 1965年〜1990年の一眼レフ国内出荷平均単価、一眼レフ輸出平均単価、コンパクト国内出荷平均単価、コンパクト輸出平均単価の推移(単位:万円)]

出所:日本写真機工業会『日本写真機工業会統計』より作成。

表 3-3 カメラメーカーの当期利益と売上高営業利益率の推移

(単位:億円、%)

	旭光学		オリンパス		キヤノン		日本光学		ミノルタ	
	利益	利益率	利益	利益率	利益	利益率	利益	利益率	利益	利益率
1970年	—	—	8	10.6	24	13.7	18	18.1	8	12.3
71年	—	—	2	5.9	12	9.4	22	16.6	9	11.6
72年	22	15.9	3	4.4	12	5.2	16	10.9	6	8.2
73年	16	18.2	6	11.1	18	8.2	18	10.8	7	6.6
74年	19	13.6	12	12.0	13	8.9	20	9.7	10	6.5
75年	17	10.8	27	13.9	8	7.3	17	8.5	10	7.9
76年	11	6.9	32	13.5	36	10.3	13	6.5	12	8.8
77年	9	6.3	39	13.8	60	8.5	16	7.8	15	6.0
78年	13	8.4	34	8.1	75	7.3	17	6.9	21	6.2
79年	18	8.4	49	14.1	113	16.0	28	9.6	24	7.4
80年	34	11.4	63	14.4	147	13.7	33	8.4	25	6.2
81年	36	10.7	68	12.6	158	11.3	39	8.8	45	9.1
82年	29	6.7	73	12.0	167	10.7	40	9.0	51	6.6
83年	12	0.4	36	6.0	176	9.1	30	6.2	34	3.0
84年	8	-1.3	41	5.8	211	9.5	25	6.1	35	3.8
85年	10	0.0	44	5.3	241	7.5	50	10.0	40	3.8
86年	3	0.0	106	2.6	111	0.8	39	4.7	57	5.7
87年	8	-6.3	30	4.6	89	3.5	13	1.7	45	3.0
88年	14	0.5	55	4.3	223	5.3	23	3.5	28	0.8
89年	7	1.2	52	6.2	270	8.2	69	12.0	30	0.7
90年	4	2.4	76	7.2	386	6.2	109	10.2	41	2.6

出所:各社『有価証券報告書』より作成。
注:利益は当期利益、利益率は売上高営業利益率である。

輸出については、70年代前半に西ドイツのカメラメーカーを追い越して以来、海外市場における競争は日本メーカー同士の競争となった[25]。この点は同じ輸出産業である自動車や家電産業とは異なるところである。各社のカメラ部門における輸出比率は、70年代前半までは各社とも50〜60%であったのが70年代後半以降70〜80%へとその比率を高めている（第5章参照）。70年代における急激な為替レートの切り上げ、欧米の景気後退による海外での価格引下げ競争の激化、80年代前半のカメラ市場における主力機種の変化（一眼レフからコンパクトへの変化）によって、カメラの生産量は増加するものの生産金額は伸びない状況となり、カメラの平均単価は低下していったのである（図3-2）。こうした状況は、輸出総額に占めるカメラ部門輸出額の割合が高いカメラ専業メーカーに大きな影響を及ぼした[26]。主要各社（単体）の売上高営業利益率（表3-3）をみると、70年代に入ってから旭光学のようなカメラ依存の強いメーカーほど利益率の低下が著しくなっているのである。

第4節　経営多角化の成功要因と強さ

カメラメーカーにおいては、1970年代後半以降、小型化、軽量化、自動化、低価格化の条件を備えたカメラの開発競争、低価格競争、多角化の展開度合いにより技術格差、企業格差が生じることとなった。すなわち、こうした動きに追随できなかったミランダやペトリなどのメーカーを生み出すと共に、日本光学や旭光学という一眼レフ専業メーカーの地位をも動揺させ、異業種への多角化を本格化させたのである。そして、その一方では、多角化の収益によって大きく成長を遂げていったキヤノンのようなメーカーを出現させたのである。先の表3-3をみると、多角化に積極的で特定分野に強みを持つオリンパスやキヤノンの利益率は他のメーカーに比べて高い。さらに、同表で大手5社の当期利益の推移をみると、多角化を積極的に推進したオリンパス、キヤノン、ミノルタが売上高の増大と共に当期利益を増大させているのに対して、多角化の本格的展開が遅れた旭光学は、80年代に入ってからカメラ市場の影響を受け当期利益は減少に転じているのである[27]。

80年代に入ってから各社は、多角化した事業の影響を受けるようになっていった。たとえば、日本光学の場合、半導体製造装置（ステッパー）に進出したことで半導体生産の影響、すなわちシリコン・サイクルの影響を強く受けることとなったのである。日本光学のカメラ売上高は比較的安定した金額を示しているのに対して、半導体関連機器の売上高は86年、87年とシリコン・サイクルの影響を受けて大きく落ち込んでいるのである[28]。そして、89年の半導体関連機器の売上高は総売上高の39.6％を占め、カメラ売上高（34.6％）を上回り、日本光学の収益の主要な部門となっていくのである[29]。

　主要カメラメーカーの経営多角化をみていった時、それは全体として成功しているといえる。多角化が成功した要因としては、①自社技術を核として新事業を展開したこと、②カメラ部門を収益源として、収益力・財務体質が比較的良好な状況の段階で多角化に取り組んだこと、③進出した市場の成長性が高かったことを挙げることができる[30]が、とくに、他分野の企業が追随できない自社技術を活用し、事業を展開させたことが成功要因として大きく左右したと思われる。

　しかし、各社とも経営の多角化の過程が順調に進んだわけではなかった。キヤノンの場合、59年に開発したシンクロリーダーは失敗に終わり、64年に開発した電卓も結果として失敗に終わっている。また、ビデオカメラのように電機メーカーとの競合により十分力を発揮できず、苦戦あるいは撤退を余儀なくされた製品もあった。カメラメーカー各社は80年代前半以降、8ミリシネカメラの需要の落ち込みを打開するために8ミリビデオカメラ分野に参入していったが、オリンパス、キヤノン、日本光学は松下電器から、旭光学、ミノルタは日立製作所からそれぞれOEM（相手先ブランドによる生産）供給を受けて販売していった[31]。その結果、ビデオカメラにおける競争相手はカメラメーカー同士というよりも電機メーカーが強力な相手となり、電機メーカーと激しい競争が展開されたのである。電機メーカーはカメラメーカーと比べ、資本規模が大きく、技術力だけでなく強力な独自の販売網を構築しており、電機メーカーと同じものを作り競争したのではカメラメーカーに勝ち目はなかった。カメラメーカーはカメラメーカーとしての独自性を出せ、電機メーカーと差別化を図れる

第3章　カメラメーカーの経営多角化

製品を開発できるかどうか、さらに、流通ルートについても永年培ったカメラ店ルートだけでなく、家電量販店ルートを開拓できるかどうかが課題となったのである。カメラメーカー各社は、その後、この課題を克服するために苦心していくが、旭光学の場合のように、ビデオカメラの売上高が落ち込み、90年代に入って撤退を余儀なくされている場合もあるのである[32]。

　カメラメーカーが進出した分野で成功し、強い競争力を発揮できたのは、高度な光学技術を活かせた場合であったと考える。光学技術は、高度で特殊な技術の壁でそれぞれ仕切られているといわれ、それが参入障壁の役目を果たしていた。各社は、戦前から光学技術を蓄積してきており、精密加工組立技術、電子技術の蓄積と相まってカメラ開発においては同業企業を追随できる技術的基盤を持っていたのである。しかし、高度な光学技術は他分野の企業にとっては簡単に、また短期間に追随できない技術であり、高度な光学技術を必要とする製品については光学メーカーに依存せざるをえない状況を作り出したのである。

　小西六がソニーに供給したCD（コンパクトディスク）用ピックアップレンズはそのことを示すひとつの事例である。CDの音色はディスクに書き込まれた微細なデジタル信号を豆粒のようなピックアップレンズが読み取って出している。ピックアップレンズはCDの命といえるものである。CDの試作に初めて成功したのはオランダのフィリップ社で、初期のピックアップレンズには光学ガラスで3枚組の顕微鏡対物レンズが使用され、レンズ価格もフィリップ社が希望する価格ではなかったといわれる。また、装置自体も大きくとても「コンパクト」といえるものではなかったという。ソニーは、フィリップ社が開発に失敗を重ねたプラスチック製ピックアップレンズの製作を小西六に資金提供して開発させ、それをCDに装備することによってコンパクト化を成し遂げていった。ソニーはその後、このピックアップレンズの製造ノウハウを確認すべく小西六に工場見学を申し出たが拒否されている。サブミクロンの精度が要求されるCD用プラスチック製ピックアップレンズは、眼鏡やファインダーのプラスチック化とは精度の次元が異なり、永年培ってきたレンズ技術（コーティング）が関係していたのである[33]。

おわりに

　1965年不況を契機にカメラ産業は、製品の高級化、輸出強化を推進してきたが、1970年代に入ってからカメラへの電子技術の本格的導入が図られ、小型化、軽量化、自動化、低価格化の条件を備えたカメラの開発競争が激しく展開され、この競争に追随できなかったミランダ、ペトリなどのメーカーは淘汰されていった。そして、これまでの一眼レフ専業メーカーの地位も低下し、この競争に短期間に追随でき、新技術に基づいた新製品を投入できるかどうかがメーカーとしての生き残りの条件となったのである。こうした条件下で各メーカーは、自社技術を核として多角化を本格化・加速化させていった。とくに、永年蓄積してきた高度の光学技術、精密加工組立技術はカメラ産業自体の参入障壁をなすと共に、他分野企業に対しては強い競争力の源となったのである。

注
1）森俊治「経営多角化の基本原理」『彦根論叢』滋賀大学経済学会、1988年3月（第249号）。占部都美「多角化戦略」『経営学大辞典』中央経済社、1988年、682～683頁参照。
2）『キヤノン史　技術と製品の50年』キヤノン、1987年、78～79頁。寺本義也「事業の多角化と製品開発　キヤノンの躍進」『ケースブック日本企業の経営行動2　企業家精神と戦略』有斐閣、1998年、61頁。
3）「最悪期を脱するカメラ業界」『財界観測』野村証券、1966年8月（第31巻第8号）。機種別のシェア順位をみるとコンパクトでは、①ミノルタ、②小西六、③キヤノン、④リコー、⑤ヤシカ、ハーフサイズカメラでは、①キヤノン、②オリンパス、③リコー、④富士写真、⑤ヤシカの順となっている。
4）小出種彦編『旭光学　80年代に飛躍する一眼レフのパイオニア』貿易之日本社、1980年、153頁。
5）『50年の歩み』オリンパス光学工業、1969年、169頁。
6）NHKプロジェクトX制作班「ガンを探し出せ完全国産・胃カメラ開発」『プロジェクトX挑戦者たち1』日本放送出版協会、2000年参照。
7）『前掲書』オリンパス光学工業、371頁。
8）「多様化に取り組むカメラ業界」『財界観測』野村証券、1969年12月（第34巻第12号）参照。具体的な説明はないがオリンパスの製品の多角化が図示されている。
9）『日本経済新聞』1980年2月22日、1986年5月9日、12月11日。

10) 前掲『キヤノン史』78頁。「当時、売上構成の95％がカメラであったが、安定成長期にさしかかった日本のカメラ産業の状況をみるとき、カメラのみに依存していては日本経済の成長テンポにも劣るのではないかとの危機感が社内に高まっていた。そこで、長年カメラで培ってきた光学技術、精密機械技術、精密生産技術を武器に、多角化の基礎づくりを主要テーマとして主に事務機分野への展開を図ったのが第1次長期経営計画であった」(78頁)。
11) 吉原英樹『戦略的企業革新』東洋経済新報社、1986年、157～162頁。
12) 『光とミクロと共に ニコン75年史』ニコン、1993年の第6章4「半導体製造装置『ステッパー』の開発」。岩井正和『ニコン ビッグを追わずベストに挑む』東洋経済新報社、1990年の「4 シリコン・サイクルの谷間から」と「5 ステッパー開発物語」参照。
13) 田嶋一雄『決断』大阪新聞社、1979年、46～48頁。田嶋一雄『私の履歴書』日本経済新聞社、1983年、154～160頁。宮野澄『ミノルタ"α"経営の現場』講談社、1989年。80年代以降のミノルタの多角化の方向性について田島英雄社長は「わが社はカメラメーカーとして永年培って来た技術を軸に、OA分野、計測機器分野、電子映像分野へと着実な多角化発展の道を歩んで来た。これからは、さらにそれらの機能を有機的に複合化、統合化をはかり、新しい付加価値システムを開発していく、すなわち、新しいニーズを掘り起こし、新しい時代の流れを創りだし、新市場を育成させること」(宮野著、239頁)であると述べている。
14) 『世界の日本カメラ』日本写真光学機器検査協会、1984年、165～169頁。カルテル結成メーカーは旭光学、オリンパス、キヤノン、小西六、東京光学、日本光学、富士フイルム、ペトリ、マミヤ光機、ミノルタ、ヤシカ、リコーの12社で、当初、65年4月から9月までの予定で、一眼レフが27万3607台、コンパクト54万9048台、ハーフサイズカメラ64万10台で、合計生産限度数量146万2665台であったが効果が上がらず、カルテルはさらに66年3月まで延長されたのである。
15) 前掲「最悪期を脱するカメラ業界」。
16) 高崎仁良「最近のカメラ産業の動向——輸出構造の転換と多角化の推進」『経済論叢』京都大学経済学会、1984年5月（第133巻第4・5号）。
17) カメラ関係とは、35ミリカメラ、35ミリ以外カメラ、カメラ部分品、現像機器、その他写真装置、写真装置部分品、カメラ用レンズ、カメラ用交換レンズ、光学レンズ、プリズムを含む。
18) 『主要産業における累積生産集中度とハーフィンダール指数の推移』公正取引委員会1987年、178～179頁。
19) 『日本の写真産業』日本写真機工業会、1984年版、28頁。普及率は、調査対象に対する所有世帯の割合を示す。
20) 前掲『日本の写真産業』1984年版、29頁。
21) 高崎「前掲論文」参照。
22) 日経産業新聞『市場占有率』ネスコ、1986年版、152～154頁。1987年版、117～119頁。1988年版、59～61頁。
23) 佐藤昌之・森幸雄『精密機械業界』教育社、1976年、43頁。

24) 矢部洋三「日本写真機工業の海外展開過程」『日本大学工学部紀要』2004年3月（第45巻第2号）、沼田郷「カメラメーカーの海外生産」『紀要』日本大学経済学部経済科学研究所、2004年3月（第34号）参照。
25) 『日本カメラ工業史』日本写真機工業会、1987年、31～33頁。西ドイツメーカーが敗れていったのは、60年代以降「一眼レフへの転換が遅れ、中級機の分野でも電子化を中心とする新製品の開発、大量生産方式の採用、積極的なマーケティングの展開に遅れたため」で60年代後半から70年代前半のマルク高が競争力を決定的に低下させたのである。
26) 主要カメラメーカーの輸出総額に占めるカメラ部門輸出額の割合を『有価証券報告書総覧』でみると、1975年旭光学99.1％、オリンパス48.0％、キヤノン55.5％、日本光学85.7％、ミノルタ73.6％で、85年旭光学76.9％、オリンパス36.2％、キヤノン24.2％、日本光学49.2％、ミノルタ55.9％で、とくにオリンパス、キヤノンはカメラ以外の輸出割合が著しく高い。
27) 個別的には各社それぞれの要因があるが、各社の『有価証券報告書』の「営業の状況」をまとめて業界としてみると、83、84年の当期利益の減少は個人消費の停滞の中で競争激化による価格低下、86、87年の減少は急激な円高と円高不況による影響が大きい。
28) 日本光学のカメラ売上高を『有価証券報告書総覧』でみると、83年828億円、84年777億円、85年846億円、86年853億円、87年882億円、88年747億円、89年758億円と比較的安定した売上高を示しているのに対して、半導体関連機器の売上高は、83年108億円、84年205億円、85年515億円、86年323億万円、87年257億円、88年439億円、89年866億円と変動が激しい状況にある。
29) 『有価証券報告書総覧』各年を参照。
30) さくら総合研究所産業調査部「一層の多角化が期待されるカメラメーカー」さくら総合研究所、1993年12月参照。
31) 『日経産業新聞』1981年11月11日。
32) 『日本経済新聞』1992年10月31日。
33) 小倉磐夫『国産カメラ開発物語』朝日新聞社、2001年、226～231頁。

第4章　直販制への転換と大型量販店の台頭

貝塚　亨

はじめに

　第2次大戦後、高度経済成長期から低成長期、そして現代にいたるまで経済構造は「サービス経済化」として特徴づけられるような変化をした。「サービス経済化」は一般的には第3次産業の拡大を指しているが、以前の拙稿で明らかにしたように、その中心は、旧日本標準産業分類における「卸売・小売業、飲食店」で示される商業及び「サービス業」であった。就業者数でみれば、1920年の第1回国勢調査ではこれら部門はそれぞれ9.8％、7.2％にしかすぎなかったが、第2次大戦後は拡大を続け、90年には「卸売・小売業、飲食店」が22.4％、「サービス業」が22.5％となり、この2部門だけで日本の就業者の45％程度を占めるようになった[1]。

　商業・サービス業の発展の要因として、供給側の要因では両部門ともに付加価値生産性の低さ、そしてそれを補う非正規雇用の多さがあった。また需要側の要因では社会的分業の発展が商業・サービス業の拡大をもたらしてきた。しかしながら75年以降の『労働力調査年報』の職業分類データをみると、第2次産業内における販売従事者の比率が高まっていることも事実であり、外注化の進展によりサービス経済化が進む一方では、メーカー内部での「サービス化」も同時に進行してきた[2]。

　そこで本章では、サービス経済化の進展の中でメーカーが流通・サービスにいかに関わったのかを検討する。その素材として、メーカー7社による寡占的市場の中で直販制度を整えたカメラ産業を取り上げる。流通にはメーカー、卸業者及び小売店がかかわっているが、本章ではメーカーからみた流通を分析しており、卸業者（問屋）、小売店については必要な限りで言及するにとどめる。

また、カメラの流通分析は海外における流通も視野におさめる必要があるが、本章では国内における流通構造の変化に分析を限定している。

メーカー主導型の流通システムといえば、家電産業がその代表的な事例として多くの先行研究がある。家電製品流通における系列販売店制度は、松下電器の35年からの「連盟店」制度の創設から始まるが、戦後の主要家電メーカーの系列販売網組織は、50年代を通じての激しい競争の中で作り出され、60年頃に完成したとされている[3]。

しかしながら、60年代末から70年代初めにかけて直販制度を採用したカメラ産業についてはほとんど取り上げられることはなかったし、取り上げられても、のちにみるように家電と同様に流通支配がなされたと理解されてきた。また周知のように、カメラメーカーは現在の慢性的不況のもとでも発展を続けている。デジタルカメラの急速な普及を背景に加え、多角化の進展[4]もカメラメーカーの発展の要因であるため、多角化と流通機構再編とのかかわりについても合わせて検討していく。

第1節　特約店依存から直販へ

1．特約店依存販売の構造

第2次大戦後、戦前からカメラを生産していた小西六、千代田光学精工（のちのミノルタ）、マミヤ光機、キヤノンカメラなどと、軍需産業から平和産業へ転換した日本光学、オリンパス、東京光学などを中心にカメラの生産がスタートしたが、朝鮮戦争前後には「四畳半メーカー」といわれるような中小カメラメーカーも存在しカメラメーカーは「雨後の筍のような乱立状態」であった[5]。このような生産構造のもとで、1960年代前半までの流通構造は、カメラの流通を握っていた特約店を中心としてカメラの流通が行われていた（図4-1参照）。

カメラの卸売業者は大きく2つに分類される。まず特約店であり、メーカーとの間で排他的契約を結んでいるのではなく、単なる総合卸売問屋を指す[6]。

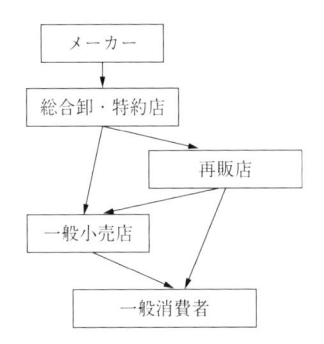

図4-1 特約店依存時の流通チャネル

```
        メーカー
           │
           ▼
     総合卸・特約店
       │    │
       │    ▼
       │   再販店
       │  │   │
       ▼  ▼   │
     一般小売店 │
        │    │
        ▼    ▼
       一般消費者
```

出所：著者作成。

もともと「ミノルタカメラの一手専門特約店」であったが、戦後は53年の日本光学への特約店許可要請を嚆矢として、54年八重洲光学（ヤシカ）、55年栗林写真機械製作所（ペトリ）、59年キヤノン、61年旭光学と取引を拡大していった[7]浅沼商会や、樫村、近江屋写真用品、美スズ産業、敷島写真要品などの特約卸業者がカメラの流通を一手に掌握し、メーカーに対する資金的な援助をするといった卸売業者の機能を発揮していた[8]。

次にカメラ業界特有の慣習で、2次卸を指す再販店である。再販店は地方小売店を対象に、集荷分散機能と代金回収機能を果たしている[9]。

1971年の通商産業省企業局の調査によれば、特約店・再販店ともに6～20社から仕入を行っていた（表4-1）が、販売についてみれば再販店は500社未

表4-1 1971年におけるカメラ全仕入先数

（単位：％）

	カメラメーカー販社	特約店	再販店	不明	全体
1　社	100.0	—	—	—	13.5
2～5社	—	7.7	16.7	—	10.8
6～10社	—	46.2	38.9	—	35.1
11～20社	—	38.5	38.9	100.0	35.1
21～　社	—	7.7	5.6	—	5.4
計	100.0(5)	100.0(13)	100.0(18)	100.0(1)	100.0(37)

出所：通商産業省企業局編『取引条件の実態(2)』大蔵省印刷局、1971年、151、153頁。
注：計の（　）内の数字は会社数である。

表 4-2　1971 年におけるカメラの全販売社数

(単位：％)

	カメラメーカー販社	特約店	再販店	不明	全体
99 社以下	20.0	—	27.8	—	16.2
100〜299 社	—	7.7	33.3	100.0	21.6
300〜499 社	—	7.7	27.8	—	16.2
500〜999 社	20.0	38.5	—	—	16.2
1,000 社以上	60.0	46.2	5.6	—	27.0
不明	—	—	5.6	—	2.7
計	100.0(5)	100.0(13)	100.0(18)	100.0(1)	100.0(37)

出所：表 4-1 と同じ。

表 4-3　全売上高に占める最大メーカー売上高の割合

(単位：％)

	カメラメーカー販社	特約店	再販店	不明	全体
10〜19％	—	—	16.7	—	8.1
20〜29％	—	61.5	16.7	—	29.7
30〜39％	—	15.4	22.2	—	18.9
40〜49％	—	7.7	11.1	—	8.1
50〜59％	—	7.7	5.6	—	5.4
60〜69％	—	—	—	—	—
70〜99％	—	—	5.6	—	2.7
100 ％	100.0	—	—	—	13.5
不明	—	—	22.2	100.0	13.5
計	100.0(5)	100.0(13)	100.0(18)	100.0(1)	100.0(37)

出所：表 4-1 と同じ。

満が大多数を占めている一方で、特約店は 500 社以上、ないしは 1,000 社以上に販売をしており（表 4-2）、カメラ流通において特約店の規模・役割は非常に大きかった。

　また、表 4-3 にみられるように、1 メーカーへの依存度は、特約店では 20〜29％が最も多く、1 メーカーへの依存度は低いことがわかる。再販店では、概して 40％未満であるが 1 メーカーへ依存する企業も 71 年時点で出てきていることに注目する必要があろう。

2．流通チャネル再編の契機

　以上のように戦後本格的にスタートしたカメラ生産は、特約店に依存することで流通を行ってきたが、60年代になると多くの問題が発生し流通チャネルを再編する動きが現れた。

　その契機は、第1に1965年不況[10]である。高度経済成長の中でカメラメーカーは東京オリンピックにおける需要増大を見越してカメラの量産を行ったが、不況の影響で国内需要は停滞、輸出も悪化[11]するという結果となり、メーカー段階の在庫のみならず、市中在庫も急増した。そのため、特約店・小売店ではリベートによる販売競争が展開[12]することとなった。当時どの程度のリベートで販売が行われていたかを示す資料はないため、71年時点のカメラの標準価格構成をみたのが表4-4である。これによれば「卸店」に支払われるリベートは現金正価の1.4％であり、小売店へのリベートは2.4％である。さらに1965年不況時の競争激化の過程で卸業者も小売店にリベートを支払い、小売店は卸売価格以下での販売も可能となっていた。

　また、在庫の急増は、換金物、投げ物の横行をもたらし、さらに現金問屋・バッタ屋の活躍により乱売が激化していった。その結果、価格体系は混乱し、1965年不況以前には小売価格100、問屋価格80、メーカー価格72となってい

表4-4　カメラの標準価格構成

現金正価	100.0
物品税	8.7
流通経費	31.8
内小売店マージン	20.0
小売店リベート	2.4
卸店マージン	8.0
卸店リベート	1.4
メーカー販売管理費	6.5
工場価格	53.0

出所：『取引条件の実態(2)』139頁。
注：35㍉一眼レフ、FPシャッターカメラをモデルとした聞き取り調査の結果からの試算。

た価格構成が1965年不況時には小売価格80、問屋価格72、メーカー価格67となった。浅沼商会の利益金もこの時期3,000万円を切るまでに収益が悪化している[13]。このような価格下落に対抗するため65年6月～66年3月の間、不況カルテルが結成された。この間にカメラメーカーは輸出志向を強化し、海外での自社販売網を整備するようになった。そして国内でも流通再編の機運が高まっていった[14]。

　第2の契機としてはカメラ値引き販売の拡大が挙げられる。これは1965年不況期のような一時的な価格の下落ではなく、小売店主導の恒常的なカメラの値引き販売である。70年代の大型量販店出現以前[15]では、朝鮮戦争後の不況期に十数社のカメラメーカーが倒産する中で、安売り、乱売が多発した。この問題に対してはメーカー・卸・小売の3団体の協議機関「三連協」が結成[16]され、また55年には再販売価格維持制度により再販売価格指定商品となることで一応の解決をみた。

　しかしながら、カメラの値引き販売は50年代後半では百貨店が中心となって行われた。57年になると4月には大阪阪急百貨店が、約2割引のカメラ廉売を開始し、5月には大阪そごう百貨店もそれに同調し、10月になると値引き販売はさらに激化するようになった。

　そして「昭和34年暮れ頃には、メーカーは兎も角、卸と小売は値崩れが激しく経営に必要な利益を挙げ得ない状態となり、カメラメーカーは不況カルテ(ママ)を出願し、卸業組合は数次に及ぶ自己防衛策を講じ、メーカーに顕現してその被害の恐ろしさを訴えたのでありますが、最も身近かに関心の深い卸業者の足並みが、なかなか揃い兼ねて、話し合って対策を講じても、長くは続かず、乱れる方が早いと云う結果に終わり、幾度もこんな事を繰り返すので、卸業者間の相互信頼は全く地に落ちて市場混乱は益々甚しく、生産過剰は、こうした環境にも拘わらず依然と続いて行われていると云う状態」[17]にまでいたった。浅沼商会の利益金も58年から60年にかけて59年上期を除いて1,000万円台にまで減少している[18]。

　このような状況に対して59年に三連協が、カメラ全製品にわたって全国で価格の統一表示を実施し、卸業者も60年4月に「卸協力会」[19]を発足させた。

カメラメーカーは60年8月に過当競争に終止符を打つためカメラ価格の一斉値下げを行うことで対応した。

60年代後半になると66年2月にはカメラの再販指定、旅行者免税カメラ[20]を除き指定が取り消され、69年には今度はスーパーマーケットでの安売り対策が問題化してきた。そして70年代になると大型量販店が出現[21]し小売販売が上位に集中[22]するようになってくる。大型量販店による値引き販売競争は、東京都新宿地区を中心に始まった。71年に淀橋写真商会（現ヨドバシカメラ）が新宿に出店し「カメラのさくらや」（現さくらや）と販売合戦を展開したのを皮切りに、75年には「カメラのドイ」も新宿に進出した。この大型量販店による値引き競争は80年代前半以降には、全国の大都市にまで波及し、各地で大型量販店の出店が続いた。

大型量販店の登場によって60年代にはみられなかった新たな問題[23]が発生してきた。百貨店中心の値引き競争時には全国価格の統一表示の実施、カメラ価格の一斉値下げで対応することができたのだが、標準価格と実売価格との乖離[24]は、大型量販店の値引き競争が激化するにつれて拡大し、もはやカメラの標準価格の値下げ程度では対応することができなくなり、最終的にはオープンプライス制の導入が84年4月から検討されるようになった。また、大型量販店の地位が高まるにつれて、メーカーや、特約店・再販店などの卸売業者は恒常的に派遣店員を大型量販店に派遣することで自社製品の販売を強化することが不可避となり、メーカー、卸売業者の販売費用が増加せざるをえなくなった。

第3の契機は、70年代以降のカメラ市場成熟による収益性の低下である。カメラ世帯普及率[25]は65年には49.4%であったが、75年77.4%、85年87.3%、93年87.3%といったように推移し、需要の中心は買換えになっていった。またこのカメラ市場の成熟は、カメラメーカーの経営多角化をもたらすこととなる。詳しくは第3節でみるが医療機器・複写機などの多角化部門でメーカーによる販売網・サービス網の拡充が行われたことも、カメラ部門における直販化への動きを加速させる要因となった。そして「複写機へ進出した実績により、後のOA機器販売においても有利な販売ルートを確立、新製品を比較的迅速

に販売ルートへ乗せることができた」[26]ことが、逆に多角化推進の要因ともなったのである。

第2節　直販制下における流通構造

1．国内販売子会社の設立

　以上のような契機によってカメラメーカーは1960年代後半から70年代にかけて国内の販売子会社を設立するようになる。

　旭光学だけは先駆的に55年3月にすでに旭光学商事を設立していた。旭光学は、アサヒフレックスⅠ型（52年）、同Ⅱ型（54年）で一眼レフ専門メーカーとしての地位を確立し、早い時期に生産・開発部門と営業部門を分離すれば、旭光学自体は研究開発、生産に専念できるという発想で、旭光学商事を設立した。しかし、「海外現地法人の3社を統括する機構であるが、国内では現在でも代理店販売方式をとって」いる[27]。

　また日本光学は88年にニコンカメラ販売[28]を設立するまで、4特約店（浅沼商会、近江屋写真用品、樫村、チェリー商事）[29]体制を維持し続けていた。さらに日本光学は、小売店が複数の特約店から購入するのを禁止し、特約店に小売店を登録（ニコン会）させ、需要把握・計画生産に乗り出した。

　その一方で日本光学は、特約店に対し日本光学製品の卸価格を指示するとともに、系列小売販売店に日本光学の指定する小売価格を遵守させるためにモニター制度など様々な規制措置を講じ、ほとんどの小売店において日本光学の指示した小売価格が維持されていた。そのため、72年6月には日本光学のこの動きを公正取引委員会はヤミ再販とみて勧告をだした。

　旭光学、日本光学を除くオリンパス、ミノルタ、キヤノンは、いずれも60年代後半から70年代初頭にかけて国内販売子会社を設立している。オリンパスは早期にカメラ直販化の動きをみせ、69年に高千穂商会、ワルツ写真の2問屋を買収、改称してオリンパス商事を設立し、73年にはさらにオリンパス販売を設立し[30]、84年にはオリンパス商事をオリンパス販売に合併すること

で直販制を整えた。

　ミノルタでは、近江屋写真用品などとの特約を解除して直系のゼウス商会を育成する方向で対応した。72年には六光商事を買収し、さらに76年ミノルタカメラ販売に改称することで直販制に移行していった。

　対照的にキヤノン[31]は当初特約店を再編することで流通チャネルを再編しようとした。特約店間の価格引下げを防ぐため、67年2月に機種別特約店制度を採用し、機種ごとに異なった流通チャネルを設定し、「専門問屋をテリトリーごとに分け、次いで総合問屋を数社選び、高級カメラ、ハーフサイズカメラ、中級カメラ、8㍉カメラといった機種ごとに扱い品を制限した」[32]。具体的には、機種別では、高級カメラには大沢商会、中級カメラには近江屋写真用品、8㍉には美スズ産業、ハーフサイズには浅沼商会を指定した。地区・販売先別全機種取扱店では、デパート向けをキヤノン商事、東日本をウェルコン、西日本を一誠商会とした。

　しかしながら、特約店再編だけでは変化に対応できず、69年5月には専門特約店ウェルコン、一誠商会、キヤノン商事を合併し、それにキヤノンカメラ販売部門を参加させキヤノンカメラ販売を設立した。そして71年11月には、キヤノンカメラ販売、キヤノン事務機販売、キヤノン事務機サービスを合併しキヤノン販売を設立することで、他社に先駆けて日本国内の全製品販売窓口の一体化[33]を行った。

2．直販制移行の影響

　このように各社それぞれ異なる動きをしつつも、日本光学を除いて系列の国内直販会社を60年代後半から70年代前半にかけて設立していったが、表4-5にみられるように87年時点で直販制に全面的に移行したのは、オリンパスとミノルタのみであり、その他は特約店との販売契約を続けている[34]。そのため直販子会社の設立が、逆に図4-2のように流通チャネルが多様化する結果となった。

　直販制の利点として、大平哲男氏はa)計画的な生産・販売、b)流通経路の整理・短絡化によるメーカーの流通費用削減、c)価格の管理・維持が容易とな

表4-5　80年代初頭のカメラメーカー・直販店・特約店

メーカー	系列直販会社	特約店
日本光学	―	浅沼商会、樫村、近江屋写真用品、チェリー商事
旭光学	旭光学商事	浅沼商会、樫村、近江屋写真用品、美スズ産業、敷島写真要品
キヤノン	キヤノン販売	近江屋写真用品
オリンパス	オリンパス商事	
ミノルタ	ミノルタカメラ販売	
富士フイルム	―	浅沼商会、樫村、近江屋写真用品、美スズ産業、敷島写真要品、上田商会
小西六	―	チェリー商事、小西六商事

出所：小杉操「カメラの流通実体について」『公正取引』公正取引協会、1982年3月（第377号）、47頁。

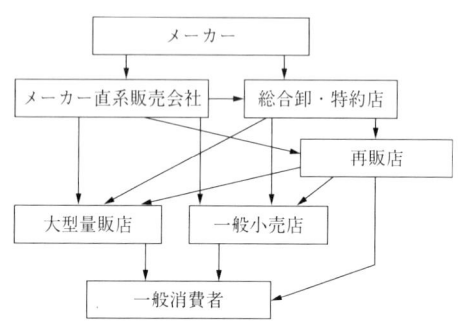

図4-2　直販制下における流通チャネル

出所：著者作成。

るという3点を挙げている[35]。家電メーカーのような系列化された流通チャネルであれば、以上のような利点を指摘することができるが、カメラの流通チャネルは直販子会社を設立したことで、系列化が完成したのではなく、特約店との販売契約は継続され、大型量販店との関係についてもメーカー主導になることはなかった。

そのため販売子会社の設立によって、メーカーの販売コストの増大[36]を補うだけのメリットがあったのかということが問題となる。梅津和郎氏は、カメラメーカー各社は多角化を進めているためカメラの流通動向を正確には反映できないとしても、71年下期から72年下期の売上高、製造原価、及び流通費の対売上総利益比率を調査した結果、「販売会社方式を採用しているメーカーのほうが全体として流通費の増加率も高く、したがってそれが利潤の圧迫要因と

なっているのである。この事実は、個別的にみても、メーカーによる流通支配が流通費を節約する結果にはならないことを立証している」としている。

しかしながら梅津氏の調査は71年下期から72年下期の1年のみである。また、梅津氏はキヤノン、オリンパス、リコーの3社を販売会社方式採用メーカーとし、逆に特約店方式を採用しているのは日本光学、東京光学、ミノルタであるとしている。この時期はキヤノンがキヤノン販売を設立した時期ではあるが、のちに完全なメーカー直販を行うオリンパス、ミノルタはまだ直販制への移行期である。オリンパスがオリンパス販売を設立するのは73年であるし、ミノルタが72年に買収した六光商事を改称してミノルタカメラ販売としたのは76年である。そのため、70年代以降の長期的な流通費の動向を分析する必要があろう。

図4-3～7は、それぞれ日本光学、旭光学、キヤノン、オリンパス、ミノルタの売上原価の対売上高比率、販売費・管理費の対売上原価比率及び対売上総利益比率の推移をみたものである。ここでは表4-5のメーカーと特約店との関係から、日本光学、旭光学を特約店契約継続型とし、キヤノン、オリンパス、

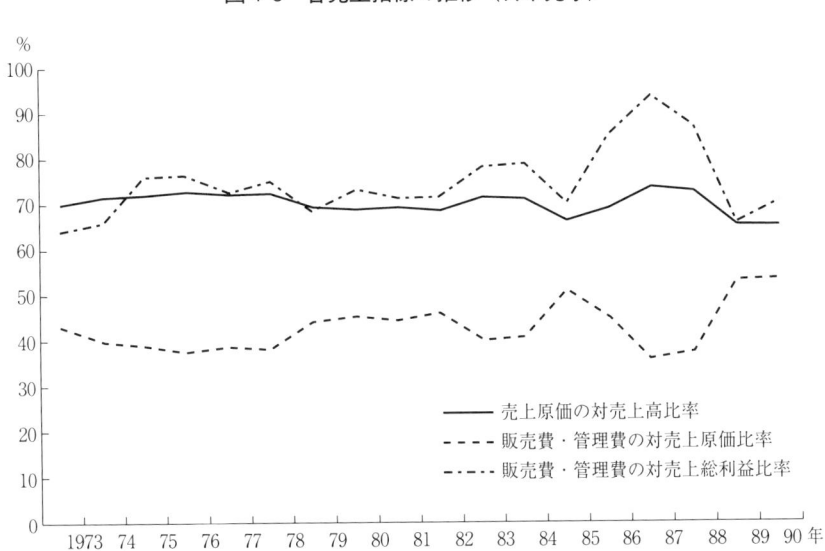

図4-3　各売上指標の推移（日本光学）

図 4-4　各売上指標の推移（旭光学）

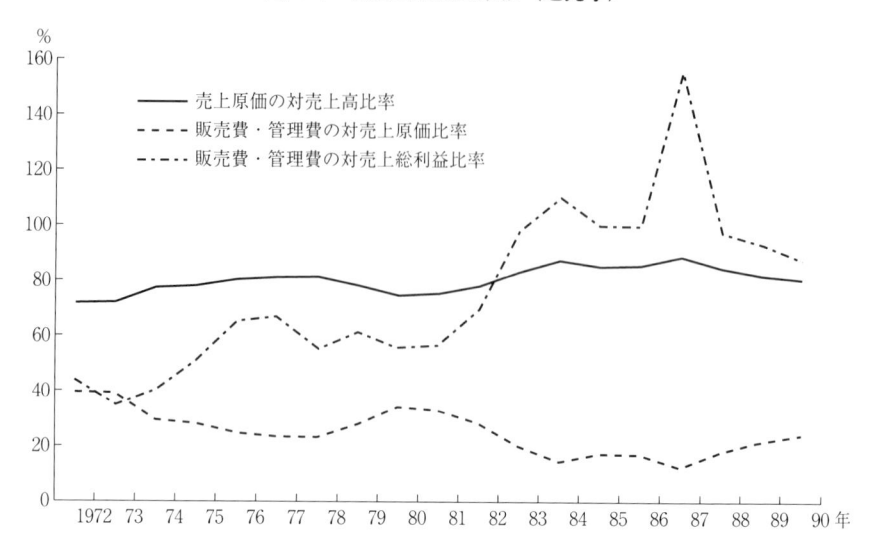

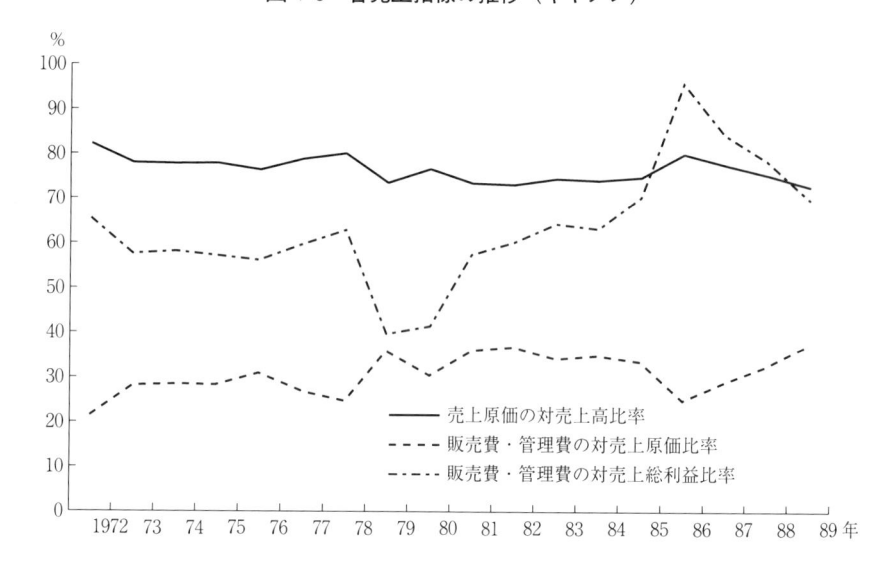

図 4-5　各売上指標の推移（キヤノン）

第4章　直販制への転換と大型量販店の台頭　　111

図4-6　各売上指標の推移（オリンパス）

　　　　　── 売上原価の対売上高比率
　　　　　--- 販売費・管理費の対売上原価比率
　　　　　-·- 販売費・管理費の対売上総利益比率

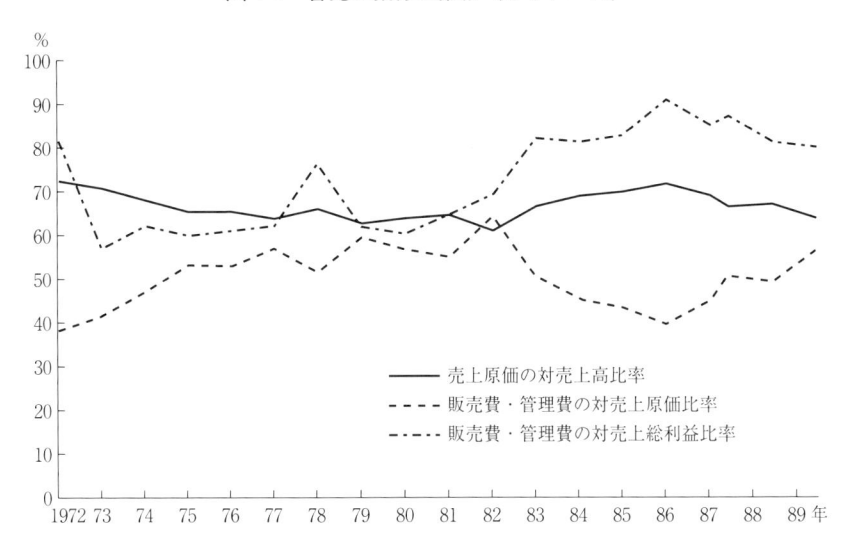

図4-7　各売上指標の推移（ミノルタ）

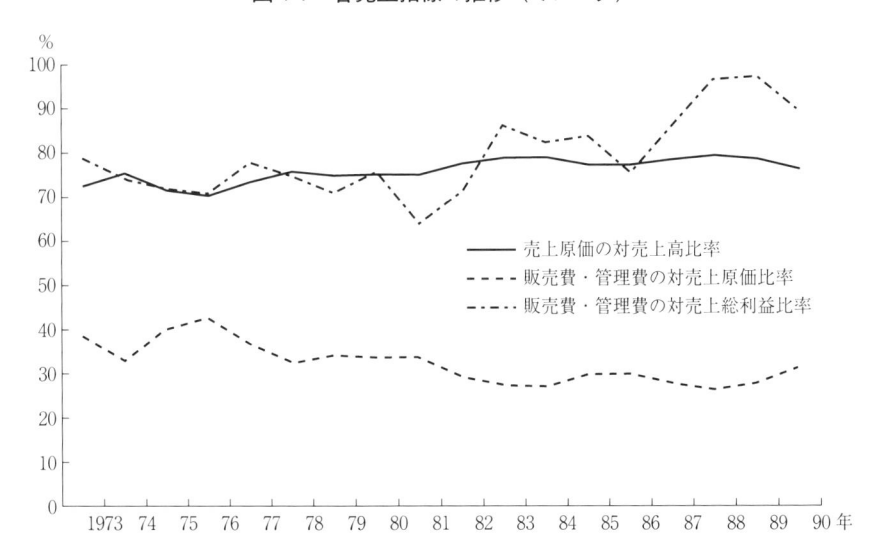

　　　　　── 売上原価の対売上高比率
　　　　　--- 販売費・管理費の対売上原価比率
　　　　　-·- 販売費・管理費の対売上総利益比率

ミノルタを直販型と2つのグループに分類する。

まず販売費・管理費の対売上原価比率について両グループを比較しても特徴的な差異はみられない。日本光学以外の4社はいずれも81～82年以降、売上原価に占める販売費・管理費の比率を下げているのに対して、日本光学は85年の50.9％のピークまで高い水準にあった。

次に問題となっている販売会社方式を採用しているメーカーの方が流通費も高く、利潤の圧迫要因となっており、メーカーによる流通支配が流通費を節約する結果にはならないのかをみるため、販売費・管理費の対売上総利益比率を両グループで比較する。確かに70年代には両グループの間に明確な違いはみられず、直販制への移行が流通費を節約したとはいえない。

80年代についても、旭光学では84年、87年には100％を大きく超えているし、日本光学も88年の日本光学カメラ販売設立までは86年以降85～90％程度の高い比率になっている。とはいえ、直販型の3社も同様の動きをみせており、両グループに特徴的な差異はみいだせない。

このことは、「メーカーによる流通支配が流通費を節約する結果にはならない」という一般的な結論を示しているというよりも、カメラの流通構造の特殊性を示していると考えられる。すなわち、70～80年代にも依然として特約店の役割がカメラ流通において一定の地位を占めており、また派遣店員問題が示すように大規模小売店がメーカーや卸売業者に与える影響力は大きく、メーカーは直販子会社の設立によって流通を系列化するにはいたらなかった。「メーカーによる流通支配」自体が成立していないために、流通費を節約する結果にはならなかったのである。

第3節　多角化部門における直販制

1．複写機部門における直販制

複写機へのカメラメーカーの本格的参入はアメリカのゼロックス社が所有していたPPC（Plain Paper Copy）の基本特許権が切れた1970年以降であった。

PPC複写機は、普通紙にコピーを行うため「感光・現像→転写→定着→清掃」というプロセスを経て、感光体や現像材等の消耗品を消耗させながらコピーをしていくために、消耗品の交換が不可欠であるし、紙詰まりやコピーが黒くなったり線が入ったりする「かぶり」等のトラブルが発生しやすいために、定期的なメンテナンスが必要である[37]。このPPC複写機という商品の特性のために、メーカーによる販売網・サービス網の拡充が必要となり、多角化によって複写機市場に参入したカメラメーカーも販売子会社を設立して流通を系列化していく。

それまで独占的に販売していた外資系の富士ゼロックスのユーザー直販方式[38]は a) 使用料、基本料、使用枚数に応じた分のみユーザーが支払うレンタル制、そして b) 各地サービス拠点から、社員が直接ユーザーを訪問（朝、直行制）してサービスを行う販売とサービスの一体化を基本としている。各種メンテナンスは、テリトリー内に駐車場を持ち、車の中にスペアパーツ（バンキット）を搭載している周辺地区サービスマンと、朝、テリトリー内のパーツデポへ行き、準備してユーザーを訪問する中心地区サービスマンとが行う方式である。

ゼロックスの「レンタル制」に対して、国内メーカーは「売切制」を採用しているためメーカーが直接消費者に販売してはいない。リコー[39]は販売子会社制を採用している。キヤノン[40]も72年11月のNP-L7発売から販売とサービスの一体化を目指す独自のTG（Total Guaranty）方式を採用している。

TG方式は a) 一定の料金に消耗品、交換部品、保守サービス等のすべてを含む完全保証制度、b) セールスマンによる販売から使用説明、定期巡回、サービスエンジニアによる機械の定期点検、緊急サービス、消耗品の配送が含まれる、c) 販売をサービス拠点から半径30km、または2時間以内に到着できる範囲に限定しているなど、ゼロックスのユーザー直販方式に保守サービス面では似ているが、レンタルではなく売り切りという点で異なっており、キヤノン本社が直接販売、サービスを行っているわけではない（図4-8参照）。

そのため、販売網・サービス網の拡充には地区販売会社の系列化が不可欠であった。たとえばミノルタでは65年3月にミノルタ事務機販売を設立したが、

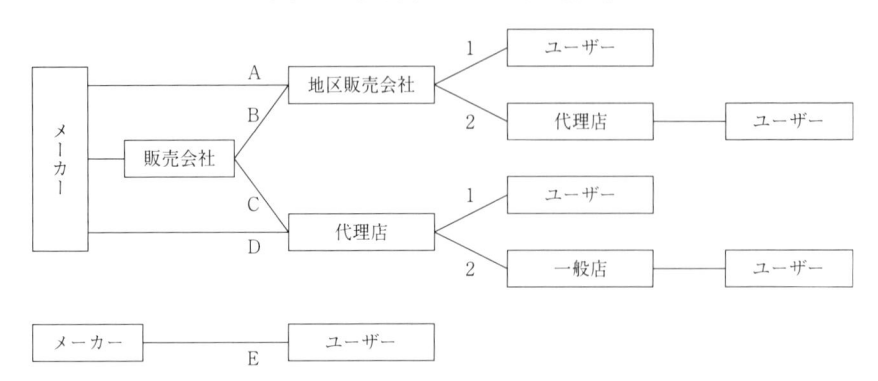

図 4-8　複写機メーカーの販売経路

出所：日野正輝「複写機メーカーの販売網の空間的形態」『経済地理学年報』1983年5月（第29巻第2号）、5頁。
注：各経路に該当する企業は次のとおり。A-1：リコー・富士ゼロックス、A-2：リコー、B-2：コピア、C-1：キヤノン・小西六・シャープ・東芝・ミノルタ・コピア、C-2：シャープ、D-1：リコー・三田工業、D-2：リコー、E：富士ゼロックス。

70年代以降本格的に事務機部門の系列化を進展させた。まず74年10月に京都ミノルタ事務機・系列化[41]を皮切りに順次84年までに東京、大阪、神戸、名古屋、神奈川、愛媛、山梨、福岡の各ミノルタ事務機を系列化していく。その過程で84年にはOA販売推進部を設置[42]し、また豊田市、豊橋市、浜松市を中心とした三河地区では、従来アジアサービスが事務機販売を行っていたが、ミノルタ事務機75％、アジアサービスの親会社豊川梱包工業25％の出資比率で新会社三河ミノルタ事務機を設立[43]し、東京、大阪、東日本、西日本に営業部を新設[44]することで、事務機部門の系列化をほぼ完了させた。

　また、88年にはイギリスのOA機器製造販売のゲステットナーPLCの香港国籍の子会社で、日本を中心に営業活動を行っており、国内に17カ所の拠点を持っていたゲステットナー日本を買収[45]した。ゲステットナーグループは、ヨーロッパではOA機器の老舗として知名度があった。ゲステットナー日本の買収に伴い、ミノルタ事務機販売は大口・広域ユーザー、官公庁中心、ゲステットナーは謄写版やオフセット印刷機のユーザーに強いため、このパイプを生かして業界団体を担当、従来販売ではディーラーが地域ユーザーを対象とし、大都市は従来「特需部」で行ってきたが、MC（メジャーカスタマー）営業部に改称して販売体制を再編[46]した。これに伴いディーラー扱いの依存度80％を、

50％にして直販比率を高めることを計画した。

　以上のように、PPC 複写機の特性から販売・サービス網の拡充、直販子会社の設立、流通の系列化が積極的に行われたのであるが、それは、反面では抱合せ販売という問題をもたらし、80 年 4 月には公正取引委員会が独占禁止法に違反する恐れがあるとして警告し、改善指導が行われた[47]。

2．日本光学の多角化部門における直販制

　第 1 節でみたように日本光学は 88 年に日本光学カメラ販売を設立するまで、浅沼商会、近江屋写真用品、樫村、チェリー商事 4 特約店体制を維持し続けていた。しかしながら、多角化部門ではいち早く流通を系列化し、直販制を取り入れていた。まず、測定機・測量機[48]では、名古屋地区特約店・旭商会倒産という消極的な理由からではあるが 74 年 12 月に陽光測機を設立したのを皮切りに、76 年 6 月には北海道地区に北海光学を設立した。さらに 80 年代に入ると「ニコン」の名を冠した地区販売会社を設立していった。具体的には 81 年に東京及び隣接 7 県を担当する東京ニコン機器販売、83 年中国ニコン機器販売、85 年関西ニコン機器販売[49]、86 年東北ニコン機器販売、88 年九州ニコン機器販売をそれぞれ設立し、また 83 年に北海光学を北海道ニコン機器販売に、84 年に陽光測機を中部日本光学機器販売にそれぞれ改称することで、測定機・測量機の全国的な直販網を完成させた。

　また、ステッパー[50]部門では 80 年 2 月に量産開始を決定すると同時に、国内販売を直販方式とした。そして 80 年 4 月には「サービス体制の充実が成否を決める要素の 1 つであると認識」し、精機製造部にサービス課（9 名）を新設、さらに 85 年 12 月にはサービス課を 204 名からなる機械サービス部に昇格させた。そして 87 年度までに、テクニカルブランチを全国 11 拠点に展開させ、同年 5 月には修理・点検・部品販売だけでなく、ユーザーの操業時間に合わせてサービスを提供することを目指し、サービス業務を専門とする日本光学テックを設立（7 月営業開始）させている。

　眼科機器[51]でも 82 年 4 月には高田巳之助商店および大阪眼鏡の特約店 2 社との共同出資によりメディカル日本光学販売を設立し直販制に移行した。

以上のように、多角化部門では、いずれもその商品の特性から販売網・サービス網を充実させる必要があったために、直販制を初期段階から採用し、流通においても系列化してきた。そしてこの多角化部門における直販制の採用がカメラ部門における直販化への動きを加速させる要因となったし、そして販売網の拡充がさらなる多角化推進の要因ともなったのである。

カメラと多角化部門、とくにOA機器との性格の違いについては、「カメラは耐久消費財であり、基本的には故障率0に近い高信頼性を目指した商品である。これに対しOA機器は、ある故障率を前提とし、高い保全性を実現することを目指した取り組みがなされる商品である」[52]ところにある。そのため、複写機のようなOA機器では当初から流通網とサービス網が同時に必要とされたために、直販制が用いられたのだが、カメラについては販売とサービスとが一体になっているのではなく、多様な流通チャネルと修理におけるサービスセンターに分かれている。

第4節　直販制下の卸売・小売業

1．卸　　　売

メーカーの直販制への移行の結果としては、まず特約店、カメラ専門店の取扱高の相対的減少[53]が挙げられよう。特約店は、特定メーカーの「専門卸」に変化しようとする企業もあった[54]が、多くはメーカーとの販売契約を続けていたし、感光材料の流通でも中心的な存在であり続けた。また、再販店では地方市場への機能を根強く維持する中で、再販店自身が小売部門を持ち、それをチェーン店化しようとする企業もあった[55]。

表4-6によれば、1970年代には、浅沼商会、樫村、美スズ産業、近江屋写真用品といった特約店の売上の伸び悩みが目立っている。さらに、各社とも粗利益率7～8％であり収益性は低迷している。

そのため「時計業界と同様、"脱本業"の動きも活発になっている。たとえば江尻商会の場合、52年度〔昭和―著者注〕売上高のうち写真部門の占める

第4章　直販制への転換と大型量販店の台頭

表4-6　1970年代卸売店売上高ランキング

(単位：百万円、％)

社名	1974年度			1977年度			1979年度		
	順位	売上高	粗利率	順位	売上高	粗利率	順位	売上高	粗利率
キヤノン販売				1	58,240		1	88,154	3.7
浅沼商会	1	49,700	8.0	2	51,271	7.1	2	61,610	7.1
樫村	2	35,384	7.6	3	38,728	7.5	3	44,634	8.7
美スズ産業	3	30,613	7.2	4	33,569	8.9	4	34,293	8.9
近江屋写真用品	4	27,377	8.2	5	31,977	7.2	5	36,042	7.2
チェリー商事	5	16,677	8.4	6	24,486	9.2			

出所：日経流通新聞『流通経済の手引』日本経済新聞社、各年版。

比率はわずか27.5％で、残りはここ数年意識的に強化してきためがね部門である。『粗利率が6～8％に比べ、めがねは18％前後もある。経営を維持するには"脱写真"は当然のこと』と同社は説明しているが、他社の間でもオーディオ商品、電卓など関連商品の比重が大きくなろう」[56]。

ここで78年度の粗利益率を他の商品と比較すれば、写真用品の7.7％に対して、食品のみが5.5％と写真用品よりも低いものの、それ以外では繊維18.9％、家庭雑貨14.7％、文具・事務機18.7％、時計・貴金属11.9％など10％を越えているのが普通である[57]。そのため大手特約店でも「浅沼商会、樫村、チェリー商事の3社はVTR（ビデオ、テープ、レコーダー）の拡販に意欲的に取り組んでおり、小西六商事もVTR販売の布石として、録音していない音楽用テープを本格的に扱い始め」[58]るなど、70年代後半には多角化を進めた。

これに対して、サクラフイルムのシェア拡大、ピッカリコニカ（74年発売）、ジャスピンコニカ（77年発売）のヒットを背景としてチェリー商事は売上を拡大させ、4特約店に迫る規模にまで拡大している。また、直販会社であるキヤノン販売は75年度から78年度にかけて規模を倍増させ、最大の特約店である浅沼商会よりも規模として大きなものになった。規模に加えて、粗利益率2～3％で経営可能であることにメーカー直販会社である強みがみられる。

80年代（表4-7参照）に入っても、売上高の伸び、粗利益率共に低迷している。70年代後半に進められたVTRを中心とする多角化は「浅沼商会が日本ビクター、美スズ産業がシャープといった具合に家電メーカーとの取引を深め

表 4-7　1980 年代卸売店売上高ランキング

(単位：百万円、％)

1981 年度			1985 年度			1989 年度		
社名	売上高	粗利率	社名	売上高	粗利率	社名	売上高	粗利率
浅沼商会	62,161	7.2	浅沼商会	65,116	7.4	浅沼商会	76,941	7.5
樫村	44,848	7.3	樫村	49,655	7.3	樫村	56,676	7.5
近江屋写真用品	36,095	7.4	チェリー商事	41,051	7.8	美スズ産業G	44,886	9.4
美スズ産業	35,096	9.4	美スズ産業	37,607	9.3	近江屋写真用品	41,178	9.7
チェリー商事	33,753	8.3	近江屋写真用品	36,346	7.6	千代田メディカル	39,226	12.2
小西六商事	29,998	—	小西六商事	34,292	8.1	コニカ商事	33,446	9.9
山本商会	21,299	16.7	小西六メディカル	27,510	—	コニカ販売	32,827	10.2
クワダ	15,900	—	西本産業	24,023	15.3	コニカメディカル	31,383	15.2
大業写真	7,308	—	月光商会	12,134	23.2	山本商会	23,075	—
敷島写真要品	6,121	7.3	敷島写真要品	5,951	7.8	タムロン	15,570	26.6

出所：日経流通新聞『流通経済の手引』日本経済新聞社、各年版。

ている。ところが家電ルートとの競争ではもうひとつ力を発揮できないでいるのが現状である」[59)]といったようにあまり成功しなかったものの、各社ともカメラ主軸とする従来の経営から変わりつつあった。84 年度の上位 10 社でみると、主な扱い品目が"カメラ"なのは近江屋写真用品と高知県に本社をおく地方再販店であるキタムラのみで、小西六メディカルと西本産業を除けば、"感光材料"が扱い品目の中心となっている。小西六メディカルと西本産業は、医療機器卸であり、その関連で写真用品を扱っているが、これら 2 社が上位に上がってくるほど、写真用品流通でも多角化が進展していることがうかがえる。

80 年代後半になると「輸出したフイルムが国内に舞い戻ってきたり、日本メーカーが海外企業に技術供与して現地で生産した『逆流フイルム』が 1 本（カラー 24 枚撮り）300 円を切る価格で小売店頭に出回り、それにつられて〔昭和〕62 年暮れから国内価格も値崩れを起こし始めた」[60)]。87 年には、近江屋写真用品も主な扱い品目を"感光材料"にしており、医療関連中心の千代田メディカルやコニカメディカルを除けば、上位 10 社はすべて感光材料が主な取り扱い品目になっている。このためより一層の多角化が求められることになった。

とはいえ、逆輸入フイルムはその後の円高により減少し、その影響はそれほど長く続かなかったし、86 年には富士フイルムがレンズ付フイルム"写ルン

です"を発売し150万個を売り上げるヒット商品になったことで、業界全体は活気を取り戻す。

しかしながらα-7000(85年発売)のヒットによって売上を伸ばしてきた美スズ産業も「メーカー希望小売価格を維持してきたミノルタカメラの『α7000』が、量販店の値引き合戦のあおりを受け、32.9％の減益」[61]になるなど、70年代のようにヒット商品の開発による売上拡大に依存することはできなくなっていた[62]。そのため、浅沼商会では「ビデオをはじめとするAV機器」、樫村では「観光地の売店などを使い捨てカメラの新規販路として開拓したことや、従来のカメラ店をAVショップ化すること」[63]などの、新規販路開拓、多角化を進めていった。

以上みてきたように、直販制への移行に対して、従来のカメラ中心の経営から、特約店では富士フイルムを中心に取り扱いつつも、多角化を進めることで対応していったが、ヒット商品の登場による一時的な拡大を除けば、全体としては停滞基調であった。

2．小　売

まず表4-8により、国内カメラ・レンズ市場の動向をみる。スチルカメラの出荷台数では1970年代から80年代にかけて増加しているものの、2000年を100としてみた実質価格では80年代になって1万9,000円台で伸び悩んでいる。これに対して交換レンズは数量ではそれほど伸びていないものの、実質価格では2万円を越え、スチルカメラ価格を上回るようになっている。このよう

表4-8　スチルカメラ・交換レンズの国内出荷台数および金額

	スチルカメラ				交換レンズ				消費者物価指数
	国内出荷台数(千台)	国内出荷金額(百万円)	1台当たり金額(円)	実質価格(円)	国内出荷本数(千本)	国内出荷金額(百万円)	1本当たり金額(円)	実質価格(円)	2000年=100
1970年	2,771	42,447	15,318	4,871	612	8,308	13,575	4,317	31.8
75年	2,985	76,532	25,639	13,973	801	18,168	22,682	12,361	54.5
80年	3,936	101,277	25,731	19,350	1,125	25,461	22,632	17,019	75.2
85年	4,285	94,657	22,090	19,020	1,044	24,779	23,735	20,436	86.1

出所：『日本写真機工業会統計』、『消費者物価指数年報』。
注：消費者物価指数は「全国・総合」である。

な状況は、スチルカメラの安売りの一般化に対応して、交換レンズの価格上昇によって一定程度の利益を確保しようとしていたことを表している。

表4-9によって、写真機・写真材料小売業の動向をみれば、年間商品販売額は72年の1,656億円から、91年の6,841億円へと、市場規模は順調に拡大している。このことはカメラの実質価格が伸び悩んでいる中で、交換レンズや、のちにみるように取扱商品種類を拡大させていった結果であるといえよう。

しかし80年代後半には事業所数・従業者数ともに減少しており、小規模店の淘汰が進行していることがわかる。その結果として、1事業所当たりの売場面積は72年の22.7平方㍍から91年には38.6平方㍍に拡大をしている。小売部門では、中小小売店の取扱高は全流通量の20～30%程度であり、大型量販店へ売上が集中する中で、DPE[64]・カラープリントの受付とフイルム販売中心の経営に移りつつある[65]。事業所数では82年をピークとして減少している。従業者数でも85年をピークとして減少をしている。これは、1事業所当たりの従業者数が82～85年に2.5人と最低になっていることからわかるように、ミニラボの登場による小売店のDPE店化を表している。

全流通量の60～70%の売上が集中した大型量販店では、さらに上位企業への集中が進み、80年のカメラ小売企業上位10社の売上高は、全販売高の約22%強に、88年には上位9社だけで40%強にまでなった[66]。

表4-9 写真機・写真材料小売業各指標の推移

年次	事業所数	従業者(人)	年間商品販売額(百万円)	商品手持額(百万円)	売場面積(m²)	1事業所あたり			
						従業者数	年間商品販売額	商品手持額	売場面積
1972年	12,061	34,958	165,585	28,261	273,625	2.9	13.7	2.3	22.7
74年	12,781	34,423	233,363	42,320	292,997	2.7	18.3	3.3	22.9
76年	13,631	35,591	322,959	58,404	333,206	2.6	23.7	4.3	24.4
79年	15,202	38,782	414,874	73,544	405,362	2.6	27.3	4.8	26.7
82年	18,657	46,776	525,023	92,807	511,723	2.5	28.1	5.0	27.4
85年	18,625	47,402	532,893	85,477	534,136	2.5	28.6	4.6	28.7
88年	15,891	44,911	612,120	87,665	523,674	2.8	38.5	5.5	33.0
91年	13,486	39,267	684,076	86,727	520,035	2.9	50.7	6.4	38.6

出所:『商業統計表』通産統計協会、各年版。

第4章　直販制への転換と大型量販店の台頭

図 4-9　専門店売上高

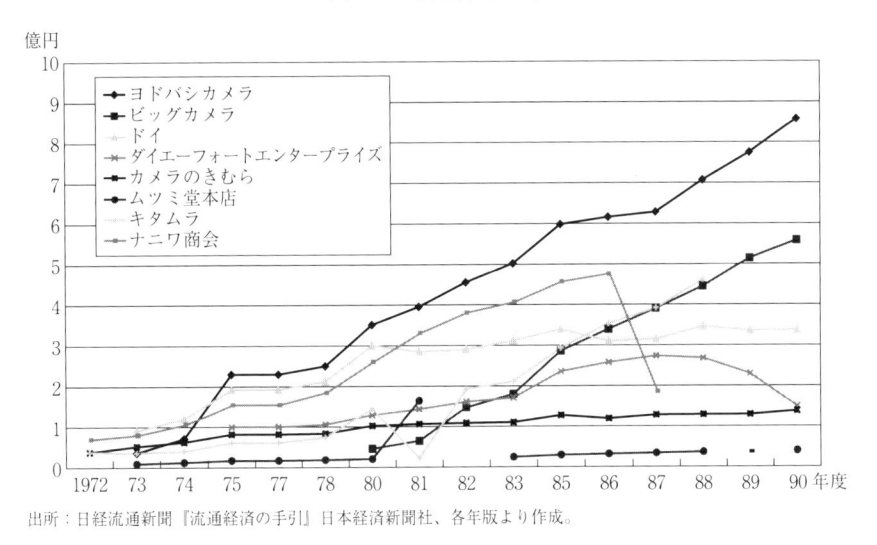

（グラフ：凡例　ヨドバシカメラ／ビックカメラ／ドイ／ダイエーフォートエンタープライズ／カメラのきむら／ムツミ堂本店／キタムラ／ナニワ商会。1972年度〜90年度。縦軸：億円、0〜10）

出所：日経流通新聞『流通経済の手引』日本経済新聞社、各年版より作成。

　大型量販店の動向を図4-9によってみていく。1970年代前半は、カメラのドイ（福岡）やナニワ商会（大阪）、カメラのきむら（東京）に代表されるような、多店舗展開型の大型量販店が主流であった。それに対して、ヨドバシカメラ（東京）が前述のように71年に大規模店舗を出店した。従来の量販店が、70年代前半に10店舗以上新規出店したのに対し、ヨドバシカメラは1店舗だけでの経営を続けている。

　73年度の経営効率でみると、従業員1人当たり年間販売額では、カメラのきむらの2,212万円に対してヨドバシカメラは1億8,000万円で8倍である。また3.3平方㍍当たり年間売上高では、ナニワ商会の2,030万円、キタムラ（高知）の1,677万円に対してヨドバシカメラは5,142万円と、他の量販店と比べ非常に高い経営効率になっている[67]。

　70年代後半になると、小店舗展開型の量販店としてビックカメラ（高崎）が、高崎東口店・池袋北口店開設（78年5月）を皮切りに登場する。ヨドバシカメラ・ビックカメラは、従来のような多店舗型ではなく小店舗で高い経営効率を目指すのが特徴である。79年度の経営指標でいえば、従業員1人当たり年間販売額では、カメラのきむら3,881万円、ムツミ堂本店（京都）3,853万円、

ドイグループ3,182万円に対して、ヨドバシカメラ3億2,862万円、ビックカメラ1億4,544万円である。3.3平方㍍当たり年間売上高では、ムツミ堂本店2,026万円、ナニワ商会1,849万円、ニホンバシカメラ販売（東京）1,740万円に対して、ヨドバシカメラ7,130万円、ビックカメラ2,372万円であり、両指標とも他の量販店を圧倒している[68]。

70年代後半以降の特徴として、ダイエーフォートエンタープライズを代表とするDPEチェーン店が現れてくる。ダイエーフォートエンタープライズは、74年11月に、「ダイエー福岡店」内に現像処理機を設置し店内ラボの第1号店を開設[69]したのを皮切りにダイエー店内に急速にDPE店を開設していく。この動きは80年代に加速され、84年には写真屋さん45[70]が、86年には富士フイルム系のパレットプラザ[71]がそれぞれ開設される。

80年代になると小店舗展開型量販店の優位は続き、89年度以降は、ヨドバシカメラとビックカメラで上位を独占するようになった。この間も、ヨドバシカメラは4店舗から11店舗に、ビックカメラは3店舗から6店舗に拡大したに過ぎなかった。80年代後半になっても高い経営効率は維持され、年間売上高は、従業員一人当たりでは、ヨドバシカメラ2億7,191万円、ビックカメラ2億3,617万円であり、3位のカメラのきむら4,730万円を大きく超えている。3.3平方㍍当たりでも、ヨドバシカメラ6,384万円、ビックカメラ6,214万円で、3位のムツミ堂本店1,436万円、4位のカメラのきむら736万円を大幅に上回っている。

それでは、なぜ小店舗展開型量販店はこれだけの経営効率を保つことができたのであろうか。その理由[72]としては、第1に、「大型カメラ量販専門店の代表的な店であるヨドバシカメラ（東京・新宿）やビックカメラ（東京・池袋）の商品分野別売上高構成比をみると、「カメラ」対「その他」は前者が35%対55%、後者が17%対70%となっており（『フォトマーケット』1988年版より）、もはやカメラ製品が主力商品ではなくなっている。現状では、カメラ販売店であっても、家電商品が主力製品となっている」[73]となっているように、カメラ以外のOA・AV機器分野へも多様化をすすめ品揃えを豊富にしていったことが挙げられる。

第4章　直販制への転換と大型量販店の台頭

　このような品揃えの多様化を可能にした要因として、コンピューターの導入による商品・販売管理の効率化・迅速化を指摘しておく必要がある。ヨドバシカメラでは、まず顧客処理の迅速化を目的として85年に第1次POS（Point Of Sales）システム導入が行われた。次いで86年に月次棚卸システムの構築、VAN・EOS（Electronic Order System）を利用した自動発注を開始し、87年には売上分析を充実させる第2次POSシステム「SAネットワーク」を構築し、各店舗に汎用機を設置している。また88年には物流センターを完成させ、JANコードによる検品・出荷システムを稼動させている[74]。

　第2は、売上高規模に応じて設定される「数量リベート」である。「通常は、10〜20％の範囲で支払いがなされている。たとえばコンパクトカメラの場合、1カ月に100台以上は20％、50台以上は17〜18％、20台以下は15％というように、リベートの大きさが決められている。ところで、カメラ量販専門店と称されるクラスには、特別リベートとして20％以上の報奨金が支払われているということである」[75]。

　リベートによる値引きだけでなく、小店舗展開型量販店の強みは、第3に、「派遣店員の多い」[76]ことである。つまり、カメラメーカー各社は直販体制へと移行したが、大型量販店へのさらなる売上集中によって、メーカー主導の流通構造をつくることはできず、派遣店員問題が解決されることはなかった。表4-10にみられるように、1981年時点でメーカーも卸売業者も1店当たり平均で常駐派遣を2.2人、9カ月間に1店当たり1日平均で2.3人の短期派遣をしている。

表4-10　1981年時点における販売員の派遣状況

業種 派遣形態	常駐派遣			短期派遣		
	延小売店数 店	延派遣販売員数 人	1店当たりの平均人数 人	延小売店数 店	延派遣販売員数 人・日	1店当たりの平均人数 人・日
カメラメーカー12社（直販含む）	24	56	2.3	5,351	11,411	2.1
卸売業者　16社	9	16	1.8	5,547	13,547	2.4
計　28社	33	72	2.2	10,898	24,958	2.3

出所：小杉操「カメラの流通実体について」『公正取引』公正取引協会、1982年3月（第377号）、49頁。
注：常駐派遣は10月1日現在、短期派遣は1月から9月の数字である。

これを1社当たりの平均でみれば、常駐派遣では、カメラメーカー1社当たり平均で4.7人派遣しているのに対して、卸売業者は1.8人派遣しているに過ぎない。これに対して短期ではメーカーは延べ平均950.9人、卸売業者は846.7人でそれほどの差はない。メーカーは大型量販店での販売を確保するために常に店員を派遣している必要があるのに対して、卸売業者は販売促進キャンペーンなどで短期的には店員を派遣するが、1メーカーへの依存度が高くないために、常駐派遣はそれほど行っていない。いずれにしても、この派遣店員のメーカー・卸業者への負担は非常に大きい。

おわりに

1960年代前半までのカメラの流通は特約店を中心として行われていたが、1965年不況の影響による価格下落、70年代以降の大型量販店への流通の集中、カメラ市場の成熟化などを背景として55年にすでに旭光学商事を設立していた旭光学や88年まで4特約店体制を維持し続けた日本光学以外のオリンパス、ミノルタ、キヤノンは60年代後半から70年代にかけて国内の販売子会社を設立した。

カメラの流通チャネルは直販子会社を設立したことで、メーカー系列化が完成したのではなく、特約店との販売契約は継続され、大型量販店との関係についてもメーカー主導になることはなかった。むしろ直販子会社の設立が、逆に流通チャネルを多様化する結果となった。「メーカーによる流通支配」自体が成立していないために、流通費を節約する結果にはならなかった。

むしろ直販制は多角化部門で流通の系列化をもたらした。複写機部門ではPPC複写機の特性から販売・サービス網の拡充、直販子会社の設立、流通の系列化が積極的に行われたし、カメラ部門では特約店に依存していた日本光学でも、多角化部門ではいち早く流通を系列化し、直販制を取り入れていた。測定機・測量機部門では80年代には多くの地区販売会社を設立し、ステッパー部門では80年2月に量産開始を決定すると同時に、国内販売を直販方式とした。眼科機器でも82年4月には直販制に移行した。

第 4 章　直販制への転換と大型量販店の台頭

このようにみるならば、83 年以降の旭光学における販売費・管理費の対売上総利益比率の高さは、多角化を進めず流通を支配できないカメラ部門に大きな比重を置いていたために販売費・管理費が利潤を圧迫する傾向にあったとみることもできよう。

しかしながら、カメラ部門においては直販子会社を設立したとはいえ、それによって流通を系列化し得たわけではなく、大型量販店への流通の集中に消極的に対応したに過ぎなかった。下谷政弘氏の分析のように、家電部門においても 50 年代に作り上げた「強固な流通系列網が 1970 年代からの量販店やスーパーなどといった各種の『非系列』流通チャネルの急速な台頭によって次第に基礎が揺らぎ始める。家電流通チャネル多様化の開始」[77]がみられた。

カメラメーカーの直販制の採用は、家電メーカーのように「流通企業も含めた系列に属する企業の共同利潤の最大化のためになされ」[78]たものではない。それは、家電部門においても強固な流通系列網の基礎が揺らぎ始め、流通チャネルの多様化がみられるようになった 70 年代からの大型量販店の台頭により、従来のような特約店に依存した単純な流通チャネルではなく、より多様なチャネルが必要になったことから行われたものであった[79]。

注
1）拙稿「日本におけるサービス経済の展開」『現代サービス経済論』創風社、2001 年、91〜96 頁。
2）同上、112〜113 頁。
3）長尾治明「家電業界」『IDR 研究資料』流通問題研究会、1991 年 12 月（第 114 号）、62 頁。
4）多角化については、飯島正義「1970〜80 年代におけるカメラメーカーの経営多角化」『産業学会研究年報』2002 年 3 月（第 18 号）を参照。
5）『世界の日本カメラ　改訂増補版』日本写真機光学機器検査協会、1984 年、25〜27 頁。
6）大平哲男「日本カメラ産業の生産・流通構造の動態」『星陵台論集』神戸商科大学大学院研究会、1993 年 10 月（第 26 巻 2 号）、106 頁。『日本カメラ工業史』日本写真機工業会、1987 年、152〜153 頁。
7）『浅沼商会百年史』浅沼商会、1971 年、131〜132 頁。
8）前掲『日本カメラ工業史』153 頁。
9）通商産業省企業局編『取引条件の実態(2)』大蔵省印刷局、1971 年、136 頁。
10）斎藤節郎・中田信哉『業種別流通チャネル』日本工業新聞社、1971 年、201〜229 頁。

11) アメリカのインスタマチックカメラ、ポラロイドカメラなどの出現による。
12) 新飯田宏・武藤武彦「カメラ」『日本の産業組織Ⅱ』中央公論社、1973 年、133 頁。
13) 「営業報告書」、前掲『浅沼商会百年史』所収。
14) 前掲『日本カメラ工業史』153 頁。
15) 日本カメラ産業会編『戦後日本カメラ発展史』東興社、1971 年。
16) 新飯田・武藤「前掲論文」118 頁。
17) 前掲『浅沼商会百年史』175 頁。
18) 「営業報告書」、『浅沼商会百年史』所収。
19) 前掲『浅沼商会百年史』、178 頁。
20) 1971 年春に指定解除される。
21) 前掲『日本カメラ工業史』64、154 頁。
22) 前掲『業種別流通チャネル』205〜206 頁。
23) 前掲『日本カメラ工業史』64〜65 頁。『日本カメラ工業 10 年の歩み』日本写真機工業会 1994 年、5 頁。
24) 「一般小売店の集まりである全日本写真材料商組合連合会は、メーカーに"流通の正常化"を要望」(斉藤繁『カメラ・時計・磁気メディア業界』教育社、1990 年、100〜102 頁)。
25) 前掲『日本カメラ工業 10 年の歩み』2 頁。
26) 「エレクトロニクス化とともに変貌する精密機器業界」『証券月報』1984 年 4 月、61 頁。
27) 池田正孝「『オイルショック』以後のカメラ産業の新動向」『経済学論纂』中央大学経済学研究会、1978 年 3 月 (第 19 巻第 1・2 合併号)、156 頁。
28) 1987 年 9 月、チェリー商事がコニカ販売に改称し、コニカの販売会社としてのカラーを鮮明に打ち出したので、両社合弁で販売会社を設立し、コニカ販売が扱ってきた日本光学製品の取引先を新会社に引き継いだ。1990 年 1 月には、本社のカメラ営業部門 (国内販売業務) を日本光学カメラ販売へ統合。サービスは引き続き本社が担う。(『光とミクロと共に ニコン 75 年史』ニコン、1993 年、427 頁)。
29) 大平「前掲論文」112 頁。
30) 同時に多角化の進展により製品が多様化してきたため、機種ごとに代理店を設定していたのでは流通費がかえって増大する結果を招くため、医療機器と顕微鏡で、オリンパス販売を総代理店とした。(梅津和郎『日本資本主義の流通機構』青木書店、1974 年、193〜194 頁。池田正孝「『オイルショック』以後のカメラ産業の新動向」160 頁)。
31) 新飯田・武藤「前掲論文」134 頁。
32) 前掲『業種別流通チャネル』204 頁。
33) 『キヤノン史 技術と製品の 50 年』キヤノン、1987 年、162 頁。
34) 前掲『日本カメラ工業史』153 頁。
35) 大平「前掲論文」109 頁。
36) 梅津「前掲書」194〜196 頁。
37) 楢崎憲安「抱合せ販売の公正競争阻害性について——複写機のケースを素材として」『公正取引』公正取引協会、1987 年 (第 441 号)、57〜58 頁。

38) 前掲『業種別流通チャネル』228～229 頁。
39) 前掲『業種別流通チャネル』227 頁。
40) 前掲『キヤノン史』164～165 頁。
41) 『日刊工業新聞』、1984 年 1 月 1 日。
42) 同上、1984 年 1 月 23 日。
43) 同上、1984 年 5 月 15 日。
44) 同上、1984 年 7 月 31 日。
45) 同上、1988 年 4 月 11 日。
46) 同上、1988 年 7 月 12 日。
47) 楢崎「前掲論文」参照。
48) 前掲『光とミクロと共に』312、380、450 頁。
49) 関西と東北は、設立当初から地域特約店への卸機能を備えていた。他の販売子会社も測量機の 1 特約店としての地位から、地域特約店への卸機能を備えていった。(前掲『光とミクロと共に』380～381 頁)。
50) 前掲『光とミクロと共に』338、347 頁。
51) 同上、386 頁。
52) 沖嶋嘉郎、西井隆儀「ミノルタカメラのグローバル品質保証体制」『品質管理』日本科学技術連盟、1992 年 9 月 (第 43 巻第 9 号)、53 頁。
53) 前掲『日本カメラ工業史』154 頁。
54) 前掲『取引条件の実態(2)』136 頁。
55) 同上、136 頁。
56) 日経流通新聞『流通経済の手引　1979 年版』日本経済新聞社、1978 年、289 頁。
57) 同上、1980 年版、247 頁。
58) 同上、270 頁。
59) 同上、1985 年版、282 頁。
60) 同上、1989 年版、364 頁。
61) 同上。
62) 当時の多角化の事例としては「業界トップの浅沼商会は、経常利益130.1%増と大幅な増益を記録した。原動力となったのが、カメラ店以外の新規の販売ルート開拓。自社ブランドのミニカメラ『トレル 110 ピカカメラ』と『トレル 110 おしゃべりカメラ』を文具店やスーパーに投入。3 千円台の低価格が子供や学生に受け、販売台数も 100 万台の大台に乗った。〔昭和〕60 年から着手した人員整理が一段落し、『従業員の若返りで組織が活性化した』点も増収増益に一役買っている」(前掲、『流通の手引　1989 年版』364 頁)。
63) 前掲『流通の手引　1990 年版』424 頁。
64) DPE とは、Development (フイルムの現像)、Printing (焼き付け)、Enlargement (引き伸ばし) のことである。
65) 前掲『取引条件の実態(2)』138 頁。新飯田・武藤『前掲論文』134 頁。
66) 小杉操「カメラの流通実体について」『公正取引』公正取引協会、1982 年 3 月 (第 377 号)、47 頁。

67) 前掲『流通経済の手引　1975 年版』150 頁。
68) 同上、1981 年版、285 頁。
69) 55 ステーション HP（http://www.55station.co.jp/index.html）。
70) 1983 年に 45 分仕上げの高速機をいれたアンテナショップを日本橋・八王子・鹿沼の 3 カ所に開店したのが始まりである（写真屋さん 45 HP [http://www.45color.co.jp/index.htm]）。
71) プラザクリエイト HP（http://www.plazacreate.co.jp/）。
72) 本文で挙げる主要な理由のほかに、高い賃金によって従業員のインセンティブを高めていることも挙げられる。1988 年度の平均年齢と男子月平均基準内賃金をみると、ヨドバシカメラが 28.5 歳 33 万 8,400 円、ビックカメラが 24.4 歳 30 万 8,764 円であるのに対して、ムツミ堂本店が 35.3 歳 28 万 4,600 円、ドイが 32.6 歳 27 万 7,800 円となっている（前掲『流通経済の手引　1990 年版』386 頁）。ヨドバシカメラ・ビックカメラは、若い従業員を中心としていながら、かなりの高賃金になっていることがわかる。
73) 長尾治明「カメラ業界」『IDR 研究資料　第 114 号　建値制に関する調査研究』日本流通研究協会、1991 年 12 月、72 頁。
74) 栗山豊「ヨドバシカメラの付加価値創造型経営」『品質管理』日本科学技術連盟、1996 年 7 月（第 47 巻第 7 号）、27〜28 頁。
75) 長尾「前掲論文」、74 頁。リベートはこれ以外にも 3％前後の現金払いによる「キャッシュリベート」や、1〜3％の「契約達成リベート」、機種単位ごとに設けられる拡販のための「特定機種リベート」などがあり、「カメラ業界は取引先によってリベートの種類やリベートの呼称の仕方まで異なると言われるぐらい複雑で不透明なリベート体系になっている」。
76) 前掲『流通経済の手引　1987 年』308 頁。
77) 下谷政弘「流通系列と松下電器グループ」『経済論叢』京都大学経済学会、1994 年 2 月（第 153 巻第 1・2 号）、21 頁。
78) 三島万里「流通系列化の論理」『日本的流通の経済学』日本経済新聞社、1993 年、209 頁。
79) なお、カメラの流通とフイルム等の流通は同時に分析する必要があるが、本章ではフイルムメーカーを中心とする写真感光材料産業における流通再編についてはほとんど取り上げることができなかった。フイルム等の流通構造についてはさしあたり、池田正孝「写真感光材料産業における資本自由化と流通再編成」『経済学論纂』中央大学経済学研究会、1973 年 9 月（第 14 巻第 5 号）、竹田志郎「系列と提携　日本におけるカラーフイルムの取引市場構造に関連して」『慶應経営論集』慶應義塾経営管理学会、1997 年 1 月（第 14 巻第 1 号）を参照。

第5章　輸出拠点の整備と世界市場制覇

矢部洋三

はじめに

　カメラ産業は、「輸出」という問題を抜きには成り立ちえない産業である。第2次世界大戦前には、カメラを製造するメーカーが日本にも存在したが、産業といえるような規模には達していなかった。カメラ産業として成立したのは、アメリカの食糧援助の見返物資にカメラがなりそうであるとの見込みにより占領軍と日本政府が育成した結果である。その後、外貨を稼ぐ輸出産業としてカメラ産業が発展し、他方高度成長によって国内需要も拡大し、1970年代には海外で「メガネをかけて肩からカメラを提げた日本人」といわれるくらい普及した。こうした国内市場が拡大する一方でカメラ産業は、一貫して輸出比率を高め、70～80年代も50％から80％に達するぐらい輸出の存在が大きくなっていった。

　本章は、カメラ産業にとって大きな存在である輸出に焦点を当て、輸出という観点から70～80年代に世界市場を制覇した実態を明らかにすることを課題としている。本章では、まず70～80年代のカメラ生産と輸出の推移を概観し、次いで、ヨーロッパ市場における輸出拠点の整備と販売政策を述べ、さらにアメリカ市場の実態と輸出拠点の変化を追っていく。この輸出拠点の整備を通して日本カメラ産業における世界市場の制覇が完成する。

第1節 1970〜80年代の輸出動向

1．世界のカメラ生産・輸出の推移

1970〜80年代の世界のカメラ生産は、表5-1のように2,500万台から5,000万台の間で推移した。国連『鉱工業統計年鑑』が原資料であるが、推計の域を出ない数値である。とはいえ、他に世界カメラ生産の数値がないので、

表5-1 世界のカメラ生産台数（推計）

（単位：千台、％）

	1970年		1985年		1989年	
世界	25,000	100	47,021	100.0	50,832	100.0
アジア			24,843	52.8	28,879	56.8
日本	5,000	20	17,040	36.2	16,961	33.4
香港	1,500	6	5,389	11.5	7,234	14.2
中国			1,790	3.8	2,452	4.8
韓国			643	1.4	1,884	3.7
北アメリカ			18,134	38.6	18,134	35.7
アメリカ	10,000	40	18,134	38.6	18,134	35.7
南アメリカ			17	0.0	56	0.1
コロンビア			17	0.0	56	0.1
ヨーロッパ			1,943	4.1	907	1.8
西ドイツ	3,000	12	934	2.0	109	0.2
オーストリア			154	0.3	6	0.0
スウェーデン			14	0.0		
デンマーク			7	0.0	11	0.0
イギリス	1,000	4				
フランス	500	2				
東ドイツ	1,500	6	808	1.7	739	1.5
チェコスロバキア			7	0.0	0	0.0
ポーランド			13	0.0		
ソ連	2,500	10	2,086	4.4	2,856	5.6
台湾	238	1	11,000	23.4	8,769	17.3

出所：総務庁統計局編『世界の統計』各年版（原資料は国際連合『鉱工業統計年鑑』）。

注：1）台湾の数値は1970年が台湾経済部統計処『工業生産統計月報』、1985・89年が『日本の写真工業』（原資料は『台湾地区工業生産統計』）である。

2）香港の1985年の数値は1984年の数値である。

2,500～5,000万台程度ということで利用してゆく。70年には、世界のカメラは、4つの地域で生産されていた。すなわち、生産台数では40％を占めるアメリカは、コダック社やポラロイド社などがカートリッジカメラ、インスタントカメラといったサービスプリントにすればよい程度の大衆機を生産していた。第2の地域のアジアは、日本と香港である。日本はアメリカに次いで生産台数が多く、中・大型カメラ、一眼レフなど高級機、中級機、大衆機までフルラインアップをもつ唯一の生産国であった。香港は、輸出用大衆機と中級機の生産を行っていた。ヤシカがノックダウンで、コンパクトの現地生産を始めていた。第3の地域は、西ヨーロッパで、第2次大戦前からの伝統的生産方法で一部高級機を製造しながら、大半を中級機に重点をおいていた。第4の地域は、戦前のツァイス社の技術を継承したソ連[1]と東ドイツである。レンズシャッターと一眼レフの中級機以上のカメラ生産を行っていた。

70年から85年までの変化は、第1に日本が生産台数で3倍の1,700万台に増加して36.2％で、大衆機のアメリカの38.6％に肉薄した。第2に西ドイツが電子化に乗り遅れて中級機を中心に3,000万台から900万台に激減して、占有率も12％から2％になってしまった。基本的に変化がなかったのがアメリカと東ヨーロッパであった。アメリカは生産台数の上では、世界の数量的な趨勢に対応し、大衆機に特化して増加していた。700～800万台が実数値である東ドイツとソ連は、世界市場と隔離された東ヨーロッパ市場向けに生産されて変化がなかった。したがって、玩具の類似品カメラ（大衆機）を除いたコンパクト以上の中・高級機のカメラに限ると、日本のカメラ生産台数は、世界市場の90％以上を占め、日本製カメラの独壇場であった。

85年から89年の変化は、東アジアのカメラ生産が本格化したことである。85年プラザ合意を契機に日本メーカーは、台湾、香港、マレーシアに本格的に生産拠点を移し始めたことでこの地域の生産が増加した。日本メーカーは、国内生産が1,700万台前後でほとんど変化がなく、世界市場の380万台の増加分を東アジア地域で生産したのである。台湾は、60年代後半にリコー・キヤノン、70年代前半に旭光学・チノンの現地生産が行われ、それに伴って次第に地場の光学メーカーが勃興した。80年代後半には、日本やアメリカのOEM

生産を行って日系・台湾メーカー合わせて1,000万台、20％前後の生産台数を誇り、日本に次ぐカメラ生産国になっていた。香港は、従来輸出向けの大衆機を生産していたが、60年代後半にヤシカが進出してコンパクトなど中級機の生産を始め、70年代前半に旭光学が一眼レフの現地生産を始めるなどして中級機以上のカメラ生産に移行し、80年代後半には世界市場の十数パーセントを生産して台湾に次いで第3位の地位に成長した。韓国は99年までカメラの完成品輸入禁止政策を採る一方、80年代前半に日本メーカーから技術供与を受けてカメラ産業を育成した結果、89年には188万台、市場占有率3.7％のカメラ生産国になった。さらに、中国は、在来国営メーカーに加えて、日本、台湾、香港のメーカーの委託加工が始まり、85年に179万台、89年245万台を生産して世界生産の4％前後を占めるようになった。台湾・香港・中国・韓国の4カ国の生産が2,033万台で、日本の1,696万台を300万台上回る規模に成長した。また、西ドイツは85年からの5年間で80万台減少してやっと10万台を超える程度にまで激減してしまった。西ドイツの80万台の減少がほぼソ連の増加となっていった。

次に、世界の輸出動向について、国連『貿易統計年鑑』（表5-2参照）を使って概要をみていこう。70～80年代の輸出の50％前後を日本が占めた。これは世界における中級機以上のカメラ生産の大半を日本で生産していることによった。アメリカの輸出は、70年代にはコダック社が72年に110カートリッジカメラを発売し、これが世界的なヒット商品となり、世界市場の12～13％のシェアを獲得する原動力となった。しかし、80年代になると日本メーカーによるストロボ内蔵・AFコンパクトが登場してカートリッジの売れ行きが衰退して84年にはシェアも7.1％に半減した。

また、西ドイツの衰退はシェアが74年17.8％、79年12.7％、84年8.7％というように輸出の面からもはっきり現れている。シンガポールとポルトガルは、西ドイツのローライ社とライツ社の海外生産である。シンガポールのローライ社はコンパクトを中心にレンズからカメラ組立までの一貫生産であり、西ドイツのカメラ輸出と74年2.4％、79年1.9％、84年0.5％というように軌を一にして減少している。ポルトガルのライツ社は、アメリカ市場で50㍉レ

表5-2 主要カメラ生産国の輸出

	1974年		1979年		1984年		1989年	
	百万ドル	%	百万ドル	%	百万ドル	%	百万ドル	%
総額	874	100.0	2,436	100.0	2,326	100.0	6,967	100.0
日本	378	43.2	1,168	47.9	1,333	57.3	3,009	43.2
アメリカ	119	13.6	300	12.3	166	7.1	849	12.2
香港	34	3.9	133	5.5	183	7.9	500	7.2
西ドイツ	156	17.8	310	12.7	202	8.7	841	12.1
イギリス	56	6.4	111	4.6	82	3.5	271	3.9
中国	—	—	—	—	—	—	36	0.5
マレーシア	2	0.2			10	0.4	77	1.1
オランダ	37	4.2	99	4.1	47	2.0	181	2.6
イタリア			4	0.2	16	0.7	151	2.2
スイス	11	1.3	37	1.5	32	1.4	129	1.8
デンマーク					30	1.3	154	2.2
スウェーデン	18	2.1	35	1.4	38	1.6		
フランス					27	1.1		
シンガポール	28	2.4	47	1.9	12	0.5		
ポルトガル	—	—	—	—	5	0.2		
韓国	3	0.3	16	0.7	20	0.9		
台湾					140	6.0	400	5.7

出所:国際連合統計局『貿易統計年鑑』各年度版、原書房。台湾の統計は台湾財務部統計処『進出口貿易統計月報』。
注:1)アメリカの数値には、米領バージン諸島・プエルトリコを含む。
　　2)台湾メーカーはバージン諸島に便宜船籍を置いているメーカーもあることから台湾の輸出も一部含まれている。
　　3)台湾の数値は上記の総額、割合には含めていない。
　　4)西ドイツの1989年の数字は、東ドイツが含まれている。

ンズ付で1,000ドルの超高級カメラ[2]を組み立てることから84年のように500万ドルの輸出額となる。

　発展著しい東アジア諸国のカメラ輸出は、80年代には香港を除いて明確な数値では表れていない。これはこの地域のカメラがコンパクトでも低価格製品であり、日本、アメリカ、ヨーロッパメーカーの企業内貿易、OEMとして生産されていることによる。香港は、ヤシカや旭光学がアメリカ、ヨーロッパ向け輸出製品を生産しており、他の諸国と異なって在来の大衆機生産の基盤があり、これらが加わって輸出市場の74年3.9%、79年5.5%、84年7.9%と拡大していったが、89年7.2%と伸び悩んだのは香港メーカーの広東省への委託加工が始まったことによる。マレーシア、韓国、中国も80年代末には輸出市

場の1％前後の占有率をもつようになった。

2．1970～75年の輸出動向

輸出動向からみると、70～80年代は70～75年、76～82年、83～89年の3つの時期に分けられる。以下では3つの時期に分けて輸出動向を概観してゆく。以下の数値は、断りのない限り『日本カメラ工業史』、『日本の写真機工業』の日本写真機工業会の統計から作成されたものである。

70年代前半の輸出動向は、輸出比率が台数、金額ともに55％前後という60年代後半と同じ傾向を示したが、主力製品がコンパクトから一眼レフに移り、これに連動して輸出先もアメリカからヨーロッパ中心に移行する変化がみられた。まず、輸出実績をみると、台数では、70年の270万台から75年には382万台と71年から毎年40万台ずつ増加して5年間で1.4倍となり、金額では70年の435億円から75年932億円と2.1倍になった。輸出比率は台数で49.4～58.0％、金額で50.6～57.6％の間で推移して台数、金額とも55％水準となっている。輸出の主力製品が71年にコンパクトから一眼レフに代わった。コンパクトは、60年代末にAEコンパクトが相次いで発売され、70年代前半には目新しい技術開発がなく、需要が一巡し、72年にコダック社が110カートリッジを発売したことで市場を喰われたことから70年の40.0％から74年29.6％、75年31.4％と10％も減少した。これに対して一眼レフは、TTL方式のAE機種が普及し、オリンパスOM-1に代表される小型機種が登場したことによってヨーロッパ市場を中心に70年の38.8％から73年54.9％、75年48.7％と50％前後で推移して輸出の中心となっていった。

海外市場の構成をみると、この時期の特徴として第1にアメリカ市場への輸出が70～75年27～34％と停滞したことがあげられる。この時期、ドルショック後の為替変動と政府の輸出抑制政策によってカメラ産業はアメリカへの輸出が抑えられた。第2に、ヨーロッパ市場が一眼レフの好調な輸出に支えられて70年27.5％から75年44.4％と拡大した。第3に、ベトナム戦争が終結に向かい60年代後半に16～17％を占めたベトナム特需が70年代に入ると、年々減少して75年の米軍撤退と共に消滅した。ベトナム特需には、12～13％の米

軍向けと4％程度の南ベトナム向け輸出があった。この特需が消滅することは、カメラ産業にとってアジアとカナダ市場が一挙になくなってしまう規模に相当するものであった。

各社の70～75年平均の輸出比率[3]をみると、マミヤ光機66.8％、ミノルタ64.8％、ヤシカ62.8％が60％以上と高く、次いでキヤノン57.3％、旭光学47.3％、オリンパス43.1％、日本光学43.0％と大手各社が続き、逆に低いのが富士フイルム17.6％、リコー23.7％、小西六34.0％、東京光学38.3％という順番となっている。60％以上を依存するミノルタ、ヤシカ、マミヤ光機の3社について共通しているのは国内販売力の弱いことである。一眼レフを中心とした旭光学と日本光学やOM-1で一眼レフの分野で地位を築いたオリンパスは、国内市場が順調であって、ともに40％台であった。キヤノンは中級機を中心に55～60％で推移した。リコーは、台湾リコーから海外市場に出荷していたことから日本からの輸出は少なかった。

3．1976～82年の輸出動向

次に、76～82年の輸出動向をみてゆくと、輸出実績は、台数が76年の475万台から年平均17.2％増加して82年には2.5倍の1,173万台となり、金額では76年に初めて1,000億円を超えて1,208億円を記録し、79年に2,000億円を突破して、82年2,407億円と6年間で2倍に増加した。増加率で台数が金額を上回ったのは、ストロボ内蔵・AF機種が登場してコンパクトの需要が回復したことを背景としていた。輸出比率は、76年に台数62.8％、金額61.7％と共に初めて60％を超えて70％前後で推移した。台数では、77年に70％を突破して78年74.1％、82年75.5％と75％の水準に到達した。また、金額では、台数の水準には及ばないものの、77年69.4％、78年69.9％と70％近い水準を保ち、80年には71.1％を上回って、82年73.0％と台数より3～4％低い水準で推移した。台数、金額ともに82年が落ち込んだのは、80～82年の世界同時不況により主力市場であるアメリカ、ヨーロッパによる消費が低迷し、日本メーカー間の競争激化で値崩れが起きたことによった。

輸出されるカメラの機種構成を台数ベースでみると、一眼レフが76～82年

48.4～52.4％と50％前後を占めて7年間輸出の中心に位置した。この時期、一眼レフは72年オリンパスOM-1に始まる小型・軽量化された自動露出の機種が76年4月のキヤノンAE-1によって「低価格」という新しい要素を付け加えて本格化した。76年中に旭光学、小西六が、77年には日本光学、ミノルタが同様の機種を発売してすでに定着していたオリンパスを加えた大手5社の小型・軽量化、自動露出化、低価格化した一眼レフが70年代末には出そろった。とくに、77年からアメリカ市場でキヤノン、日本光学など製品が飛躍的な伸びとなっていた。そして、コンパクトが76年のストロボ内蔵、77年AFの新技術を着装した機種により79年から反転して82年には10数年ぶりの40％を超える占有率となった。コンパクトは70年に輸出機種の40％を占めていたが、70年代前半には世界市場でAEコンパクトへの需要が一巡し、他方カートリッジの新製品との挟み撃ちにあい、71年36.8％からシェアも78年には28.4％と落ち込んでしまっていた。一眼レフの低下がほとんどないことからコンパクトはカートリッジが占めた市場を奪って79年29.0％、80年30.0％、81年34.4％と回復して、82年には44.2％と拡大した。コンパクトの海外市場での占有率は、81年にキヤノンが23.4％と、オリンパスの22.9％をわずか0.5％ポイント上回って首位に立ち、ミノルタが11.4％、小西六が10.4％で続いていた[4]。

　輸出地域をみると、アメリカとヨーロッパの両市場が平均37％台で拮抗して輸出の大半を占めた。アメリカ市場は、中級機の需要が高く、コンパクトが目新しい技術変化がなかったこと、ドル危機が深刻化したこと、日本のメーカーがアメリカ市場で在庫調整に入ったことで72年34％から75年29.5％に輸出が抑制されて縮小していた。しかし、1970年代後半にコンパクトで新技術が相次いで導入されたことで76年31.6％から78年には44.8％に増加したが、79年38.9％、80年34.3％と第2次石油ショックとインフレの進行、中西部を襲った寒波によって伸びが一服して81年37.0％、82年37.1％と拡大に転じた。アメリカ輸出が好調なのは、主力製品が普及タイプの一眼レフに移り、輸出の約半分を占めるに至ったからである。これに対してヨーロッパ市場は、高級機が好まれ、一眼レフの割合が高い。前期よりやや下げたが、76～82年平

均37.4%でわずかにアメリカ市場を抑えて最大の輸出先であった。70年代前半には数パーセントであったアジア市場が76〜82年10.8〜16.4%と一貫して10%以上を占める市場に拡大していった。80年は、中国から30万台以上のまとまった注文がアジア市場の3〜4％の増加となってカメラメーカー各社の在庫減少に役立った。

メーカーの輸出比率[5]は、82年にカメラ生産を止めた東京光学を除いて各メーカーとも最高の比率に到達した。一眼レフが主力製品であったことからミノルタ80.9%、キヤノン70.7%、マミヤ光機70.3%、オリンパス65.6%、旭光学63.7%と一眼レフの比率の高いメーカーの高率が目立った。この時期、技術開発が低調であったコンパクトに主力を置く富士フイルム28.8%、リコー32.3%、小西六46.4%と輸出比率が低かった。一眼レフの日本光学とコンパクトのヤシカがこの傾向にはない。日本光学は国内市場が強いため、輸出が低くなる傾向であるが、70年代前半の43.0%から47.5%と4.5%も輸出比率が上昇していた。ヤシカはもともと輸出比率が高いメーカーで、67.5%と海外市場を確保していた。70年代前半に比べて伸びたのは、オリンパス、旭光学、ミノルタ、キヤノンといった小型・軽量、低価格AE一眼レフを主力輸出製品としたメーカーであり、また、ストロボ内蔵・AFコンパクトを主力輸出製品とした小西六、富士フイルムも10ポイント以上輸出比率を拡大した。

4．1983〜89年の輸出動向

さらに、83〜89年の輸出動向をみると、83年に1,254万台であった輸出台数が85年には1,500万台を超えて89年には2,044万台となり、6年間で平均8.6%の伸び率をもって790万台増加した。これに反して輸出金額は83年の2,475億円から84年2,725億円、85年2,806億円と増加したが、86年2,741億円より、89年に2,512億円と減少した。この間、台数で63.0%も増えたのに金額で1.5%しか増加しなかったのは、輸出機種の中心が一眼レフからコンパクトに移り、一眼レフも低価格化が進み、第3次円高による値上げ抑制による利益率低下と低価格コンパクトに需要が流れたことによった。ただ、台数でも海外市場で86年から相次ぐ値上げを強いられて北米を中心に割高感が生じ

て欧米市場での販売不振が進み、80年代後半伸び率の減少もあった。輸出比率は台数ベースにおいて83～89年76.7～81.1％と80％前後を推移し、金額ベースでは、83年73.4％、84年75.0％と拡大したが、ミノルタがAF一眼レフα-7000を発売したのを契機にAF一眼レフに対する需要を中心に国内市場が伸びて85年74.8％、87年72.5％、89年69.2％と減少した。

　機種別の輸出は、71年以来12年間首位の座にあった一眼レフが83年にコンパクトにその地位を明け渡した。一眼レフは、AE機種に対する需要が一巡し、景気も1980～82年不況で低迷して一気に減少し、メーカー各社とも82年後半から、欧米市場の在庫減らしに入った。そのため、83年39.8％を占めていたが、年々減少して86年には30％を割ってその後もAF一眼レフの効果も円高を背景に輸出価格の相次ぐ引き上げで割高感が強まったことから全く数値の上に現れず、87年には20％も割り、アメリカ向け輸出の大幅ダウンなどが響いて89年には15.2％となってしまった。このように日本メーカーが世界市場の90％を占める一眼レフも80年から一貫して落ち込みが続いてカメラ産業の低迷となっていった。コンパクトは、70年代後半に開発されたストロボ内蔵・AF化の技術がいっそう進化したことによって83年55.0％と初めて50％を超えて84年58.8％、86年73.6％と拡大を続け、それに付け加えて86年にズームコンパクトが登場して87年79.1％、89年84.4％といっそう拍車がかかって90年には85％をも突破して驚異的地位を占めた。コンパクトが伸びた理由は、コンパクトが第3次円高により海外市場で好まれる低価格製品にシフトするためにキヤノン、旭光学、リコー、ミノルタなどのメーカーが量産型コンパクトの大半を台湾、マレーシアなど海外生産する一方、広角・望遠切替式の多焦点コンパクト、ズームコンパクトなど技術開発を急激に進めた高付加価値製品が一眼レフの機能も兼ね備えたことから一眼レフの需要を浸食していった。また、コンパクトと一眼レフに二元化されて、かつてのカートリッジ、ハーフサイズなどのカメラは、ほとんど統計上問題にされない数値になってしまった。

　輸出地域は、コンパクトの驚異的伸び、一眼レフの停滞を反映してヨーロッパ市場とアメリカ市場が拮抗する構造が崩れてアメリカ市場中心に代わってい

った。ヨーロッパ市場では、主力製品のAE一眼レフが需要の一巡により在庫調整を迫られたのに加え、84年にはポンドが前年比16%、マルク、フランが12%もそれぞれ安くなるヨーロッパ通貨の下落でヨーロッパ輸出が苦しくなっている。円高による為替差損をカバーするためメーカー各社は値上げを迫られているが、日本メーカー間の競争が激しく、十分な値上げが難しい状況にある。

88年以後、アメリカ向け輸出を中心に台湾、香港、マレーシア、タイなど人件費の安いNIEs、ASEANに建設した海外生産拠点が順調に稼働してミノルタ（83年83.2%→89年75.9%）、オリンパス（68.5%→61.4%）、旭光学（67.6%→59.5%）、キヤノン（73.9%→74.1%）、日本光学（42.5%→45.9%）[6]というように日本からの輸出の減少につながった。86年における海外市場のシェアは、海外に強く、AF一眼レフのα-7000効果でミノルタ（27%）が首位を守り、残りの大手5社はキヤノンが25%でこれを追い、日本光学が16%、旭光学が7%、オリンパスが6%となっていた[7]。

第2節　ヨーロッパ市場における輸出拠点の整備と直販制の開始

1．ヨーロッパ市場の特質

1970〜80年代のヨーロッパ市場は、ほぼ日本製カメラに対して輸入制限が各国とも撤廃されていた。しかし、60年代までは、ひとくちにヨーロッパ市場といっても輸入に関して一律でなく、各国で多様な対応であった。そのため、輸入制限が撤廃されても歴史的経緯を引きずっていた。そこで、60年代のヨーロッパ市場の状況をみておこう。輸入制限を行わないのは、西ドイツ、スウェーデン、ノルウェー、フィンランド、オランダ、ベルギー、ルクセンブルグ、スイスの8カ国があった。西ドイツの場合、56年に日独通商協定が締結されてカメラ産業に10万ドルの輸出枠を獲得したことが西ドイツ進出の突破口となった。61年にこの枠も撤廃され自由化された。ただ、法的な輸入制限がなかったが、国内にツァイス社、ローライ社、ライツ社など強力なカメラメーカーが存在し、これらのメーカーによる小売店支配が強くて日本製品を取り扱う

輸入業者、小売店がほとんどなかった。オランダとスイスは、市場規模もある程度あって実質的にも輸入制限がなく入りやすい市場であったので、ヨーロッパ市場進出の初期には両国に拠点を置くメーカー(キヤノン、日本光学、リコー)があった。

輸入制限を設けている国は、イギリス、フランス、スペイン、ポルトガル、オーストリア、イタリアがあった。イギリスは年間1万5,000ポンドの輸入枠が設けられていたが、62年1月に貿易の自由化が実施された。しかし、日本のカメラ産業は、自由化以後も日本写真機工業会に加盟するメーカーが輸出カルテル「日本写真機輸出協力会」を結成して無秩序な輸出を自主規制した。この方式がその後自由化したフランス、スペイン、イタリアなどヨーロッパ市場全体に適用されていった。

ヨーロッパ市場は、他の輸出市場に比べて高級機の構成が高いことが特徴である。表5-3にみるようにヨーロッパ市場の主要3カ国とアメリカ市場の販売機種構成を比較すると、ヨーロッパ市場は一眼レフの販売構成が20%弱とアメリカより4%程度高く、中級機のコンパクトも20%前後で10%高く、中・高級機が40%以上を占めている。コンパクトは、必ずしも日本製品とは言えないが、一眼レフは、ヨーロッパ市場(西ドイツ58万台、イギリス56万台、フランス42万台)についてほぼ全量に近い台数が日本製といえる(表5-4参照)。歴史的にみると、ヨーロッパ市場は、ライカ、ツァイス、フォクトレンダー、ローライなど西ドイツメーカーのブランドによる品質・機能の差別化が顕著であり、二眼レフ・距離連動カメラの専門家市場とレンズシャッターのアマチュ

表5-3 欧米市場の機種構成

	一眼レフ	コンパクト	インスタント	カートリッジ	その他	台数
	%	%	%	%	%	万台
西ドイツ	19.1	22.6	18.3	35.7	4.3	304
イギリス	19.6	18.8	52.1	9.4	0.1	287
フランス	19.4	20.0	19.2	41.4	0.0	215
アメリカ	15.1	9.6	26.1	48.3	0.9	1,650

出所:日本写真機工業会推計。
注:1979~85年の各国販売台数の平均値。

表5-4 一眼レフのヨーロッパ輸出

(単位:%)

年	西ドイツ		オランダ		ベルギー		フランス		スイス		イギリス	
	台数	金額	台数	金額	台数	金額	台数	金額	台数	金額	台数	金額
1975	35.3	67.8	64.0	83.7	73.8	90.8	50.6	79.2	48.2	69.2	18.9	56.1
80	59.1	76.2	73.5	83.7	88.9	92.5	74.2	83.3			79.6	82.9
85	40.7	58.8	38.9	49.1	41.7	53.2	25.5	43.7			22.1	51.5
90	21.2	41.7	18.8	45.7	19.2	36.2	6.3	43.1			18.7	41.2

出所:『通商白書』各年度版より作成。
注:1) ベルギーはルクセンブルグを含んだ数値である。
　　2) イギリスの1990年の数値は、1989年のものである。
　　3) フランスの1985年の数値は、1986年のものである。

ア市場という二元化された市場が確立していた。70年代以降、専門家市場が二眼レフ・距離連動カメラから一眼レフに、アマチュア市場がレンズシャッターからコンパクトの中級機とインスタント、カートリッジの大衆機にとって代わった。したがって、日本からのヨーロッパ輸出は、ヨーロッパ諸国のカメラ産業が生産していない一眼レフとストロボ内蔵・AF・ズームコンパクトなど中級機の上位機種が大半を占めた。

2. 輸出の拡大と1国1代理店制の展開

日本のカメラ産業は、50年代に入ると、カメラ生産の本拠であるヨーロッパ市場に輸出を開始した。55年に7,000台であった輸出が56年に一挙に3.8万台に増大して60年には10万台を突破し、その後も平均58.6%の伸び率で62年に30万台、63年に40万台、67年に50万台、69年に70万台を超え、日本カメラ産業にとってアメリカ市場と並ぶ輸出市場に成長した。

50年代から始まった輸出は、ブランドを浸透させ、代理店を増やして市場を開拓し、西ドイツ製品を押しのけるという3つの課題を実現するために、まず初めにカメラ産業が手がけた方策は直接販売業務を行わずサービス・流通基地機能を果たす海外拠点であった。そして、60年代になると、代理店を増加させながら1国1代理店制につながるような代理店網の整備が行われ、その後、ヨーロッパ市場で直販制を導入して販売子会社を設立していった。こうして日本メーカーは、60年代末から70年代初の時期に世界市場で西ドイツメーカー

との競争に勝利した。

　ヨーロッパ市場の流通経路は、代理店から専門小売店への販売網が主流をなし、他に百貨店・通信販売の販売網が前者と独立した形で存在していた。50〜60年代における日本メーカーは、それぞれの国々で異なった市場構造をもつヨーロッパ市場で、より販売力の強い代理店と結びつく代理店制を基本戦略としながら自らの力量にあわせて直販制を模索していった。流通の形態は、カメラメーカーが三菱商事、兼松、江商、安宅産業、日商、岩井産業などの商社を通じてヨーロッパ各国に輸出し、各国の代理店によって小売店に流通され、消費者に販売されることが基本となっていた。カメラメーカーにとって「商社は現地での輸入業務を行わず、現地代理店とメーカーとの仲介役として、金融機関的役割にしか過ぎない」[8]点に不満があった。

　初期の駐在員事務所は、表5-5のように西ドイツにミノルタ、ヤシカ、オリンパス、富士フイルム、小西六、マミヤ光機、東京光学の7社、スイスにキヤノンと日本光学の2社、リコーがイタリアとオランダに2カ所置いていた。駐在員事務所の業務は、海外代理店に代わって問屋業務を行う販売拠点の展開ではなく、消費者動向の把握、宣伝、アフターサービスの充実、修理技術者の養成など輸入代理店を支援する業務を内容としたサービス拠点であったり、多元的であるヨーロッパ市場で流通基地の機能や商品のデリバリーの代金決済を行

表5-5　欧州における駐在員事務所

企業名	国名	都市名	設置期間	取扱商社	備考
キヤノン	スイス	ジュネーブ	1957〜63		直販制移行
ミノルタ	西ドイツ	ハンブルグ	57〜65	兼松	直販制移行
ヤシカ	西ドイツ	ハンブルグ	59〜62	日商	直販制移行
日本光学	スイス	チューリッヒ	61〜68		
オリンパス	西ドイツ	ハンブルグ	63〜	安宅産業	直販制移行
富士フイルム	西ドイツ	デュッセルドルフ	63〜67	岩井産業	直販制移行
小西六	西ドイツ	ハンブルグ	64〜73	三菱商事	直販制移行
リコー	イタリア	ミラノ	63〜67		
リコー	オランダ	アムステルダム	67〜71		68年直販子会社設立
マミヤ光機	西ドイツ	ミュンヘン	67〜68	大沢商会	68年大沢商会、販売子会社
東京光学	西ドイツ	ハンブルグ	71〜	江商	

出所：江川朗『世界の日本カメラ』日本写真機光学機器検査協会、1984年より作成。

第5章 輸出拠点の整備と世界市場制覇

うセントラルデポの拠点でもあった。当時の流通形態は、メーカー→商社→現地輸入代理店→小売店→消費者という流れであった。

60年代に入ると、ヨーロッパでは貿易の自由化が進展し、日本カメラ産業は、ヨーロッパ市場における輸入規制が緩和されたのに対応して秩序ある輸出を実行するために1国1代理店制を展開していった。62年1月にイギリスが日本製カメラの輸入を自由化したのを契機に、その後ヨーロッパ主要国の自由化のモデルとなったことから、イギリスの自由化とその対応である日本カメラ産業の輸出協定をみておこう。この輸出協定は、62年3月に輸出入取引法に依拠して輸出秩序の確立を目的として73年8月まで実行された。主な内容は、①主要メーカーで組織する日本写真機工業会が加盟46社をもって輸出カルテル「日本写真機輸出協力会」を組織して実行すること、②イギリス向け輸出枠を100万ポンド（63年から200万ポンド）に設定し、協力会が各メーカーの輸出枠を割当てること、③取引系列を整備するために1国1代理店制を推進してイギリスにおける代理店を協力会に登録しなければならなかったこと、④各メーカーが発売後6カ月未満の新製品をイギリスに輸出することを制限する新製品の輸出制限も盛り込まれたこと、⑤製品の信頼性を高めるために輸出検査の不合格率が一定限度を超えた製品は輸出禁止とする項目もあること、などであった。

こうしたイギリスにおけるカメラ産業の秩序ある対欧輸出体制に注目したヨーロッパ諸国は、日本製カメラの輸入自由化を順次行っていった。62年には、スペインとの間に「日本スペイン通商協定」が結ばれ、カメラが自由化品目となったことで日本写真機輸出協力会による輸出カルテルがスペインに拡大された。初年度の輸出枠を175万ドルに設定して出発した。また、フランスとの間では、68年5月に「日仏通商協定」が結ばれて全面自由化された。これに対応して日本写真機輸出協力会が窓口となって輸出取引を原則的登録制として各メーカーが製品ブランドを登録し、アフターサービスを実施することを内容とした輸出自主規制を実施した。さらに、イタリアとの間でも、70年2月「日伊通商協定」によって全面自由化となった。

日本のカメラ産業は、ヨーロッパ市場がカメラの自由化が実施されても無秩

表5-6 欧州における代理店

国　名	企業名	代　理　店　名	期　間
西ドイツ	キヤノン	ユーロ・フォト社	
イギリス	日本光学	ランク社	～79
	キヤノン	J.J.シルバー社	
	ミノルタ	ディクソン社	
	旭光学	ノースゲイト社	～62
		ランク社	1962～79
スウェーデン	日本光学	ウエスタン社	1952～
	キヤノン	モバッカ社	1964～
	ミノルタ	シェルズハーク社	
	旭光学	ベルストレム社	
		フォトロン社	～82
	ヤシカ	シュテンタール社	
フランス	日本光学	メゾン・ブラント社	
	キヤノン	インターナショナル・フォト社	
	旭光学	テロス社	～81
スイス	キヤノン	ロタルド社	
	旭光学	ワインバーガー社	～82
オランダ	キヤノン	Borsumij	
イタリア	キヤノン	プローラ社	
スペイン	キヤノン	フォシカ社	

出所：江川朗『世界の日本カメラ』、『キヤノン　雄大な世界戦略と精神的支柱』、各社社史・新聞各紙より作成。

序な輸出を避けるために輸出カルテルを敷き、それに対応した販売体制として1国1代理店制を整えていった。1国1代理店制は、メーカーが輸出相手国に複数の代理店をもつと、代理店間の競争によって価格競争が生じてくるので、代理店をひとつに限定することを原則としたものである。1国1代理店制も63年に第三国経由でイギリスに入った一部日本製カメラが安売りの対象となり、ただちに輸出協力会が防止対策を講じてことなきをえた事例を除いてほぼ確立した（表5-6参照）。

3．ヨーロッパ市場における輸出拠点の展開と直販制への移行

　カメラメーカー各社の海外販売子会社がカメラの小売店に直接に卸業務を行う直販は、ヨーロッパにおいて60年代初期から始まり、各国の市場構造によ

第5章　輸出拠点の整備と世界市場制覇

ってかなり開始時期のずれがあった。ヨーロッパ市場においては62年のヤシカが直販制の移行への突破口を開いた。ここでいうヨーロッパ市場の直販制および直販子会社は、ヨーロッパ各国に設立した代理店ではなく、ヨーロッパ市場全体を網羅する総代理店を意味している。

　ヨーロッパにおける直販制の移行は、商社依存からの脱却と販売網の整備を目的としていた。商社に依存した輸出は、カメラメーカーにとって商社が①現地輸入業者とメーカーの仲介役として金融業務を行うに過ぎず、現地における輸入業務を行わないこと、②ヨーロッパ各国で代理店の開拓を行わず、この業務のためにメーカーの駐在員事務所を必要としたこと、③流通部門が専門化しており、アフターサービスが必要としているカメラという商品の独自性を理解してないこと、などの問題点をもっていた。

　ヨーロッパ市場の直販制への移行は、制度的に貿易の制限がない西ドイツから始まった。西ドイツのカメラ市場は、国内カメラメーカーの流通支配が強く、カメラが貿易上の制限品目でないにもかかわらず、日本製カメラの小売店取扱を許さず、また、ツァイス社が「ニコン」、「ペンタックス」のブランドを自社製品と類似しているということで認めないという閉鎖性が強かった。さらに、カメラ生産国であったために自国製品だけで市場を満たしており、日本製品の輸入卸業者がほとんど存在しなかった。日本メーカーは、50年代には西ドイツメーカーが商品供給を拒否していた百貨店とディスカウント店、通信販売業者を小売店として、流通させていた。そして、日本メーカーの現地サービス子会社の多くが西ドイツに設立され、ヨーロッパ市場における貨物集積拠点としてのデポの役割を果たし、直販子会社設立の前提となっていった。そのため、西ドイツ市場に日本製カメラが登場したのは50年代後半からであった。

　西ドイツ市場は、他のヨーロッパ諸国と異なって現地卸商と代理店契約を結ぶのではなく、当初から直販制が導入されていった。62年にヤシカが西ドイツのハンブルグに直販子会社「ヤシカ・ヨーロッパGmbH」を設立して、ツァイス社のセールスマンをドイツ販売部長に据え、従来の販売ルートとの関係を絶ち、カメラ小売店との販売・価格拘束契約を結んで直販制を開始した[9]。そして、63年には西ドイツ国内のカメラ小売店1,200店と販売契約を結ぶ成

表5-7 ヨーロッパにおける直販子会社の設立状況（欧州総代理店）

企業名	直販子会社名	設立国	設立年	備考
日本光学	Nikon AG	スイス	1961～68	1968年オランダへ機能移転
	Nikon Europe B.V.	オランダ	68～	
キヤノン	Canon S.A. Geneva	スイス	63～68	1968年オランダへ機能移転
	Canon Amsterdam N.V.	オランダ	68～82	1982年Canon Europa N.V.へ機能移転
	Canon Europa N.V.	オランダ	82～	
ミノルタ	Minolta Camera Handelsges.mbN	西ドイツ	65～	現Minolta Europe GmbH
旭光学	Asahi Optical Europe S.A.	ベルギー	62～77	Pentax Europe N.V.に改組、2000年流通センター化
	Pentax GmbH	西ドイツ	77～	2000年Pentax Europe N.V.を吸収して欧州総直販子会社化
ヤシカ	Yashica (Europe) GmbH	西ドイツ	62～	Yashica Kyocera GmbH
オリンパス	Olympus Optical Co. (Europa) GmbH	西ドイツ	63～	
リコー	Ricoh Nederland B.V.	オランダ	69～71	1971年Ricoh Europe B.V.へ機能移転
	Ricoh Europe B.V.	オランダ	71～	
富士フイルム	Fuji Photo Film (Europe) GmbH	西ドイツ	67～	
小西六	Konishiroku Photo Ind.Europe GmbH	西ドイツ	73～	現Konica Europe GmbH
ペトリ	Petri Camera. V.	オランダ	62～	
興和	Kowa Europe S.A.	ベルギー	71～78	1978年解散

出所：江川朗『世界の日本カメラ』を基本に東洋経済新報社『海外進出企業総覧』、新聞各紙、「有価証券報告書」で補正して作成。

果をあげた。ヤシカの成功を契機に63年にオリンパス、65年にミノルタ、67年に旭光学、富士フイルム、68年にマミヤ光機（大沢商会）、73年に小西六とキヤノンと、リコーを除く大手10社が西ドイツに直販子会社を置くこととなった（表5-7参照）。また、やっかいな西ドイツ市場を避けて、まずはオランダやスイスに直販子会社をもつメーカーもあった。スイスには、62年に日本光学、63年にキヤノンが、オランダには、62年にペトリカメラ、68年に日本光学、キヤノン、69年にリコー、ベルギーには62年旭光学が直販子会社を設立した。こうした企業が西ドイツに直販子会社を設立したのは、71年日本光学、77年キヤノン、旭光学であり、しかも総代理店はオランダ、ベルギーに置いたままであった。

表 5-8　ヨーロッパ各国の直販子会社（1970～80 年代）

企業名	1974 年以前	1975～82 年	1983～89 年
キヤノン	スイス(51) スウェーデン(70) フランス(72) イタリア(72) オランダ(73) スペイン(74)	オーストリア(75) イギリス(76) 西ドイツ(77) ベルギー(78) フィンランド(80)	ノルウェー(83)
日本光学	西ドイツ(72)	イギリス (79)	フランス(87)
ミノルタ	スイス(65)	フランス(75) オーストリア(73) オランダ(78) イギリス(80) スウェーデン(82)	
旭光学	西ドイツ(67)	イギリス(79) フランス(81) スイス(82) スウェーデン(82)	オランダ(83)
オリンパス	フランス(58) スウェーデン(74)	イギリス(75) オーストリア(76) オランダ(76)	
ヤシカ	オーストリア(71)	スイス(75) スウェーデン(80)	
小西六	オーストリア(73)	イギリス(77) オランダ(81)	
富士フイルム		イギリス(76) デンマーク(80) オランダ(82)	スペイン(88) ベルギー(89)
リコー		西ドイツ(78)	

出所：拙者「日本写真機工業の海外展開過程」『日本大学工学部紀要』2004 年 3 月（第 45 巻第 2 号）153 頁より作成。
注：（　）内の数字は直販子会社の設立年である。

　日本のメーカーは、60 年代末までに西ドイツをはじめ、オランダ、ベルギーにヨーロッパ総代理店の設立を完了し、ヨーロッパ各国の代理店を通じて小売店ルートへの参入を実現した。これによって流通形態は、メーカー→直販子会社（総代理店）→各国代理店→小売店→消費者という流れになった。

　直販制が定着した販売方式となるにつれて、70 年代後半から 80 年代前半にかけてヨーロッパ各国で表 5-8 のように各国の現地代理店に任せてあった各国販売網を直販子会社に逐次切り替えていった。74 年以前には、8 カ国 13 社であった直販子会社が 75～82 年には 10 カ国 26 社設立された。これは、アメリカへの輸出抑制が行われ、ヨーロッパ市場の拡大が求められ、一眼レフを中心

に最大の輸出市場となった時期でもあった。また、キヤノン、ミノルタ、オリンパスなど経営多角化した製品の販売拠点を整備する必要性とも合致していた。

第3節　アメリカ市場における直販制移行

1．アメリカ市場の特質

　アメリカ市場の特質は、第1に輸入制限のない市場であった。そのため、アメリカ市場は、ドルショック後一時ヨーロッパ市場に「最大市場の地位」を譲ったが、日本のカメラ産業にとって最大の輸出先であった。

　第2に、アメリカ国内に一眼レフ、コンパクトなどの中級機・高級機の競争相手が存在しなかった。アメリカは、1970～80年代を通じて生産台数で35～40％を占める世界最大のカメラ生産国であるにもかかわらず、カートリッジ、インスタントなど大衆機に特化していたため、日本カメラ産業が主力製品としていた中・高級機を製造していなかった。また、西ドイツも一眼レフを微量しか生産していなかったことから日本製品は絶対的優位性をもっていた。反面、アメリカ市場は自国製品が雑貨品扱いの大衆機であったので、カメラの再販売価格拘束がなく、価格の値引きに重点がおかれた熾烈な割引競争が行われ、日本メーカーもこの渦の中に巻き込まれていった。

　第3に、日本カメラ産業は、60年代までアメリカ市場を支配していた大手ディストリビューター（問屋）に依存した輸出を行っていた。大手ディストリビューターには、①大手問屋（バーキーフォト社、エーレンライヒ、インターフォト社、ポンダー・アンド・ベスト社）[10]、②自社の販売部門を兼業して問屋機能を果たす光学メーカー（ハネウェル社、ベル・アンド・ハウェル社、ジレット社）[11]、③ニューヨークを拠点とする東部、シカゴを拠点とする中部、ロサンゼルスを拠点とする西部などの地方問屋[12]、④チェーン展開や通販などのカタログ販売業者（シアーズ・ローバック社）[13]など多様な形態を採っていた。

　第4に、アメリカ市場は占領期にアメリカ軍に育成された市場の延長線上に存在したことである。この点については、先に述べたのでここでは説明を省略

するが、見返り輸出と占領軍兵士によって持ち帰られた日本製カメラが日本カメラ産業の存在をアメリカ市場に知らしめ、その後のアメリカ輸出につながっていったことだけを指摘しておく。

第5に、地方によりカメラの購買層が異なる。ニューヨークを中心とした大西洋岸の東部は中間層以上の階層が厚く、高級機がよく売れるが、都市部を除いた他の地方はカートリッジ・インスタントなど大衆機に対する支持が圧倒的であった。

2．ディストリビューターによる輸出

50年代前半のアメリカ市場では、ドイツ製品が50年75.7％、51年77.4％、52年79.1％を占めて日本製品はその一割程度の50年4.8％、51年6.2％、52年8.0％に過ぎなかった。製品の質では、高級機の35㍉距離連動カメラが十分に対抗できる技術力をもっていたが、中級機では、ドイツ製品が日本製品より価格で20％程度安く、品質でも及ばなかったことからドイツ製品に圧倒されていた。アメリカ輸出は、現地バイヤーの強大な支配下にある買手市場の下で、カメラメーカーに直接販売する販売力が整っておらず、貿易商社や海外代理店、バイヤー買付に依存していた。50年代、日本カメラ産業は、①カメラの商標が多すぎて消費者に浸透しにくく、②価格変動が激しく取扱店の変更も多く、製品としての安定性も少なく、③ドイツ製品の模倣に終わっている製品が多く、④アフターサービスが悪いといった問題点を抱えるなど、アメリカ市場における販売網が確立していない致命的な欠陥をもっていた。

こうした状況を打開するため、カメラメーカーも53年7月に日本光学が輸出促進のための拠点づくりと修理やアフターサービスを継続的に行う「ニッポン・オプティカルコーポレーション」（Nippon Optical Co.）[14]をアメリカに設立し、これが日本カメラ産業にとって初めて海外展開となった。アメリカ市場では、ニューヨーク有数のカメラ小売店「ペンカメラ」社長ジョセフ・エーレンライヒ[15]と結び、53年10月にエーレンライヒが総代理店「ニコン・セールス・インク」を設立した。ニッポン・オプティカルが輸入、技術サービス、市場調査を行い、ニコン・セールス（54年11月「ニコン・インク」に改称）が総

代理店として小売店に卸業務を行う体制が採用された[16]。こうした体制が軌道に乗りだしたのは、日本光学最初の一眼レフ「ニコンF」が発売され、西ドイツの距離連動カメラを凌駕していく60年代であった[17]。そして、ニコン・インクは、62年にエーレンライヒ系の企業が再編成されてできた「エーレンライヒ・フォト・オプティカル・インダストリーズ・インク」(EPOI)の子会社になった。EPOI社は64年アメリカン証券取引所に上場した。

　また、キヤノンカメラも、55年にニューヨークに輸入・サービスなどを行う直販子会社「キヤノン・カメラ・コーポレーション・インク」を設立してアメリカ市場に進出した。キヤノン・カメラ・インクは、バルフォア・ガスリー社を媒介として東部・中部・西部の代理店を通じて全米の小売店に販売した。しかし、直販方式が行き詰まり、58年にスコーパス社と代理店契約を結び、カナダでも、エディット・ブラック社を代理店とし、キヤノンは輸入・技術サービスなどに業務を縮小して北米市場において代理店方式に回帰した。スコーパス社は、大手代理店バーキーフォト社の子会社で、西部を拠点にした代理店であった。61年に地域的な代理店であったスコーパス社、エディット・ブラック社との代理店契約を解消してより強力な代理店ベル・アンド・ハウェル社と契約した。大手代理店ベル・アンド・ハウェル社と結びつくことによってキヤノンのアメリカにおける販売網が全米に拡がり、安定した。

　アメリカ市場では、代理店の力が強大であり、販売量も大きく、60年代に各社の代理店が表5-9のように、J・エーレンライヒ（日本光学、富士フイルム、マミヤ光機、ブロニカそれぞれ別会社で扱っていた）、ベル・アンド・ハウェル社（キヤノンカメラ）、ハネウェル社（旭光学）、バーキーフォト社（小西六）、インターフォト社（ヤシカ）、レイグラム社（ミノルタカメラ）、ポンター・アンド・ベスト社（オリンパス）、ジレット社（リコー）、チャールズ・ベセラー社（東京光学）など代理店[18]に依存していた。キヤノン製品がアメリカ・カナダ市場では「ベル・アンド・ハウェル」ブランド、旭光学が「ハネウェル・ペンタックス」ブランド[19]、東京光学が「ベッセラー・トプコン」ブランドで販売されるといった日本メーカーと代理店の力関係であった。

　中小メーカーは、輸出額の20〜30％を占めていたが、大手との競争によっ

表5-9 アメリカにおける代理店

企業名	代理店名	期間	備考
日本光学	Overseas Finance and Trding Co. Nikon Inc. Ehrenreich Photo-Optical Industries Inc.	1948 ~53 1953 ~81 1962 ~81	J・エーレンライヒ系 subsidiary
キヤノン	Jardine Matheson & Co. バルフォア・ガスリー社 Scopus/Brockway Inc. BELL & HOWELL	1951 ~55 ~58 1958 ~61 1961 ~73	輸出総代理店 輸入代理店 バーキー社の一部門
ミノルタ	The FR Corpration レイグラム社（東部） ホーンシュティン社（中部） アンスコ社（西部）	1954 ~59 1959 ~66 1959 ~66 1959 ~66	インターフォト社に吸収
旭光学	レイグラム社（東部） ホーンシュティン社（中部） ミラー・アウトカルト社（西部） Honeywell Photoproducts	1955 ~58 1955 ~58 1955 ~58 1958 ~77	インターフォト社に吸収
オリンパス	Brockway Camera Corpration Scopus Inc. Berkey Photo Inc. Ponder & Best Inc.	1956 ~58 1958 ~65 1965 ~66 1967 ~77	
ヤシカ	インターコンチネンタル社 インターフォト社	 1955? ~75	64年 subsidiary
小西六	Scoopus/Konica（西部） Berkey Photo Company	~68 1965 ~79	本社ロサンゼルス
富士フイルム	Fuji Pho Optical Products Inc. Fuji・a division of Ehrenreich Photo Optical Industries Inc.	1959 ~74 1963 ~74	64年 subsidiary 63年 subsidiary J・エーレンライヒ系
リコー	レイグラム社（東部） ホーンシュティン社（中部） ミラー・アウトカルト社（西部） レンコ ブラウン・ノースアメリカ社	 1970 ~ ~70 1970 ~81	インターフォト社に吸収
東京光学	Charles Beseler Company パイラード社 ワールド・フォト・マーケティング社	1963 ~70 1971 ~72 1973 ~	ジレット社光学部門
マミヤ光機	Mamiya・a division of Ehrenreich Photo Optical Industries Inc. Ponder & Best Inc. BELL & HOWELL	1957 ~74 1964 ~74 1974 ~75	Mamiyaブランド、J・エーレンライヒ系 mamiya/sekorブランド
ミランダ	Allied Impex Corp.	1957 ~76	
ゼンザブロニカ	Bronica・a division of Ehrenreich Phot Optical Industries Inc.	1963 ~	J・エーレンライヒ系
ペトリ	Direct Inport Co. Ponder & Best Inc. R-H Division Interphoto Corpration Petri-Kine Camera Co.	1960 ~64 1964 ~65 1969 ~ 1963 ~68	subsidiary
興和	Prominar Internayional Corp.	1963 ~	

出所：『POPULAR PHOTOGRAPHY』誌、1955〜78年12月号、各社社史・新聞各紙及び江川朗『世界の日本カメラ』より作成。

て国内市場から閉め出され、海外に出先機関をもたないことからアメリカのバイヤーの買い叩きにあい、出血輸出を強いられている。自社の販路、商標をもたないため、海外代理店のブランドで売られ、輸出はLCで行われ、資金の回転が速い利点もある。取引は、現金が80〜90％で、手形でも60日決済であった。輸出価格は、国内卸価格7,000円、国内販売価格1万3,000円程度のカメラが日本から約8,000円の価格で輸出されてアメリカ国内では約69.45ドル（2万5,000円）の小売価格で販売されていた。

日本メーカーと代理店との関係は、①日本光学、キヤノン、オリンパスなど中・上位メーカーの代理店1社のみ、②ミノルタ、リコーのように東部・中部・西部に代理店3社程度、③中小メーカーなどの機種別に代理店を決めるという形態であった。

3．アメリカ市場における直販制への移行

70〜80年代のアメリカ市場は、70年の1,000万台から一眼レフの増大を背景に78年に2,000万台に倍増し、79年の第2次石油ショックと不況により10〜20％減少するが、コンパクトの伸びによって83年から89年の2,000万台の水準まで緩やかに回復した。70年代まではインスタントとカートリッジの大衆機が90％以上占める従来型の市場構造であった。しかし、70年代後半から市場構造の変化が始まった。最初の変化は70年代後半から80年代初めにかけてアメリカ市場ではなじみの薄かった高級機一眼レフの需要拡大が進行した。76年にキヤノンがアメリカ人のニーズにあった低価格・簡単一眼レフのAE-1が輸出されたのを契機に一眼レフは70年に34万台（シェア3.1％）であったのが77年に100万台、79年に200万台、シェア10％を突破して81年には260万台、市場シェア15.8％でピークに達し、その後、86年まで200万台、シェア十数パーセントを保った。第2段は、1980〜82年不況からの回復過程でコンパクトが驚異的拡大をみせた。コンパクトは、70年代前半には十数万台、シェア1％台しか売れないカメラであり、ストロボ内蔵・AFコンパクトが登場してもほとんど需要が伸びなかったが、82年に100万台を超えたのを契機に83年240万台、シェア14.5％、85年340万台、同19.4％、87年600

第5章　輸出拠点の整備と世界市場制覇

万台、同 30.8％と急伸し、89 年には 1,000 万台、同 50.0％と 80 年代後半になって AF・ズームコンパクトの効果が出てアメリカ市場の中心的機種となった（表 5-10 参照）。こうした変化を推進したのが日本メーカーであった。AE 一眼レフ、ストロボ内蔵・AF・ズームコンパクトといった電子制御された中・高級機は、日本メーカーにほぼ独占された分野であった。

70 年代以降のアメリカ市場は、西ドイツメーカーとの競争にうち勝ち、日本メーカー間の競争が主要問題として展開していった。そのため、60 年代にヨーロッパ市場で始まった直販制がアメリカ市場にも拡大されて海外販売法人も相次いで設立された。

アメリカ市場の直販制は、偶発的な契機によって始まり、雪崩を打って進行

表 5-10　アメリカのカメラ機種別販売推移

	総計	35㍉カメラ					インスタントカメラ		その他	
		小計	一眼レフ		コンパクト					
	万台	万台	万台	％	万台	％	万台	％	万台	％
1970 年	1,080	61	34	3.1	27	2.5			1,019	94.4
71 年	1,170	71	45	3.9	25	2.2			1,099	93.9
72 年	1,470	82	52	3.6	29	2.0			1,387	94.4
73 年	1,610	80	62	3.9	18	1.2			1,529	94.9
74 年	1,336	82	64	4.8	18	1.4			1,253	93.8
75 年	1,363	70	52	3.9	17	1.3			1,292	94.8
76 年	1,500	98	78	5.2	19	1.3	450	30.0	952	63.5
77 年	1,750	150	125	7.1	31	1.8	660	37.7	940	53.4
78 年	2,040	230	190	9.3	40	2.0	820	40.2	990	51.5
79 年	1,780	260	220	12.4	40	2.3	660	37.1	860	48.2
80 年	1,530	290	240	15.7	50	3.3	570	37.3	670	43.7
81 年	1,650	340	260	15.8	80	5.2	500	30.3	810	48.7
82 年	1,750	300	250	14.3	130	7.4	350	20.0	1,100	58.3
83 年	1,650	470	230	13.1	240	14.5	330	20.0	850	52.4
84 年	1,720	550	260	15.1	290	16.9	310	18.0	860	50.0
85 年	1,750	560	220	12.6	340	19.4	300	17.1	890	50.9
86 年	1,760	670	200	11.4	470	26.7	280	15.9	810	46.0
87 年	1,950	770	170	8.7	600	30.8	210	10.8	970	49.7
88 年	1,970	910	130	6.6	780	40.0	190	9.6	870	43.8
89 年	2,000	1,110	110	5.5	1,000	50.0	180	9.0	710	35.5

出所：1970～89 年は "Wolfman Report on the Photographic (and Imaging)" から作成されたものを竹内利行氏より提供を受けた。
注：コンパクトの 1970～74 年およびその他のカメラの 1970～89 年は計算値。

した。ミノルタは、59年以来アメリカにおける代理店を東部をレイグラム社、中部をホーンシュティン社、西部のアンスコ社の3社としていた。大手メーカーの中にあってミノルタは、輸出比率が一番高く、その中でもアメリカ市場は30〜50％を占める最重要市場であった。ニューヨークを含む東部を担当する代理店レイグラム社の販売力が衰えてミノルタ製品の伸びが思わしくなかった。そのため、代理店をインターフォト社に変更する交渉が秘密裡に行われた。しかし、ほぼまとまる寸前に交渉が暗礁に乗り上げ、代理店契約が破談となってしまった。その際、ミノルタ製品を発送していたため、その製品がインターフォト社によって横流しされてしまい、66年ニューヨークのメーシー・デパートのバーゲン製品として出てしまった。この事件がミノルタをアメリカ市場での直販制に向かわせる契機となった。

そして、66年10月中部のホーンシュティン社、西部のアンスコ社の2社との代理店契約が切れたのをきっかけに59年に設立されたミノルタ・コーポレーション・インクを中西部の直販子会社に編成替した。この直販子会社の支店をシカゴとロサンゼルスに設けて中西部11州のカメラ小売店4,000軒を対象に直接ミノルタが製品を供給することに踏み切った。さらに、67年にはインターフォト社がレイグラム社を買収することからミノルタは、①インターフォト社を代理店として信頼できなかったこと、②ヤシカと同じ代理店となることを避ける方向で東部の直販制を準備していった。70年までにインターフォト社との代理店契約も切れてアメリカ市場全体が70年4月直販制に移行した。

その後、71年に興和、73年にキヤノン、富士フイルム、77年に旭光学、オリンパス、79年に小西六（代理店バーキーフォト社と合弁）、81年に日本光学が直販制を採用してマミヤ光機、リコー、東京光学などの弱小メーカーを除いて拡大した。そして、カナダ市場も73年にキヤノン、76年にリコー、77年にミノルタ、78年に日本光学、79年旭光学、富士フイルム、83年小西六というように直販制に移行した。

73年に直販制に移行したキヤノンは、当時アメリカの総代理店ベル・アンド・ハウェル社の営業政策がアメリカ輸出の拡大を阻害する状況になっていた。同社は、アメリカ市場全体に強固な販売店網をもつ代理店であると共に、8㍉

カメラをはじめとしたカメラ製品のメーカーでもあり、その販売では自社製品を優先して販売することから60年代のキヤノンであれば、頼もしい代理店であったが、60年代末になると、キヤノンは、販売量も多くなり、扱い製品もかつての中級機からブランドが問われる高級機に中心が移ってきたことでベル・アンド・ハウェル社の営業方針と合わなくなっていた。70年からベル・アンド・ハウェル社と総代理店契約解消についてねばり強い交渉の結果、73年に直販制に移行した。事務機器の輸出をめざしたキヤノンは、66年にキヤノン・カメラ・インクを「キヤノンUSA」に改組してアメリカ市場全体に販売店網を張りめぐらす準備にとりかかった。キヤノンUSAは、中部のシカゴ、西部のロサンゼルス、南部のアトランタなどに支店を設けた。また、カナダにもキヤノンUSAカナダを設立した。キヤノンのアメリカでの直販制への移行は、キヤノンUSAを直販子会社とし、カメラ販売高も73年1,400万ドル、74年3,300万ドル、75年5,300万ドルと順調に伸びて、AE-1発売後の77年1億5,000万ドル、78年2億ドルと驚異的な成果を挙げた[20]。78年売上げは、東部が40％、中部が35％、西部が20％、カナダが15％という地域別比率であった[21]。

　77年に直販制に切り替えた旭光学は、ハネウェル社写真事業部の商権を引き継ぐ形を採った。総代理店ハネウェル社は、70年代半ばに①日本メーカーの直販制が進行して一眼レフの販売競争が激化してペンタックスの販売が低下し、②旭光学製品以外の写真材料の販売不振、③アグファフイルム販売・現像所の営業不振などによって写真事業からの撤退を模索していた。70年代に入ってアメリカ輸出が低下して、これ以上手をこまねいてはいられない旭光学は、75年からハネウェル社との代理店契約解消の交渉をはじめ、76年8月にコロラド州デンバーに直販子会社「ペンタックス・コーポレーション」を設立し、ハネウェル社から営業権を引き継いで、77年7月にやっと直販制に移行できた[22]。

　大手5社で最後に直販制を採った日本光学は、81年に直販制に移行するが、EPOI社を買収するのに10年を要した。日本光学は、一眼レフ専業のカメラメーカーであり、しかも一眼レフでも高級な製品にシフトしていたために

EPOI社の値引販売に迎合しない販売方法に満足していた。しかし、日本メーカーの直販化が進む70年代になると、日本光学は、70年EPOI社に資本参加して取締役1名を派遣し、70年代末には40％の大株主となるなど関係を強化していった。73年EPOI社創業者エーレンライヒの急死、変動相場制への移行、石油ショックなどアメリカ市場を取り巻く環境が大きく変化する中で、日本光学は直販化した日本メーカーと比べると①独自なマーケティングができないこと、②柔軟な価格が設定できないことの結果として③販売が伸びなかった。そこで、日本光学は、81年6月に上場会社EPOI社を40億円を投入して残りの60％の株式を買収し、持株会社ニコン・アメリカズ・インクに改組してカメラの直販のニコン・インク、ステッパーの販売ニコン・プレシジョン・インクを子会社とした[23]。また、カメラの輸出比率を高め、またステッパーなど先端機器の販路を開拓するためにアメリカ市場で東部、中部、西部にニコン・インクとニコン・プレシジョン・インクの販売拠点が置かれていたが、84年に両支店を兼ねるダラス支店とニコン・インクのアトランタ支店を開設した。この両支店は、半導体関連企業などの進出が相次ぐ南部のサンベルト地帯テキサス州ダラスとジョージア州アトランタを有力な営業拠点として位置づけられたものである[24]。

アメリカ市場が直販制に急激に移行してしまったのは、日本側からみると、①カメラ企業の生産能力が拡大して国内市場が飽和状態となり、②各社とも輸出比率が急上昇し、とくに最大市場のアメリカで大量販売を行うことが迫られた。また、アメリカ市場の条件からすると、③60年代後半に合併、吸収などによって数十社あった大手代理店が数社にまで独占化して日本企業と軋轢が生じ、④直販制移行が遅れれば遅れるほどアメリカ市場の市場占有率が目に見えて下がってしまうという代理店の販売能力が限界に達しており、⑤1台当たりの利潤を重要視するアメリカの代理店と薄利多売でも市場占有率を高めていく日本企業の販売方針が決定的に異なってきており、⑥代理店が日本企業との代理店契約を会社売却の有利な手段として利用し、日本企業のアメリカでの販売を混乱させたことなどによった。

直販制への移行は、現地の市況、在庫状況などを直接把握でき、輸出価格が

弾力的に設定でき、輸出戦略が立てやすく、輸出業績も上がったという利点もある反面、当面の課題して①代理店との契約条項の検討、②ブランドの所有権確認、③在庫品の処理、④セールスマンの確保による新しい販売網の開拓とアフターサービス体制の整備、⑤売上金の回収リスク、⑥広告・宣伝の増強などが直販子会社に降りかかってくる。80年代になって、直販制移行後の変化は、海外市場における日本メーカー間の競争が激化してカメラの利益率低下をもたらし、大手5社への集中化・独占化が強まり、大手メーカーのカメラ離れ（経営多角化）を促進し、従来輸出比率の高かった中小カメラメーカーの倒産（ミランダ、ペトリ、マミヤ光機）、カメラ事業からの撤退（東京光学、興和）をもたらした。

また、従来の海外代理店は、主要取扱商品を失うことで、代理店の販売力が著しく弱体化し、マミヤ光機、リコー、東京光学、ペトリなど中小カメラメーカーの流通経路を狭隘化し、特定小売組織に結びつく傾向が強まっていった。

おわりにかえて――世界市場の制覇と諸問題

　日本のカメラメーカーは、1970年頃には国内市場が飽和状態となり、経営多角化を進めて非カメラ化を図る一方で、需要を喚起する技術革新を続け、輸出比率を高めて海外市場を拡大して世界市場を制覇していった。こうした日本カメラ産業の強さは、日本しか生産できないカメラ製品を持ち続けたことによった。

　60年代以降、一眼レフ、自動露出（AE）コンパクト・一眼レフ、TTL一眼レフなど市場構造を変化させる技術は、日本カメラメーカーによって製品が開発されてきた。60年代には、高級機の日本[25]、中級機の西ドイツ、大衆機のアメリカと世界市場を住み分けてきた。そして、70～80年代になると、自動露出・ストロボ内蔵・AF・ズームコンパクト、AE一眼レフ、AF一眼レフ、ズーム交換レンズなど電子技術に裏打ちされた、海外メーカーの追随を許さない技術革新を遂げて、高級機に加えて中級機も日本メーカーの独壇場となり、70年代までカートリッジとインスタントの大衆機がわずかにアメリカ製であ

った。これらの機種はカメラというより雑貨品として販売されていた。80年代になると、ストロボ内蔵・AFコンパクトがアメリカ市場で普及し、86年にレンズ付きフィルムが発売されるに及んで大衆機の市場を圧迫していった。70年代後半に日本メーカーは、円高の進行をものともせずに世界市場を制覇した。

　日本のカメラ産業が70年代前半に世界市場を制覇したことは、西ドイツやアメリカにおけるカメラ産業の凋落もあった。西ドイツカメラ産業は、世界のカメラ産業を一貫して技術的に先導して、生産面で圧倒し、流通面では支配してきた。西ドイツカメラ産業の衰退は、日本との競争において①50年代後半に一眼レフの開発に乗り遅れて主力製品を高級機から中級機に転換せざるをえず、②60年代に中級機でもアメリカ市場で日本に敗退し、③70年代にはカメラ生産を放棄してOEM路線へ転換するという過程をとった。世界市場において日本カメラ産業の競争者たる地位から降りてしまった。また、アメリカ市場で根強い人気のあるコダック社の大衆機の衰退も日本メーカーのコンパクトのストロボ内蔵・AFカメラがアメリカ市場で普及する80年代にその市場が急速に縮小していった。さらに、大衆機の市場は、86年にレンズ付きフイルムが発売されてアメリカ市場にも登場すると、いっそう圧迫されるようになった。コダック社は、80年代後半に日本や台湾メーカーから同様な製品をOEM供給を受ける路線に転換した。

　世界市場を制覇した日本カメラ産業は、70～80年代には為替問題とそこから生じるグレーマーケットに悩まされることとなった。70年代後半以降70％を超える高い輸出比率のカメラ産業は、カメラ製品の輸出が従来ドルやマルクなどの外貨建てで行うことが多く為替相場に左右された。円高になれば、円貨での受取額が減って売上げと粗利益を押下げ、円安ではその逆になる。各メーカーは輸出予約などによって為替リスクの回避に努めているが、円高が続けば収益を圧迫する。

　こうした為替変動のリスクを回避するため、カメラ産業は、一部を状況に応じて従来のドル建てから円建てに転換する対策を採った。アメリカ市場では、第2次円高の70年代末から円建てに改めた。また、ヨーロッパ市場では、81年のマルク安以後円建て輸出を一部採りいれた。80年代後半の第3次円高は、

「ダンピング関税をかけられているのと同じだ」[26]というメーカーの悲鳴となっていた。世界市場で競争相手のいない日本カメラメーカーでも為替問題は、最大の不安要因のひとつであった。

　日本カメラ産業を悩ませた第2の問題は、グレーマーケットであった。グレーマーケットとは、高級機、とくに一眼レフが正規の輸出ルート以外から海外に流出したり、ドルショック以降、為替相場の変動を利用して正規に輸出されたカメラをアメリカ・ヨーロッパ・アジアの市場間で移動しあうことで、価格の安いヤミカメラが大量に出回り、正規輸出のカメラを取り扱う代理店・小売店をおびやかしている不正規品市場をいう。グレーマーケットの出現は、①一眼レフなどの高級機は日本メーカーしか生産していなかったことから海外市場でたびたび品不足に陥っていたこと、②国内価格の約2倍と海外販売価格が高かったこと、③技術革新が速く、メーカーが過剰在庫となった旧型機種を安値処分したこと、④ドルショック以後急激な為替変動がたびたび起こったことなどを原因としていた。対象となったのは、ニコン、キヤノン、ミノルタなどの高級一眼レフや新技術を装備した人気が高い新製品であった。グレーマーケットが発生する市場は、アメリカ、西ドイツなどの市場に集中し、80年代後半の日本市場[27]でもあった。

注
1）アーミン・ヘルマン『ツァイス　激動の100年』新潮社、1995年、参照。
2）『POPULAR PHOTOGRAPHY』誌の広告参照。
3）日経『会社年鑑』日本経済新聞社、1971〜76年版。
4）『日本経済新聞』1982年6月4日。
5）前掲『会社年鑑』1977〜83年版。
6）同上、1984〜90年版。
7）『日経産業新聞』1987年9月2日。
8）江川朗『世界の日本カメラ』日本写真機光学機器検査協会、1984年、315頁。
9）同上、316頁参照。
10）大手問屋もそれぞれ経営方針が異なり、バーキーフォト社はメーカーから小売店・DP店まで縦割りの系列を作って流通支配する形態、エーレンライヒは、メーカーと協調をモットーとした代理店として活動する形態、インターフォト社は、流通業者として自由に販売する形態、ポンダー・アンド・ベスト社は、「ビビター」の自社ブランドを作って日本からのOEM製品も低価格で販売する形態を採るなど特徴をもっていた。

11) ベル・アンド・ハウェル社は映画部門ではコダック社と並ぶ最大企業であり、日本メーカーの OEM を取り扱っていた。
12) 東部にはレイグラム社、中部にはホーンシュティン社、西部にはアンスコ社、ミラー・アウトカルト社、スコーパス社など数社
13) シアーズ・ローバック社はチェーン・ストアーを展開し、タワー・ブランドでアイレスフレックス、アサハフレックス、ニッカなど日本の中小メーカーの製品も販売されていた。
14) のちの Nippon Kogaku (U.S.A) Inc.
15) ジョセフ・エーレンライヒは、日本光学との代理店契約だけでなく、1957 年にはマミヤ光機、ブロニカの中大型カメラ代理店 Caprod Ltd. Inc. を、1959 年には富士フイルムのフイルムやコンパクトカメラの代理店 Fuji Photo Optical Products Inc. を設立して日本製カメラを扱っていた。
16) 1953 年 11 月に両社はアメリカの法律で類似社名が許可されず、社名を変更した。Nippon Optical Co., Inc. が Nippon Kogaku (USA) Inc. となり、Nikon Sales Inc. が Nikon Inc. に変わった。
17) 『光とミクロと共に ニコン 75 年史』ニコン、1993 年、小出種彦編『世界のニコンが築く先端技術の全貌』貿易之日本社、1983 年参照。
18) 同上、301～310 頁参照。
19) 一眼レフ生産トップメーカーである旭光学でも「ハネウェル・ペンタックス」のブランドを「アサヒペンタックス」に代えるのにハネウェル社と 10 年来の交渉で 1975 年にやっと実現した (『日本経済新聞』1975 年 8 月 3 日)。
20) 小出種彦編『キヤノン 雄大な世界戦略と精神的支柱』貿易之日本社、1979 年、517 頁。
21) 同上、518 頁。
22) 小出種彦編『旭光学 80 年代に飛躍する一眼レフのパイオニア』貿易之日本社、1980 年、366～368 頁。
23) 前掲『世界のニコンが築く先端技術の全貌』207 頁。
24) 『日経産業新聞』1984 年 5 月 28 日。
25) M 型ライカなど一部超高級品は市場規模も小さく、例外として扱ってよい規模である。
26) 『日本経済新聞』1987 年 7 月 24 日。
27) 85 年のプラザ合意以後、急速な円高が進み、日本メーカーから一度輸出された製品が海外、とくにアジア諸国の販売業者によって横流しされ、「逆輸入品」としてディスカウント店を中心に非カメラ系量販店に現れた。

第6章　輸出検査と品質向上

竹内淳一郎

はじめに

　日本カメラは、欧米市場で1950年代後半まで「安かろう、悪かろう」といわれ、品質に問題のある製品として扱われていた。そのため、輸出品の声価の維持・向上、とくに輸出振興のため、品質の維持・向上や日本メーカーのドイツカメラの模倣から脱却させることが重要な課題であった。

　カメラと交換レンズの輸出は、輸出品取締法（48~57年）や輸出検査法（57~89年）の品目に指定された。とくに54年輸出品取締法が改正されて日本写真機検査協会（以下、「検査協会」と略す）が指定第三者検査機関として設立された[1]。これによって、すべてのカメラや交換レンズは、輸出検査に合格しないと輸出ができなくなった。また、デザイン模倣防止のための輸出品デザイン法（52~89年）、輸出秩序維持のための輸出入取引法（59~89年）などの法律がカメラ産業に課せられた。

　カメラメーカーはこうした政府の輸出振興策に対応して新製品開発や生産技術開発に努め、輸出検査を行うことによって品質向上が図られ、国際競争力をつけブランドを確立していった。

　本章は、品質向上の契機となった輸出検査について検査協会設立の過程を追い、輸出検査の実態を分析し、輸出検査の成果と問題点を明らかにすることを課題としている。あわせて、世界最大市場であるアメリカにおける品質評価を代表する『コンシューマー・レポート』誌の日本カメラの品質評価についても検討する。

第1節　日本写真機検査協会の設立と輸出検査

1．輸出品取締法と輸出規格の制定

　1946年8月、GHQと政府は貿易再開に際して輸出振興策の一環として粗悪品の輸出を防止すべく、新たに時計などを指定品目とした重要輸出品取締法を制定した。この法律は戦前からの輸出検査法規を復活させたもので、カメラや交換レンズは指定品目に含まれていなかった。その後、これらの輸出検査は、商工省の外局である貿易庁が商品別輸出組合を検査主体にして強制検査を行わせるという法規によらない検査が行われた。

　政府は民間団体による強制検査が独占禁止法の精神に違反するため、輸出品検査をもっぱら国の検査所が実施すべきとして、48年7月、新たに輸出品取締法を公布した。同法に指定されたカメラを含めた輸出品は、原則的には輸出業者の自主検査となり、強制検査は一部の輸出品に限られることになった。したがって、輸出品に等級を付し正しく格付していれば、たとえ低級品であっても、輸出して差しつかえないことになった[2]。49年1月同法が施行され、光学産業ではカメラ、交換レンズ、映写機が輸出検査品目に指定され、等級表示制によって1級、2級の等級に分けられた。輸出業者はそれぞれの製品について品質に責任を持つことになった。カメラや交換レンズは商工省機械試験所が中心となり、光学精機工業会写真機部会所属メーカーが参画して、48年10月、「携帯写真機　輸出39」と「携帯写真機の包装条件　輸出59」という輸出規格（新JES）となった。これはカメラの最低標準と輸出の際の梱包条件を規定したものであった。

　49年、この輸出規格に基づいて輸出検査はカメラメーカーの業者団体の光学精機工業会写真機部会（54年日本写真機工業会として独立）が検査機関となって行われた。検査員には所属メーカーで品質検査を職務とする社員が充てられ、他社の輸出品を検査して光学精機工業会写真機部会が等級表示ラベルを有料で交付する方式が採られた。また、カメラ業界の自主検査の信憑性を確保するた

表6-1 輸出携帯写真機 輸出検査基準の推移比較表(主な改正点)

法律		輸出品取締法	輸出検査法	輸出検査法
等級・標準/基準等の省令		通産省令	通産省令第3号	通産省令第88号
省令の制定日		1953.4.6	1958.1.31	1960.8.11
準拠の規程		JIS 7107-53	JIS 7107-56	輸出検査基準の省令
基準制定日		1953.3.28	1956.3.28	1960.8.11
外観				
光学部品		○	○	○
その他		○	○	○
組立て		○	○	○
材料		×	×	○
構造および機能				
ファインダー、距離計		×	0～-2ディオプトリー	0～-2ディオプトリー
距離計の両視界の中心のずれ		×	著しくズレないこと	20%以内
距離計の像の合致	左右	×	1.5分以内	1.5分以内
	上下	×	3.0分以内	2.0分以内
シンクロナイザーの絶縁抵抗		10メグオーム以上	7メグオーム以上	7メグオーム以上
セルフタイマー	起動	7～15秒以内に作動	7～15秒以内に作動	6～15秒以内に作動
露出計		×	×	目盛全長の4%以下
交換レンズ、附属品取付け部等		×	×	互換性を有すること
解像力	中心	1,000/d以上	1,200/d以上	1,200/d以上
	周辺	500/d以上	700/d以上	500/d以上(ズーム400/d)以上
画面の照度 F1.4>F.No		×	×	20%(ズーム16%)
	(開口効率) F1.4≧F.No>F2.0	17%	20%	24%(ズーム20%)
	F2.0≧F.No>F3.5	20%	24%(F4)	28%(ズーム24%)
	F.No≧F3.5	23%	28%(F4)	28%(ズーム24%)
補助的距離目盛の誤差		×	×	F5.6以内
画面の寸法		公称画面の90%以上		24±0.6×36±0.6mm
光のもれ	直射日光、6方向	1分間	1分間	2分間
ファインダーの視野	画面各辺	実画面の80%以上	実画面の80%以上	実画面の80%以上
内面反射		×	×	○
画面のケラレ		×	×	○
露出計との連動性		×	×	○
画面の間隔		×	×	○
シンクロナイザーの遅延時間	X接点	○	なし	全開前1ms、全開後1/2ms
	F接点	○	4±2ms	4±2ms
	M接点	○	18±5ms	18±5ms
	FP接点	○	7～15ms以下	7～15ms以下
シンクロナイザーの接触効率	レンズシャッター	55%以上	55%以上	40%以上(X)、60%以上(F・M)
	フォーカルプレンシャッター	60%以上		40%以上(X)、60%以上(FP)
シャッターの露出時間	1/200秒>	+100%、-50%	+50%、-30%(1/100秒)	+50%、-30%(1/125秒)
	(レンズシャッター)その他	±50%	+80%、-40%	+80%、-40%
	(フォーカルプレンシャッター) 1/200>	+100%、-50%	+40%、-40%	+40%、-30%
	その他	±50%	+80%、-40%	+50%、-40%
フォーカルプレンシャッターの露出むら		±50%	±30%	±30%
電気露出計の誤差		×	×	±1段階以内
Fナンバー	各絞り	±5以内	±(F+5)%以内	±(F+5)%以内
	最大口径	±5以内	±(F+5)%以内	+5%以内、-(F+5)%
耐振動性	毎分250回、落下試験	×	振幅2mm、5分間	振幅4mm、5分間
耐久性(反復操作)	本体	1,000回	1,000回	1,000回
	シャッター	3,100回	3,000回	最短、最長 各500回
	同調発光機構の接点、切片	100回	1,000回	○
	その他	×	×	○

出所: 1) JIS B 7107 (1953年) 輸出写真機より作成。
　　2) JIS B 7107 (1953～56年) 輸出カメラより作成。
　　3) 輸出検査の基準等を定める省令の一部を改定する省令(通産省令第8号)により作成。

注: 1) 耐振動性(全振幅0.8mm、3方向合計1時間の振動)・衝撃性(6方面70Gの衝撃)。67年3月改正。
　　2) 耐温度性+40℃から-5℃までの機能保持。73年6月改正。

め商工省も機械器具検査所などを設置し、臨時検査を行うようになった[3]。

53年から輸出規格は、工業標準化法（49年）による日本工業規格「輸出携帯写真機」（JIS B 7107）を適用することになった（表6-1参照）。

こうして始まった輸出品取締法によるカメラに対する輸出検査がその後の輸出検査の方向を決定していった。

2．日本写真機検査協会の設立

(1) 輸出品取締法の改正による日本写真機検査協会の設立

53年12月経済団体連合会が光学産業の意向を受けて「光学機械の輸出振興に対する要望」を政府に提出した。この中で「輸出検査機関の設置助成：光学機械輸出の国家的性格に鑑み、輸出検査機構の設置および維持に要する経費を国家で助成すべきである」という輸出検査に対する具体的要望があり、これが日本写真機検査協会（JCII、以下では検査協会と略す）の設立につながってゆく。輸出品取締法の改正作業に対応して検査機関の設立に向けた動きが始まった。カメラ産業は、53年12月通産省産業合理化審議会機械部会光学機械分科会の代表専門委員を務めている堀啓三小西六取締役の名前で小笠原三九郎通産相に「写真機等の輸出検査機構の整備について」という要請を行った。この要請の主旨は、輸出カメラとその部品を法律的に裏付けられた検査機関をつくり、輸出品の品質、信用を高め、不良品の海外流出を防ぐことにあった。

54年5月輸出品取締法の改正を受けて指定検査機関となる検査協会の設立総会が開かれ、6月に財団法人として認可された。役員には、衆議院議員の森山欽司が理事長、元写真機部会主事の鈴木光雄が専務理事、元第一光学検査部長の藤田武が検査長に就き、その他8名の職員で、8月から輸出品取締法第7条によりカメラや交換レンズの輸出検査が開始され、11月からボディ、交換レンズが輸出検査品目に加わった。カメラ（3級）は交換レンズや双眼鏡などと共に最低標準制に指定されたため、検査協会の輸出検査が必要となり、最低標準に達しないと輸出ができなくなった。検査協会の基本財産および設立の準備費用は、キヤノン、日本光学（各50万円）、小西六、マミヤ光機、千代田光学（のちのミノルタ）、オリンパス（各30万円）をはじめカメラメーカーが342

表6-2 輸出検査法の指定品目の推移

年 品目	1958	1963	1968	1973	1978	1983	1988	1993	1997
機械金属製品	161	215	211	192	87	55	9	1	0
雑貨製品	96	111	113	76	67	37	24	11	5
繊維製品	52	52	53	43	41	40	29	25	4
農林水産物	45	46	45	34	26	21	14	10	6
試薬	68	68	61	61	34	0	0	0	0
医療薬品	2	2	2	2	2	1	1	0	0
運輸関係	7	7	7	7	5	4	3	3	3
合計	431	501	492	415	262	158	80	50	18
規制率（%）	30.0	45.0	23.5	14.8	9.6	7.3	4.3	1.5	0.5

出所：通産省資料により作成。
注：規制率（%）=（指定品目輸出額÷総輸出額）×100

万円の寄付が充てられた。

そして、56年9月、北京見本市即売会で万年筆の不良品の混入（北京事件）を契機に、57年、輸出検査に関する法律は、輸出品取締法から輸出検査法に代わり、指定された全輸出品の品質が、一定水準以上ものでなければ輸出できなくなった[4]。

輸出検査法の指定品目は、58年には431品目（総輸出額の約30%）であったが、最盛期には501品目（63、65年度）が指定され、総輸出額の約45%（63年度）に達した（表6-2参照）。その後、品質の向上や輸出額の減少などの理由により法目的を達成した品目については、年々指定が解除されていった。

検査協会は、73年に日本写真機光学機器検査協会と改称し、89年、レンズ（2月）やカメラ（12月）の輸出検査は、41年間の使命を終え指定品目から解除された。カメラ輸出検査の指定解除に伴って、検査協会は89年、日本カメラ財団に組織変更して、カメラ博物館、フォトサロン、ライブラリーなどの文化事業とカメラ産業の業界団体に事務所賃貸事業などを行って現在に至っている。

(2) 粗悪品輸出の防止

検査協会による輸出検査実績をみると、54年度（8/1～3/31）は16万

4,723台であったが、その多くは米軍向け納入であった。検査手数料等の収入は721万円で、予定を300万円近く上回った[5]。カメラの検査手数料は、35㍉フォーカルプレンと一眼レフ65〜115円、二眼レフ55〜70円、コンパクト40〜70円、カートリッジおよび固定焦点写真機5円であった[6]。

品目別のロット検査件数不合格率（以下、「不合格率」と略す）[7]は、二眼レフ不合格率29.2％（受検台数、2万9,481台）、スプリングカメラ26.3％（同4,326台）、35㍉コンパクト23.9％（同5,847台）、超小型カメラ17.2％（同2万1,636台）、レンズ9.2％（同5,186台）、35㍉フォーカルプレン7.4％（同5,380台）の順であった。

輸出検査の成果については後述する（図6-1参照）。

なお、機械式腕時計の不合格率がカメラに比べ低い主な理由は、腕時計が寡占産業であり55年頃から自主開発や企業合理化推進法（57年指定）による設備近代化および部品互換性と組立自動化の推進、点数の少なさ（腕時計約70〜140点、カメラ約250点〜800点）、その時どきの技術レベルにあった検査基

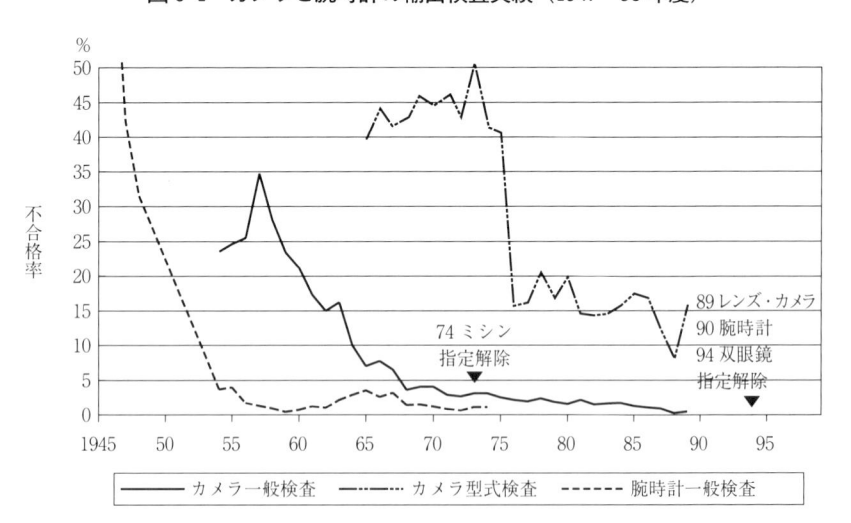

図6-1　カメラと腕時計の輸出検査実績（1947〜90年度）

出所：1）日本写真機検査協会「年度別輸出検査実績表」より作成。
　　　2）日本時計検査協会資料より作成。

準値の設定などがある[8]。

(3) 意匠の模倣防止と価格規制

56年には西ドイツのゴーティエ社からミノルタに対し二眼レフ（シチズン製シャッター付）の同社プロンター・シャッター米国特許侵害や58年には西ドイツ・ローライ社からヤシカに対し4×4判二眼レフボディの色彩が「ローライ44」を真似たなどとする抗議がヨーロッパからあった。前者は大きな事件とならず、後者は色彩が似ているだけでは決め手にならず約1年後に告訴を取下げ解決した。59年にはスウェーデンのビクター・ハセルブラッド社からブロニカに6×6判一眼レフに対しデザイン盗用とする抗議があったが、大きな問題にならずに収まった。

アメリカから58年3月、ベル・アンド・ハウェル社C.H.パーシー社長は経団連石坂泰三会長宛に「日本の8ミリ映写機が同社の模倣であり、基礎研究と開発に費用を注がず、極めて安い価格でアメリカ市場に供給している」とする強い抗議があった。ただちに、日本写真機工業会[9]が中心となって輸出入取引法第11条第2項に基づき、関係メーカーは日本輸出組合に参加して輸出組合の協定として対応することになった。同組合は、意匠制限とデザイン認定および輸出価格規制を行う方針を決定した。そして58年9月に「写真機、8ミリ撮影機及び付属品等につき価格及び意匠に関する協定」が、59年1月に「8ミリ映写機に関する協定」が実施された[10]。なお、同組合に設置された意匠審査委員会は、意匠の模倣・盗用の防止のための輸出品のデザイン審査・認定を行うことになった。輸出機械への意匠規制は、カメラ、8ミリ撮影機などが最初である。

59年に「輸出品デザイン法」が制定され、日本機械デザインセンター[11]が設立された。これにより、カメラなどの意匠審査・認定の業務は日本機械輸出組合から同センターへ移管された。60年から合理化のため、このデザイン認定に必要な照合・確認事務（第2次認定業務）は、同センターから検査協会が委託を受け、以後、輸出検査の際、検査協会が照合・確認を行うことになった。そのため輸出カメラ1台ごとに貼付される輸出検査合格証のラベルは、"PAS-

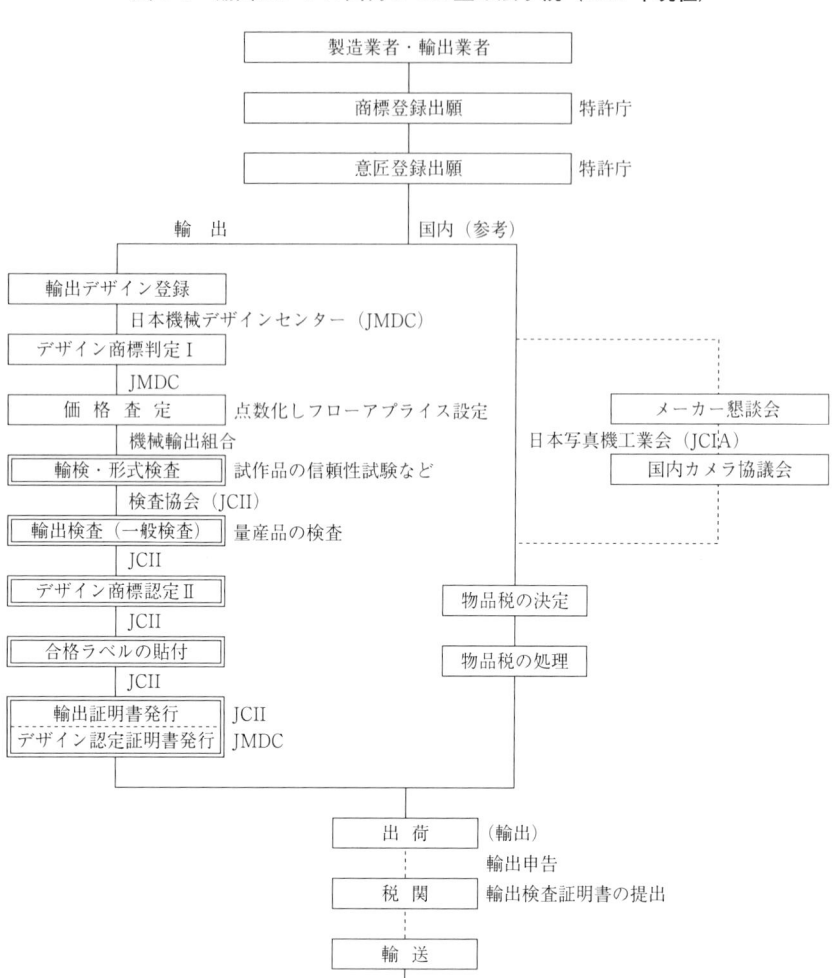

図 6-2 輸出カメラの出荷までの主な法手続（1988 年現在）

```
                    ┌─────────────────┐
                    │ 製造業者・輸出業者 │
                    └─────────────────┘
                             │
                    ┌─────────────────┐
                    │   商標登録出願   │  特許庁
                    └─────────────────┘
                             │
                    ┌─────────────────┐
                    │   意匠登録出願   │  特許庁
                    └─────────────────┘
              輸 出              国内（参考）
        ┌─────────────────┐
        │  輸出デザイン登録  │
        └─────────────────┘
          日本機械デザインセンター（JMDC）
        ┌─────────────────┐
        │  デザイン商標判定 I │
        └─────────────────┘
          JMDC
        ┌─────────────────┐
        │   価 格 査 定    │ 点数化しフロアプライス設定   ┌──────────────┐
        └─────────────────┘                          │ メーカー懇談会 │
          機械輸出組合                                  └──────────────┘
        ┌─────────────────┐                          日本写真機工業会（JCIA）
        │  輸検・形式検査   │ 試作品の信頼性試験など      ┌──────────────┐
        └─────────────────┘                          │ 国内カメラ協議会 │
          検査協会（JCII）                              └──────────────┘
        ┌─────────────────┐
        │ 輸出検査（一般検査）│ 量産品の検査
        └─────────────────┘
          JCII
        ┌─────────────────┐
        │ デザイン商標認定 II │
        └─────────────────┘
          JCII                              ┌─────────────┐
        ┌─────────────────┐                │ 物品税の決定 │
        │  合格ラベルの貼付  │                └─────────────┘
        └─────────────────┘                ┌─────────────┐
          JCII                              │ 物品税の処理 │
        ┌─────────────────┐                └─────────────┘
        │   輸出証明書発行   │ JCII
        ├─────────────────┤
        │ デザイン認定証明書発行│ JMDC
        └─────────────────┘
                             │
                    ┌─────────────────┐
                    │  出 荷 （輸出）  │
                    └─────────────────┘
                             │  輸出申告
                    ┌─────────────────┐
                    │    税 関        │ 輸出検査証明書の提出
                    └─────────────────┘
                             ┆
                    ┌─────────────────┐
                    │    輸 送        │
                    └─────────────────┘
                             │
                    ┌─────────────────┐
                    │    発 売        │
                    └─────────────────┘
```

出所：拙稿「日本カメラと輸出検査」『紀要』日本大学経済学部経済科学研究所、2003 年 3 月（第 33 号）。
注：カメラ・交換レンズなどは、89 年に輸出検査法・輸出デザイン法の指定品目から除外された。
　　また、89 年に消費税の実施により物品税が、97 年に輸出検査法、輸出デザイン法が廃止された。

SED"に"JCII"とともに"JMDC"の文字が入っている[12]（図6-2参照）。このカメラの意匠規制は、92年まで33年間続けられた。輸出品デザイン法は97年に廃止された。

3．輸出検査の状況

朝鮮戦争（50～53年）などによる米極東空軍の修理受注やOEMなどは、検査規格としてアメリカ軍用規格（MIL）[13]が適用されることがあった。カメラメーカーでは、57年頃から品質管理（QC活動）の導入[14]や製品の品質向上の努力、輸出検査の実施もあって、全数検査から抜取検査へ、官能検査から計測検査へと移行した。このようにして、カメラ産業は「全数検査や官能検査」依存から脱却し「工程でつくり込む」という思想が協力工場まで定着していった。

（1）カメラ品目別の輸出検査実績の推移

いかにして日本のカメラや交換レンズの品質が向上したかを、全輸出品が対象の検査協会による輸出検査実績表の不合格率を基に検証した。当初、カメラや交換レンズの輸出検査不合格率は際立って高く、このため輸出クレームの対象になったと思われる。

受検開始54年8月から58年3月までのカメラの平均不合格率は23.5%（以下、「初期不合格率」と略す）と高率であった。高い順には二眼レフ、スプリングカメラ、コンパクト、カートリッジ式、35㍉フォーカルプレン、一眼レフであった。その後の不合格率は、64年度に10.0%、74年度に3.1%、84年度には1.7%に低下した。89年12月、カメラは、過去数年間のロット不合格率が概ね1%以下となったため輸出検査法の指定から解除された。なお、交換レンズは、カメラより早い同年1月に指定が解除された。

輸出検査実績表には不合格項目の記載がないため、当初の主な不合格項目を当時の検査協会検査員やカメラメーカー検査担当者の記憶などからまとめた。

1) 外観：張り皮はがれ、ファインダー内ゴミ、カメラ上下カバーの汚れおよびメッキむら、ビスかじり、レンズ内ゴミ、接着剤のガスによるフ

ァインダーやレンズの曇りなど。
2) 構造および機能
距離計：像の合致不良（とくにコンパクト）やパララックス。
シャッター：作動せず、羽根油、セルフタイマー途中で止まる。
露出計：作動不良。
解像力：ピント調整不良。光の洩れなど。

カメラ品目別による不合格率のバラツキが大きいのは、品目の構造上の違いと共に、大手メーカーと中小メーカー間の開発・製造技術、品質管理などの格差もあったようだ。

スプリングカメラは、敗戦直後から生産が再開されたが、初期不合格率は33％であった。原因は蛇腹やフイルム面の不安定性など構造上の弱点があったようだ。

二眼レフ（図6-3参照）は、初期不合格率27.6％と高かった。その後、不合格率は64年度に8.5％、70年度には1.3％に低下した。その後の低下は、輸出検査の普及もあって品質が改良されたことや、その対応ができなかったメーカーの退出があったことによる。とくに、46年から約10年間に二眼レフのブランド数は、アルファベットのAからZまでが揃う（J・U・Xを除く）といわ

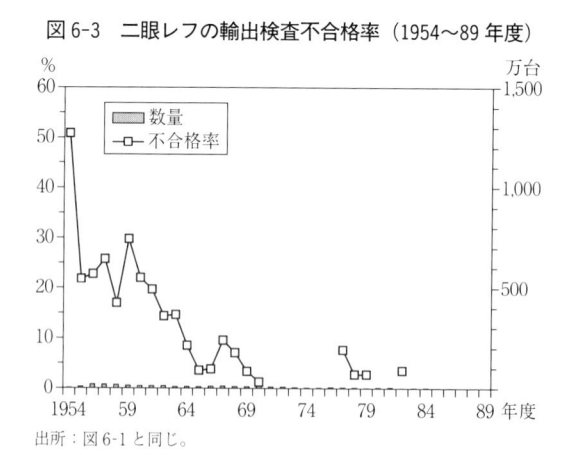

図6-3 二眼レフの輸出検査不合格率（1954〜89年度）

出所：図6-1と同じ。

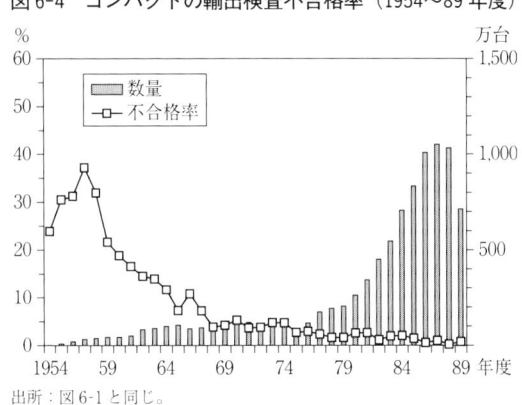

図6-4 コンパクトの輸出検査不合格率（1954〜89年度）

出所：図6-1と同じ。

れ、86銘柄があった[15]。その多くが四畳半メーカーと呼ばれていた。輸出は56年をピークに低減していった。

カートリッジ式は、初期不合格率18.4%であるが、その間の変動が大きい。大手メーカーが中小メーカーに生産委託していたものもあり、生産技術的に不安定な面があったと思われる。その後の不合格率は、64年度に5.0%、74年度に2.8%、84年度には1.8%に低下した。

コンパクト（図6-4参照）は、初期不合格率30.9%と高く品質が不安定であった。その後の不合格率は、64年度に11.7%、74年度には4.7%と低下した。当初の不合格率が高い主要因に、新規参入や新製品競争・頻繁なモデルチェンジによる品質の不安定さがあったようだ。その後の低下は強制検査のこともあり、前述の外観、機能・構造の主な不合格項目についての地道な設計・製造上の改良、品質管理技術の向上などが進んだことの反映といえよう。一方、市場では乱売による価格競争の激化や、大手メーカーの販売体制の整備に伴い限界企業の退出が進んだことも影響している。60年以降、大手メーカーは、自動露出（AE）、ストロボ内蔵、自動焦点（AF）、フイルム装填自動化、超コンパクト化など機能向上のため電子化などを進めた。電子化による機械的な作動部分の減少やメーカーの開発・生産技術の改善、品質管理の向上などにより品質は一段と向上していった。

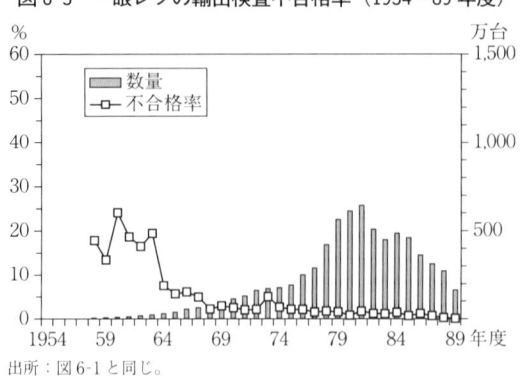

図 6-5　一眼レフの輸出検査不合格率（1954～89 年度）

出所：図 6-1 と同じ。

　一眼レフ（図 6-5 参照）は、35㍉フォーカルプレンと区分された 58 年 4 月から 63 年 3 月までの初期不合格率が 18.2％であった。開発途上で設計・生産技術面にも問題があったと思われる。その後の不合格率は、64 年度に 7.5％、74 年度に 2.6％、84 年度には 1.4％に低下した。64 年以降の不合格率の低下は大手カメラメーカーによる量産方式の確立などの品質・性能の向上と中小メーカーの退出によると思われる。

　なお、35㍉フォーカルプレンは、初期不合格率が 16.8％であった。とくに、57～58 年度の不合格率がそれぞれ 34.7％、24.7％と高い理由のひとつに、7 社 14 機種の新製品が発売され、初期品質が不安定であったようだ。60 年以降、一眼レフが主流となり、年間の輸出は約 1 万台と減少したため記述は省略する。

(2) 交換レンズ

　交換レンズ（図 6-6 参照）は、初期不合格率 24.1％と高率であった。その後の不合格率は、カメラとほぼ同じ傾向を示し、64 年度に 9.2％、74 年度に 4.7％、84 年度には 1.4％に低下した。主に外観不良（レンズ内のゴミ、汚れ、キズ、鏡筒部の汚れ、アルマイトむら、キズなど）、絞り径の不揃い、レンズ周辺部の解像力不足などがあったようだ。89 年 1 月、レンズは輸出検査法の指定から解除された。

　レンズは戦時中からの光学技術蓄積があったが、中小のレンズメーカーが多

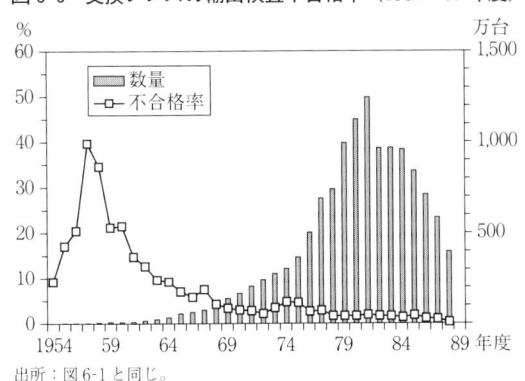

図 6-6 交換レンズの輸出検査不合格率（1954～89 年度）

出所：図 6-1 と同じ。

く、生産技術面では輸出検査が高い障壁となっていた。65 年度以降の不合格率の低下は、各メーカーの自助努力、とくに中小レンズメーカーには、産官学による光学工業技術研究組合（62～82 年）の成果や輸出検査などを通じて交換レンズ設計に必要なカメラ側の技術情報[16]やレンズ性能などの情報がフィードバックされた結果の反映と思われる。さらに、一眼レフの技術進歩[17]に対応できたレンズメーカーは、一眼レフメーカーの交換レンズに対し、低価格を武器に、大口径化、コンパクト化、高倍率ズーム化などで先行した。レンズメーカーは、70 年代後半からの一眼レフの市場拡大に貢献した。とくに、アメリカの大型小売店は、市場の激化に伴い安売りの目玉に、日本のレンズメーカーから交換レンズを安く仕入れ、カメラメーカーの一眼レフボディにつけ大量販売することにより利益を確保した。その結果、カメラメーカーレンズを蚕食し、タムロン、トキナー、シグマ、キロン（キノ精密）などは、レンズ専業メーカーとして成長していった。また、一眼レフの技術進歩などに対応できなかった限界企業は退出していった。

一眼レフ用標準レンズは、ガウスタイプが採用されたが、バックフォーカス[18]を必要とし、大口径比（F1.2）になるほどレンズの収差補正や周辺光量の低下など描写性能（レンズ解像力など）の低下要因になり光学設計的に困難な課題があった。

一眼レフ用望遠レンズは、距離計ファインダーの制約がなくなり、望遠レン

ズや超望遠レンズが開発された。一眼レフは、接写から超望遠までレンズを交換できるのが特徴である。それがライカなど交換レンズに制約がある 35㍉フォーカルプレンと大きな違いである。カメラメーカーでは、135㍉から 1,200㍉までの望遠レンズ（60〜70年）、500㍉から 2,000㍉までの屈折系超望遠レンズ（69〜72年）などがあった。

(3) カメラの信頼性向上

76年度から検査協会の型式検査（新製品、量産品の信頼性）の平均不合格率約40%が半減した（図6-1参照）。このことは、一般検査がユーザーにわたる前の静態的な品質と、型式検査がユーザーの使用する動態的な品質としての耐久性や信頼性が格段に向上したといえる。

ただ、60年代は、大手メーカーの信頼性品質に問題があったようだ。

たとえば、63年1月、キヤノンカメラ御手洗毅社長（創業者）が"ノークレーム"宣言をし、品質第一主義確立への契機になったという。その理由は、カメラの種類と生産規模拡大が進んだが、それに伴って 2、3 の機種に信頼性に関する問題が生じユーザーに迷惑をかけたようだ[19]。後述するが、同社コンパクト「ベル・アンド・ハウェル キヤノン キヤノネット 2.8」（63年）は、CU 商品テストでシャッターの故障が原因で、NA 評価（推薦できない商品）を受けた。また「アンスコ オートセット」（日本名ミノルタハイマチック）の同テストは B 評価であったが、アンスコ社の受入検査成績は当初1年間（62年7月〜63年6月）のロット不合格率が23.0%と高率であった[20]。主な不良項目は距離計が多く、ついで露出計、シャッターの順であった。その対策として、カメラ本体や海外輸送用包装梱包材料の改善により、63年7、8月には同 4.2% と低下した。

カメラメーカーは、海外への輸送中の品質事故防止のため、市販されはじめた温湿度試験器や振動・衝撃試験装置を導入し、事前チェック体制を確立した。その結果、カメラやレンズ本体の改良や包装・梱包方法に発砲スチロールの個装や、外装をパレット梱包による輸送へと改善が図られた。

一方、カメラは輸出検査基準に振動・衝撃試験（60、67年改正）と温湿度試

験 (73年) が導入された。その導入に際しては、検査協会とカメラメーカーとの研究会や委員会などにおいて、4年間で20数回に及ぶ会合がもたれた[21]。

67年の新しい振動・衝撃試験の検査基準の導入後は、それ以降の海外での故障の半減や多大の経費がかかるアフターサービス問題解決に大きな役割を果たしたという。さらに、輸出検査基準への温湿度試験 (73年) の導入は、振動・衝撃試験についで、輸出産業の先駆けとなった検査基準であった[22]。

76年、日本カメラの検査協会型式検査の飛躍的な向上は、念願のドイツカメラに対して信頼性の優位性が確立したといえよう (図6-1参照)。

4. 輸出検査の成果と限界

(1) 輸出検査の成果

ここでは、輸出検査の成果ついて、輸出検査によって日本のカメラ産業に与えた影響について検討する。

第1に、粗悪品輸出の排除効果があった。先述のカメラの初期不合格率は27.3%と高率であった。このことは受検前に全数検査などによる選別が必要であり、検査協会やカメラメーカーの検査担当者や筆者の経験からもいえる。輸出検査がない場合には、ディーラーと価格が折り合えば出荷されていたかもしれない。これは輸出検査による粗悪品排除効果といえる。

第2に、輸出検査の実施は、QCの導入や推進のインセンティブとなった。カメラや交換レンズは、輸出検査に合格しないと輸出ができない強制検査があることから、QCセミナー受講、輸出検査の受検体制、社内製品規格の整備も含めQC体系の整備、積極的なTQCへの取り組みなどによる品質向上のインセンティブになった。また、検査協会からの輸出検査データや、検査協会検査員からの検査規格や他社情報は、自社レベルの把握やQC・商品企画への良い情報源であった[23]。

第3に、海外評価の維持向上があった。詳細は第2節で述べるが、図6-1のカメラの型式検査の不合格率が半減した76年には、信頼性も含めドイツカメラを追い抜き、世界に高品質であることが認められたといえよう。

第4に、習熟効果があった。不合格率の低下は、生産技術の改良、官民一体

の製品・部品の規格化・標準化などの結果であるが、品質の生産習熟効果も認められる。（図6-7参照）

　第5に、限界企業の退出があった。受検会社数と検査不合格率との関連を見ると、大手メーカーは新製品開発力や生産技術改善の努力などにより不合格率を低減させた。一方、中小メーカーは生産数量や技術的・品質的な劣位などから、結果的に輸出検査が参入障壁となり、カメラ産業からの退出を促進したといえよう（図6-8参照）。

図6-7　カメラ単年度不合格率と輸出累計台数（1954〜89年度）

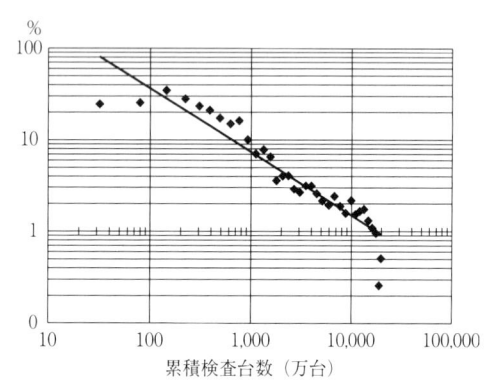

資料：図6-1と同じ。

図6-8　カメラ受検社数と不合格率（1949〜89年度）

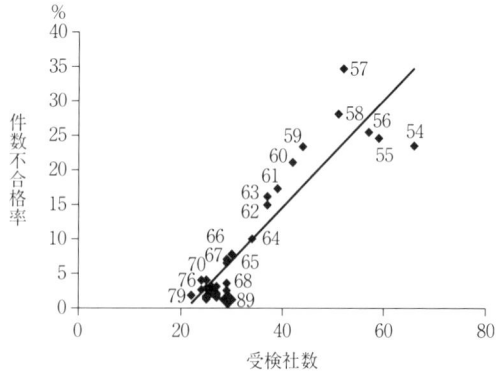

資料：図6-1と同じ。

第6に、アウトサイダーの輸出数量が把握できるようになった。強制検査のため輸出検査実績は、アウトサイダー（日本写真機工業会非会員）の輸出数量が間接的[24]ながら早く把握できた。

(2) 輸出検査の限界

つぎに、輸出検査の限界について検討する。

第1に、検査基準とユーザー要求品質やメーカー品質との不一致があった。輸出品取締法の等級表示制による保証品質は、海外バイヤーの要求品質とは必ずしも一致せず、輸出クレームの一因となった。輸出検査基準より高い社内基準を持つようになったメーカーにとっては、輸出検査との二重検査がコストアップ要因になった。輸出台数の増加もあり、人件費や検査手数料（FOB価格の約0.3％）、「合格証票」の貼付の手間など検査費用が増加した。

第2に、規制期間の長期化があった。輸出検査期間は軽機械類の双眼鏡（48～94年）の46年が最長で、時計（48～91年）、カメラ・交換レンズ（48～89年）、ミシン（48～74年）の順であった[25]。また、輸出検査法規は輸出品の指定解除する基準が曖昧であった。さらに、輸出検査機関は、強制検査という権限が強く、検査員、検査設備、建物などの維持の面などから輸出検査収入に依存する体質になりやすかった。一方、メーカーは、輸出検査期間の延命化を助長する要因もあった。検査部門が輸出検査を自己目的化することや、中小メーカーが輸出検査を自社の最終検査とみなし依存することがあった。

第3に、受検貨物の滞貨があった。輸出検査に工程検査が適用されるまで、出口検査のため、検査協会の受検時まで滞貨が生じ、保管スペース確保、急を要する輸出品や資金繰りなどに支障をきたした。

第4に、検査基準の技術進歩への法対応の遅れがある。技術進歩が速いカメラは検査基準の対応が後追いになりがちであった。検査基準にない新製品は、業界の合意など時間がかかり、タイミングよく輸出ができないことがあった。

その結果、輸出検査という参入障壁に対応できた企業とできなかった限界企業に二分されたといえる。

第2節　アメリカにおける日本カメラの評価

1.『コンシューマー・レポート』誌と日本カメラ

　世界最大のアメリカ市場で商品テストを行って、消費者の購買動機に大きな影響を与えている『コンシューマー・レポート』誌がある。同誌は、1936年に創刊された月刊誌で、Consumers Union of United States INC. が発行（推定発行部数400万部）しており、記事の公正さを保つ意味で広告を一切載せていない[26]。同誌は毎号10品程度の商品テスト結果とその詳しい解説記事を一緒に掲載している。48年に創刊された『暮らしの手帳』のモデルといわれ、日本にも影響を与えている（以下ではCUテストと略す）。ここでは、日本製カメラのアメリカでの評価を品質向上との関係で考察するために、CUテスト結果を検討する。

　海外からみたカメラの品質について、50年から89年までの約360冊について調べた。カメラおよび交換レンズのCUテスト数956機種の内訳は、日本67.2％、ドイツ13.3％（東西ドイツを含む）、アメリカ9.4％、香港など10.1％であった。CUテストのスコアは高い順にAからC評価（推奨品、Acceptable）とNA評価（Not Acceptable）の4段階に区分した。A評価は、日本（19.4％）、ドイツ、アメリカ、香港などの順であった。一方、NA評価は、日本は5機種（0.5％）、ドイツは0機種（0％）、米国2機種（0.2％）、香港などが6機種（0.6％）であった（図6-9参照）。日本の5機種は二眼レフYASHIAC-MAT（58年）、カートリッジ式MAMIYA AUTOMAT 16（59年）および後述するコンパクト3機種であった。

　65年からA評価の大半を日本が占め、とくにBest Buy Product（一番のお買得品、以下、BBPと略す）評価やBest Buy Gift's（ギフトお買得品、以下、BBGと略す）評価を独占した。この結果は、先述の輸出検査の不合格率低下と符合する。

　このことは世界最大のアメリカ市場で日本カメラの優秀性が認められたとい

図 6-9 アメリカ CU 商品テストの生産国別評価（1950〜89 年）
N＝738、J＝463、D＝114、U＝90、その他＝71

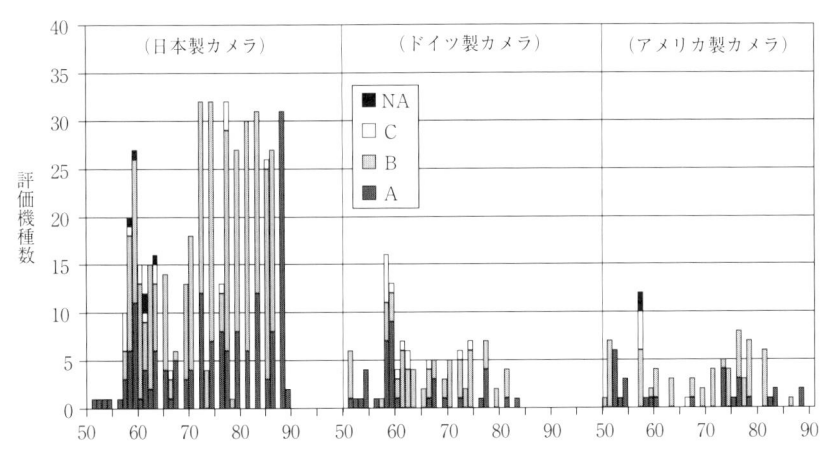

出所："CONSUMER REPORTS" 1950〜89, VOL.15〜54 より作成。
注：1）CU 評価は、A：Ex＋VG＝100〜70 点、B：G＋F＝69〜40 点、C：P＋V＝39 点以下、NA：Not Acceptable と区分した。
Ac：Acceptable（Ex：Excellent. VG：Very Good. G：Good. F：Fair. P：Poor. V：Variable）。
2）生産国は、ブランド名及び取扱業者から推定。

える。また、当時のドイツ製より日本製が「安くて、良い物だから買う」というアメリカ人の国民性の一端が垣間見られるようだ[27]。

品目別にみると、二眼レフが 58 年頃、コンパクトが 65 年頃、一眼レフが 72 年頃に、品質優位を構築した[28]。さらに、日本製の商品テストの高評価は、確かな品質・信頼性に裏付けられた CU テストの推奨ブランドとして消費者への知名度向上、ひいては企業ブランドの構築に大いに貢献したといえよう[29]。

アメリカ市場での日本カメラに対する評価の向上は、50 年代以降の先発企業の自社製品ブランドによる輸出やアフターサービス体制の整備と相まって政府の輸出検査による粗悪品輸出防止効果や、70 年代からの直接販売体制の構築も大いに寄与したといえる[30]。

2．日本製品の評価

二眼レフは日本で 50 年代初期の二眼レフブームの火付け役になった

"RICOHFLEX Ⅲ B"がBBP評価（51年）やBBG評価（52～54年）を、"MINOLTA AUTOCORD"（56年）がBBG評価を得た。しかし、"YASHICA-MAT"（58年）はNA評価を受けるなど品質が不安定であったものの、59年頃には「安くて良い」という評価が定着し、ドイツ製やアメリカ製に対し競争優位性を得た。

ドイツ製は、50年代にカメラファンの高嶺の花、フランク・ウント・ハイデッケ社"ROLLEICORD"はBBP評価（51年）をBBG評価（52～56年）を得るなど、「高くて良い」という競争優位性を構築していた。

アメリカ製は、50年代前後までグラフレックス社"CIROFREX"やコダック社"KODAK REFREX"など評価が高かった。ただ、コダック社は、ブローニーフイルムを使う二眼レフから35㍉フイルムを使うコンパクトなどへ移行時期であったことや日本製の急増もあり50年代に退出した。

コンパクトは63年頃まで、米国製に比べ約30％安いものの、品質は不安定であったようだ。たとえば、BBG評価は"AIRES VISCOUNT"（60年）と"MINOLTA AL"（63年）の2機種が得たが、NA評価はレンズシャッター式一眼レフ"AIRES PENTA 35"（61年）や"BELL & HOWELL CANON CANONET 2.8"（63年）[31]の2機種があった。

65年以降、日本製はNA評価が皆無であった。それは、先述の(3)項の信頼性向上への企業努力やレンズシャッター式一眼レフの技術的限界からフォーカルプレン式一眼レフやコンパクトの開発競争に遅れたアイレスなど限界企業の淘汰があった。

70年代には、日本製は高評価が大半を占めた。また、76年度に検査協会の型式検査の平均不合格率約40％の半減とも符合する。ドイツ製やアメリカ製に対し「安くて良い」という競争優位性を構築したといえる。

ちなみに、BBP評価は"BELL & HOWELL AUTO 35 REFLEX"（キヤノン製、72年）、"FUJI DL-400 TELE"（89年）の2機種が、またBBG評価は、"OLYMPUS PEN-EE"（65年）、70年代に"KONICA AUTO S 2"（71年）、"MINOLTA HI-MATIC 7 S"（71年）、"CANONET 28 with flash"（78年）、"CANONET G-Ⅲ 17"（78年）、"KONICA AUTO S3"（78年）、80年代に8

機種 "OLYMPUS XA"・"XA2"、"MINOLTA AFC"、"MAMIYA U with flash"、"NIKON ELE-TOUCH LUXE"、"CANON SUR SHOT ZOOM"・"SUPREME"、"CHINON AUTO 3001（BASIC）"が得ている。

　85年頃から、日本製カメラは、AF、AE、自動発光、ズームレンズ内蔵など高性能・多機能化が進み、「高くて良い」という競争優位性の構築へ移行していった。

　ドイツ製は、NA評価は皆無であったが、日本製に対して評価や機種数で競争劣位にあった。その理由は、EE化、AF化など新製品開発の遅れやアメリカのカメラディストロビューターの多くがユダヤ系のため、アメリカ市場参入の遅れと日本メーカーの追い上げやマルク安の対応などからツァイス社のカメラ部門の撤退（71年）、シンガポールに生産基地を移転（70年）したローライ社（81年）の倒産などがあった[32]。

　アメリカ製は、日本製に対してとくにコダック社製カメラ（BBG：48、52、60年）が、60年頃まで「安くて良い」という競争優位性にあった。しかし、60年以降、日本製コンパクトの急増と大規模通信販売店型デパートのシアーズ・ローバック社やモンゴメリーワード社などの日本製OEM機種が席巻し、米国製品の競争優位性を失っていった。なお、日本製品の急増は、アメリカ最大手のコダック社やアンスコ社にとって収益源であるフイルムや現像・プリントの販売促進効果があるとして、大きな貿易摩擦は起らなかった。

　一眼レフは、58年と61年の商品テスト数でドイツ製15機種に対して日本製13機種であったが、商品テストの評価は "MIRANDA D with 50/1.9"（BBP：61年）を筆頭に旭光学、千代田光学、東京光学など日本製のA評価が58年、61年合せて7機種あり、2機種のドイツ製に対して優位にあった。

　70年代、日本光学、キヤノン、オリンパス、富士フイルム、小西六などの新規参入（約10社）による新製品開発競争になり、"KONICA AUTOREFLEX with 52/1.8"（BBG：72年）、"OLYMPUS OM-1 with 50/1.8"（BBG：77・78年）や "MINOLTA XD11 with 50/1.4"、"MINOLTA XG7 with 50/1.4"（BBG：79年）などAE・コンパクト化が進み、日本製がA評価を独占した。

表6-3 アメリカCU商品テスト "■■ Best Buy"、"○ Not Acceptable" 一覧表(1950〜89年)

西暦	月	評価	種類	ブランド	生産国	価格($)	米国ディラー(メーカー)
1951	11	■■	二眼レフ	ROLLEICORD III	西独	159.30	Rurleigh Brooks (Franke & Heidecke)
		■■	二眼レフ	RICOHFLEX IIIB	日本	47.45	Importing & Distributing Corp. (理研光学)
52	11	□□	二眼レフ	RICOHFLEX	日本	50.20	
		□□	二眼レフ	ROLLEICORD III	西独	140.00	Rurleigh Brooks (Franke & Heidecke)
		□□	二眼レフ	ROLLEICORD AUTOMATIC	西独	265.00	
		□□	コンパクト	KODAK SIGET	米国	86.58	Eastman Kodak Co. (コダック)
53	11	□□	二眼レフ	RICOHFLEX	日本	50.45	Importing & Distributing Corp. (理研光学)
		□□	二眼レフ	ROLLEICORD IV	西独	149.50	Rurleigh Brooks (Franke & Heidecke)
54	11	□□	二眼レフ	RICOHFLEX	日本	50.45	Importing & Distributing Corp. (理研光学)
		□□	二眼レフ	ROLLEICORD AUTOMATIC Xenar	西独	234.50	
		□□	二眼レフ	ROLLEICORD AUTOMATIC Tessar	西独	249.50	
		□□	二眼レフ	ROLLEICORD IV	西独	140.00	Rurleigh Brooks (Franke & Heidecke)
55	11	□□	二眼レフ	ROLLEICORD	西独	134.55	
56	11	□□	二眼レフ	ROLLEICORD IV	西独	135.00	
		□□	二眼レフ	MINOLTA AUTOCORD	日本	99.50	FR Corp. (千代田光学)
		□□	二眼レフ	MINOLTA AUTOCORD "L"	日本	124.50	
57	11	○	コンパクト	DEJUR D-3	米国	59.95	Dejur-Ansco corp.,
		○	コンパクト	ROYAL SUPER CAT.2403M	米国	59.95	Burke & James, Inc.,
58	7	□□	二眼レフ	YASHICA-MAT	日本	75.50	Yashima Optical Ind. Co., (ヤシカ)
60	11	□□	コンパクト	KODAK AUTOMATIC 35	米国	90.00	Eastman Kodak Co. (コダック)
		□□	コンパクト	AIRES VISCOUNT	日本	69.95	Kalimar, Inc. (アイレス)
61	11	■■	一眼レフ	MIRANDA D 50/1.9	日本	159.95	Allied Impex Corp. (ミランダ)
		○	コンパクト	AIRES PENTA 35	日本	89.95	Kalimar, Inc. (アイレス)
		□□	コンパクト	AIRES PENTA 35 meter	日本	110.00	
63	11	□□	コンパクト	MINOLTA AL	日本	79.95	Minolta Corp. (ミノルタ)
		○	コンパクト	B & H CANON CANONET 2.8	日本	99.95	Bell & Howell Co. (キヤノン)
65	11	□□	コンパクト	OLYMPUS PEN-EE	日本	49.95	Scopas/Olympus, Inc. (オリンパス)
68	11	□□	二眼レフ	YASHICA MAT-124	日本	99.95	Yashica, Inc. (ヤシカ)
		□□	二眼レフ	YASHICA D	日本	59.95	
71	11	□□	コンパクト	KONICA AUTO S2	日本	125.00	Konica Camera Corp. (小西六)
		□□	コンパクト	MINOLTA HI-MATIC 7S	日本	110.00	Minolta Corp. (ミノルタ)
72	8	■■	一眼レフ	B & H AUTO 35 REFLEX 50/1.8	日本	176.00	Bell & Howell Co. (キヤノン)
	11	□□	一眼レフ	KONICA AUTOREFLEX 52/1.8	日本	340.00	Konica Camera Corp. (小西六)
75	11	□□	一眼レフ	OLYMPUS OM-1 50/1.8	日本	448.00	
	11	□□	一眼レフ	OLYMPUS OM-1 50/1.8	日本	400.00	Ponder & Best, Inc. (オリンパス)
		□□	コンパクト	CANONET 28's flash	日本	166.00	CANON U.S.A., Inc. (キヤノン)
		□□	コンパクト	CANONET G-III 17	日本	187.00	
		□□	コンパクト	KONICA AUTO S3	日本	200.00	Konica Camera Corp. (小西六)
		□□	コンパクト	MINOLTA HI-MATIC E	日本	170.00	Minolta Corp. (ミノルタ)
78	11	□□	コンパクト	CANONET 28 flash	日本	177.00	CANON U.S.A., Inc. (キヤノン)
		□□	コンパクト	CANONET G-III 17	日本	200.00	
		□□	コンパクト	KONICA AUTO S3	日本	210.00	Konica Camera Corp. (小西六)
79	11	□□	一眼レフ	CANON A1 50/1.4	日本	699.00	CANON U.S.A., Inc. (キヤノン)
		□□	一眼レフ	OLYMPUS OM2N 50/1.8	日本	608.00	Ponder & Best, Inc. (オリンパス)
		□□	一眼レフ	MINOLTA XD II 50/1.4	日本	724.00	Minolta Corp. (ミノルタ)
		□□	一眼レフ	MINOLTA XG7 50/1.4	日本	546.00	
81	7	■■	レンズ	TOKINA 2X	日本	105.00	Tokina Optical Corp. (トキナー)
	11	■■	一眼レフ	MAMIYA ZE SEKOR 1.7	日本	170.00	Bell & Howell Co. (マミヤ)
		□□	一眼レフ	OLYMPUS OM-2S F1.7/50	日本	350.00	
		□□	一眼レフ	PENTAX Super Program F1.7/50	日本	350.00	PENTAX Corp. (旭光学)
83	11	□□	コンパクト	MINOLTA AFC flash	日本	228.00	Minolta Corp. (ミノルタ)
		□□	コンパクト	MAMIYA U flash	日本	180.00	Bell & Howell Co. (マミヤ)
		□□	コンパクト	OLYMPUS XA flsh	日本	255.00	Ponder & Best, Inc. (オリンパス)
		□□	コンパクト	OLYMPUS XA2 flsh	日本	215.00	

84	11	□□	コンパクト	MINOLTA AFC flash	日本	219.00	Minolta Corp.（ミノルタ）
		□□	コンパクト	CHINON 35 flash	日本	219.00	Chinon America., Inc.（チノン）
		□□	コンパクト	OLYMPUS XA2 flsh	日本	215.00	Ponder & Best, Inc.（オリンパス）
85	6	■■	レンズ	TOKINA SMZ 835 80-200 mm	日本	115.00	Tokina Optical Corp.（トキナー）
	11	□□	コンパクト	MINOLTA Talker	日本	140.00	Minolta Corp.（ミノルタ）
		□□	一眼レフ	PENTAX Super Program F1.7/50	日本	225.00	PENTAX Corp.（旭光学）
		□□	一眼レフ	OLYMPUS OM-2S F1.7/50	日本	350.00	Olympus America Inc.（オリンパス）
		□□	レンズ	TOKINA SMZ 835 80-200 mm	日本	115.00	Tokina Optical Corp.（トキナー）
		□□	レンズ	VIVITAR SERIES 1 70-210 mm	日本	183.00	Vivitar（キノ精密）
		□□	レンズ	CANON FD 70-210 mm	日本	140.00	CANON U.S.A. Inc.（キヤノン）
		□□	レンズ	NIKON Nikkor 80-200 mm	日本	350.00	NIKON., Inc.（ニコン）
89	11	■■	コンパクト	FUJI DL-400 TELE	日本	317.00	FUJI U.S.A., Inc.（富士フイルム）
		□□	コンパクト	NIKON TELE TOUCH DELUXE	日本	317.00	NIKON., Inc.（ニコン）
		□□	コンパクト	CANON SURE SHOT ZOOM	日本	459.00	CANON U.S.A., Inc.（キヤノン）
		□□	コンパクト	CANON SURE SHOT SUPREME	日本	328.00	
		□□	コンパクト	CHINON AUTO 3001 (BASIC)	日本	300.00	Chinon America., Inc.（チノン）

出所："CONSUMER REPORTS" 1950~89, Vol.15~54 より作成。
注：1）CU評価記号
■■ Best Buy Product (BBP)
□□ Best Buy Gift's (BBG)
○ Not Acceptable Product (NA)
2）カートリッジ式BBP(7) 機種・BBG(2)・NA(5)、インスタントカメラBBG(6)、ボックスカメラNA(2) を除く。

　さらに、85年、世界的に大ヒットしたAF一眼レフ"MAXXUM with 35-70"（日本名：ミノルタα-7000）が契機となって、AF・ストロボ内蔵、ズーム交換レンズの開発など高性能・多機能化が進み、日本製一眼レフが「高くて良い」競争優位性を構築した。

　ドイツ製は、70年後半からCUテスト数が激減し、"ROLLEI SL 35 E with ROLLEINAR・MC F1.4"（81年）が最後のCUテスト品であった[33]。また、アメリカ製はコダック社"RETINA REFLEX with 50/2"（58年）のみであった。

おわりに

　日本カメラが、高品質製品になった理由のひとつに輸出検査制度がある。この制度の目的は、粗悪品の輸出を防止し、輸出品の声価の維持向上を図ることである。日本政府は過去約100年にわたり、粗悪品輸出の防止のため、生糸検査所法（1895~1911年）、輸出絹織物取締法（1927~44年）、重要輸出品取締法（36~48年）、輸出検査法（48~97年）などに基づき、戦略的輸出品の品質規制を行ってきた。こうした事例は海外では少なく、一部の発展途上国が重要な農

産物など、また先進国では、フランス（53〜85年）やスイス（62〜91年）が時計に導入した事例である。なお、中国は日本の輸出検査法をモデルにした輸出入検査法（89年）を導入している[34]。

　第2次大戦後、輸出産業に急発展した日本カメラ産業がいかにして「安かろう悪かろう」や「模倣」から脱却し高品質製品としての国際競争力を確立したかについて輸出検査データとCUテスト結果に基づき検証した。

　その結果、日本カメラは、ドイツカメラに対して生産数量・金額が1962年に、輸出金額が64年、同数量が67年に上回り、「良質安価な輸出品」としてキャッチアップした[35]。さらに76年には、信頼性を伴った品質面で名実ともにドイツカメラを追い抜いたことが検証できた。

　日本のカメラメーカーは、60年代に新製品開発力や量産体制を、70年代後半に海外販売網や信頼性の優位性品質体制が確立した[36]。このように70年代後半には、カメラメーカーの自己責任体制が確立していることから、輸出検査法の指定解除の時期（89年）を約10年早めてもよかったともいえる。

　この成果の主たる担い手は、たゆまぬ自助努力をした日本のカメラ関連メーカーと戦後初期において輸出検査など輸出振興策を実行したGHQと日本政府（検査協会を含む）であった。両者の相互補完的な関係は、戦後初期から70年代にかけて、アメリカはじめ海外のユーザーやディーラーなどを味方にしたともいえよう。

注
1）『カメラ等の輸出検査年表』日本写真機光学機器検査協会、1979年、9頁。
2）法律第53号48年7月公布、10月施行。西謙一編『輸出検査と商事仲裁』港出版社、1963年、27〜31頁。
3）前掲『カメラ等の輸出検査年表』、4頁。
4）法律第97号、57年5月公布、58年1月施行。
5）『世界の日本カメラ　増補版』日本写真機光学機器検査協会、1984年、46頁。
6）前掲『カメラ等の輸出検査年表』、9頁。
7）品目別ロット検査件数不合格率（％）＝不合格件数÷総受検件数。
8）拙稿「日本の機械式ウオッチの品質向上と輸出検査」『国際ビジネス研究学会年報』国際ビジネス研究学会、2004年、324〜327頁。
9）カメラメーカーでは、略称としてJCIA（Japan Camera Industry）と呼んでいた。

10) 『日本カメラ工業史』日本写真機工業会、1987 年、30~31 頁。
11) Japan Mechanical Design Center の略称。
12) 前掲『日本カメラ工業史』、31 頁。JCII は、Japan Camera & Optical Instruments Inspection and Testing Institute の略称。JMDC は、Japan Mechanical Design Center の略称。
13) "Military Standard" の略称。MIL-STD-105A (50 年) は代表的な計数検査用の抜取規格。
14) 日本規格協会 (45 年)、日本科学技術連盟 (46 年)、日本能率協会 (49 年) が設立され、その QC 指導はカメラメーカーの品質の向上に大きな貢献をした。『キヤノン史 技術と製品の 50 年』キヤノン、1987 年、109、385~386 頁。
15) 拙稿「日本カメラの品質向上と輸出検査『紀要』日本大学経済学部経済科学研究所、2003 年 3 月 (第 33 号)、171、189 頁。
16) 輸出検査の解像力テスト、ボディ部との互換性テストなどには、一眼レフメーカーによって異なるボディバック量 (レンズのバックフォーカス量に必要)、マウントの基準値、カメラ側が要求するレンズの動的特性、絞り、焦点距離などの情報が必要であった。
17) 一眼レフの AE 化はレンズが送る情報が多くなり、その対応が設計、製造とも高精度が要求された。
18) 一眼レフは、撮影レンズとフイルム面の間に介在する 45 度のミラーがある。そのため撮影レンズは、レンズとフイルム間の距離 (バックフォーカス) を持つことが絶対条件になる。小倉敏布『写真レンズの基礎と発展』朝日ソノラマ、1995 年、122~123 頁。
19) 前掲『キヤノン史』、109 頁。
20) 千代田光学 "Ansco Autoset Inspection data (in Ansco)" による。
21) 前掲『世界の日本カメラ』、236~238 頁による。なお、ミノルタでは、人間宇宙船 (アポロ 8 号) 用露出計・ミノルタスペースメーター (68 年) の NASA の要求スペックが信頼性向上の大きな動機になった。
22) 温度プラス 40℃からマイナス 5℃までの機能保持範囲を規定する検査基準の追加改正が行われた。前掲『世界の日本カメラ』、238 頁。
23) 初期の外観検査は、主に官能検査のため協会検査員のクセによる判定のバラツキもあった。主な理由は、出身メーカーでの経験に基づくもので、かえって改善のヒントになったともいえる。
24) 検査協会の輸出合格数量－工業会統計の輸出数量＝アウトサイダー輸出数量。
25) 拙稿「日本の軽工業と輸出検査制度」『産業学会研究年報』産業学会、2001 年 3 月 (第 16 号)、91 頁。
26) 江上哲『なぜ日本企業は「消費者満足」を得られないか』日本経済新聞社、1991 年、30~31 頁。
27) アメリカでは、戦後、占領軍兵士や『ライフ』誌カメラマン D・D・ダンカンが、朝鮮戦争 (50~53 年) の報道に使ったコンタックスやライカにニッコールレンズを使用するなど、日本カメラや交換レンズの優秀性を評価する土壌があった。『光とミクロと共に ニコン 75 年史』ニコン、1993 年、137 頁。
28) 拙稿「米国における日本製カメラの競争優位の構築」『国際ビジネス研究学会 第 12

回全国研究会 報告要旨』国際ビジネス研究学会、2005 年、151 頁。
29) キヤノン、ニコン、ミノルタ、リコーなどは、製品ブランドを社名やロゴに使うようになった。
30) 拙稿『日本カメラの品質向上と輸出検査』2003 年、164、180、181、185 頁。
31) CU テストで、サンプル 2 台はセイコー製シャッターがすぐに故障し、Not Acceptable と評価された。CU "Consumer Reports"（Nov. 1963)、534 頁。
32) 大平哲男「日本カメラ産業における国際マーケティング」『星陵台論集』神戸商科大学、1994 年 6 月（第 27 巻第 1 号）、158～159 頁。
33) 拙稿『米国における日本製カメラの競争優位の構築』、149～151 頁。
34) 拙稿「日本の機械式ウォッチの品質向上と輸出検査」、328～329 頁。
35) 拙稿『戦後日本カメラ産業の発展と輸出検査制度』（大阪市立大学大学院経済学研究科 96 年度修士論文)、35～36 頁。ただし、ドイツカメラは、西ドイツ連邦統計による。
36) 拙稿「日本カメラの品質向上と輸出検査」、181 頁。

第7章　日系メーカーの海外生産と台湾光学産業の形成

沼田　郷

はじめに

　時計と並んで精密機械産業を代表するカメラは、機械加工組立技術、光学技術、電子工学技術を融合させながら発展してきたといえる。国内でのカメラ生産が本格化するのは戦後のことであるが、戦時中に蓄積した機械加工組立技術、光学技術がその基礎になっている。日系カメラメーカー（以下、日系メーカーと略す）が世界市場において競争力を発揮し、不動の地位を築いてゆくなかで、日系メーカーは一部の機種（とりわけ海外市場への供給分）の海外生産を開始した。1966年に日系メーカーの先鞭を切ってリコーが台湾に進出すると、ヤシカ（香港67年）、キヤノン（台湾70年）、旭光学（香港73年、台湾75年）、ミノルタ（マレーシア73年）が相次いで進出した。こうした海外生産の要因とされてきたのは、高度成長に伴う生産コストの上昇であった。しかしながら、生産コストの上昇は特定のメーカーにのみ当てはまる要因ではない。つまり、日本国内における生産コストの上昇は、海外生産を決定する要因のひとつではあるが、各メーカーにおける海外進出を十分に説明し得ない。この問題を考察するには、生産コストの上昇や為替レートの問題などの要因のみではなく、進出国（地域）側の要因とメーカー側の要因もあわせて分析する必要がある。

　台湾では日系メーカー進出以前には光学産業が存在しなかったといってよい。この状況が日系メーカーの進出によって大きく変化することになった。とくに、日系メーカーの部品調達や外注加工によって、台湾メーカーとの関係を構築するに至った。したがって、台湾進出以降の日系メーカーを分析することは、台湾光学産業の形成過程を明らかにすることになり、ひるがえって台湾光学産業の形成過程を明らかにすることは、日系メーカーの部品調達を明らかにするこ

とになりうる。

　研究対象地域はカメラにおける海外生産の実情に鑑みてアジア地域（とくに台湾）に限定する。本章の第1の課題は、企業内国際分業の視点から生産拠点の位置づけを明確化し、台湾進出後の動向を時系列的に把握することである。第2の課題は、これら日系メーカーの台湾進出によって形成された台湾光学産業の形成過程を明らかにすることにある[1]。

第1節　台湾の外資誘致政策

1．外資に対する「政府の影響」

　海外進出時における進出国（地域）側の要因として、本章ではヘライナーの業績に依拠し、「政府の影響」についてみることにしたい[2]。ヘライナーの研究に関する詳細な検討は、杉本昭七氏、関下稔氏が行っており[3]、ここでは本章の課題に関わる点に絞ってみていくことにする。

　まず確認しておかなければならないのは、ヘライナーは対象国（地域）が先進国であるのか発展途上国であるのかを分けて検討する必要があるとした点である。しかしながら、本章での問題は外資に対するスタンスであり、発展段階による区別ではない。つまり、外資に対して「規制」という側面が強いのか、それとも「誘致」という側面が強いのかということである。NIEs、ASEAN、中国などでは、年代や産業ごとに差があるとはいえ、総じて外資を誘致する側面があった[4]。したがって本章では、「政府の影響」における「誘致」の側面を分析する。「政府の影響」のうち「誘致」に関する側面は、筆者が「外資誘致政策」と呼ぶものと同義である。今後この側面を指す際には「誘致政策」と表記し、これをソフトとハードとに分けて考察する。この場合、ソフトとは法整備などを、ハードとは進出国政府による物的側面から進出企業の活動を円滑に行い得るための環境整備を指すことにしたい。以下では、台湾政府が行った「誘致政策」のうちソフト面に該当する法整備から考察する。

2. 台湾の外資誘致政策と輸出加工区

　台湾における「誘致政策」の歴史は 1950 年代より開始されている[5]。52 年にはアメリカとの間に米華投資保証協定を結び、アメリカ政府が自国企業の投資に関するリスクをカバーした。54 年には外国人投資条例を立法化したが、外資導入に関して見るべき効果はなかった。そのため、台湾政府は外国人投資条例を改定する準備を進め、59 年にこれを実行した。この改定の内容は、外資の安全と企業活動の自由を保障し、利益送金制限の撤廃を行った。60 年には投資奨励条例を改定し、営利事業所得税の大幅免除規定、資産再評価基準の制定など、投資に対する積極的な優遇策が講じられた。これらの改定によって、外資の投資活動に対する諸制限は取り除かれ、台湾における外国人投資家の活動は、本国のそれと同じ法的地位、税制面においてはそれ以上に優遇されることとなった。

　一方、58 年には為替貿易改革法が成立し、これまでの複数レートを一本化し、実勢化を内容とする為替レートの合理化が進められた[6]。台湾元のレートは 61 年以降長期にわたって 1 ドル 40 元の水準で安定し、外貨の流入と貿易の伸長の両面で有利な条件として働いた。

　さらに、進出国（地域）のみではなく、米国においても特定国（地域）への進出が有利になる法が存在していた。ここではその一例として、米国が供与した特恵関税（GSP）を指摘したい。これは該当国（地域）から米国への輸入に対して関税を免除するというものであった[7]。

　次に「誘致政策」のハードとしての側面を考察するために、輸出加工区について言及する。60 年代半ばから 70 年代初頭にかけて、台湾には 3 つの輸出加工区が設置された[8]。高雄（65 年）、楠梓（70 年）、台中（70 年）である。台湾の輸出加工区設置の目的は、①輸出による外貨獲得、②雇用の増大、③技術移転への期待、この 3 点であった。この目的のために外資、とりわけ直接投資による企業誘致をはかったのである[9]。

　輸出加工区の設置は台湾全体の工業化プロセスの第 2 段階にあたる（表 7-1 参照）。本章の対象である日系メーカーの台湾進出は、台湾全体の工業化プロ

表7-1　台湾の工業化と輸出加工区の工業化プロセス

台湾全体		輸出加工区	
年代	工業化プロセス	年代	工業化プロセス
1950～60年代	輸入代替工業化		
60年代半ば～	輸出志向工業化	1966～73年	労働集約的
70年代半ば～	重化学工業化への挑戦	74～83年	緩やかなシフト
80年代後半～	ハイテク産業育成	84～95年	撤退率最高
		96年以降	ハイテク主体

出所：台湾全体の工業化プロセスに関しては文大宇「台湾経済発展の内実」渡辺利夫編『開発経済学』東洋経済新報社、2000年、203～204頁より作成。

セスの第2段階から第3段階にかけて行われたことになる。一方、輸出加工区における工業化プロセスも四段階で把握されている。その把握によれば、第1段階の66年から73年までは労働集約的製品が主体であった。第2段階の70年代半ばには、労働集約的製品から資本集約的製品への緩やかなシフトが見られた。第3段階の80年代半ばから90年代半ばにかけては、輸出加工区からの撤退率が最高となり、労働集約的な生産の終焉を迎えた。第4段階である96年以降は、ハイテク製品が主体となった。こうした輸出加工区内における生産の高度化は、進出企業に大きな影響を与えた。また、台湾の工業化は政府によって政策的に進められ、輸出加工区は工業化の先導役を果たした側面がある。

　台中輸出加工区内への投資国（地域）と投資金額をみると、投資件数では日本が、投資金額では米国が第1位であることがわかる（表7-2参照）。つまり、1件あたりの日本の投資規模は小さく、米国の投資規模は大きいということを示している。これらの統計は投資計画に基づいたものであるため、その点に関しては留保が必要であるが、当輸出加工区における投資国（地域）、件数、規模を知るという意味においては十分なものであろう。

　台中輸出加工区内における企業分類の特徴として、電子機器の進出が非常に多いことが理解できよう（表7-3参照）。また、光学機器1件当たりの投資計画、投資済み金額ともに電子機器のそれに比して大きい点も確認できる。

　台中輸出加工区の輸出統計をみると輸出市場としてのアメリカの地位が非常に高いことを理解できよう（表7-4参照）。一方、日本への輸出は全体の約11％であり、アメリカのそれと比較すると非常に低いことがわかる。また、台湾

第7章　日系メーカーの海外生産と台湾光学産業の形成　　191

表7-2　台中輸出加工区内の投資国（地域）と投資金額（1973年10月）

国	企業数	投資計画	販売計画	雇用計画
台湾	3	516,622	2,721,200	436
香港	3	1,428,280	4,529,384	805
日本	14	14,692,000	125,015,606	8,859
米国	3	1,955,115	15,559,200	2,981
西ドイツ	1	1,050,000	4,500,000	221
日台合弁	5	1,031,210	9,342,200	1,034
台湾-西ドイツ合弁	1	188,194	590,000	110
その他	9	27,049,279	186,630,462	16,840
合計	39	47,910,700	344,388,052	31,286

出所：経済部加工出口区管理処編『加工出口区　統計月報』1973年10月より作成。
注：単位は投資計画、販売計画がドル、企業数が社、雇用計画が人である。

表7-3　台中輸出加工区内の企業分類（1973年10月）

企業分類	投資許可数	投資計画	雇用計画	操業開始企業	投資済金額	今年度販売額	雇用者数
精密機器	2	3,389,434	1,533	1	194,170	519,636.52	843
電子機器	14	7,911,209	10,487	10	5,421,973	22,065,666.76	5,049
光学機器	3	7,570,000	1,459	1	2,078,918	5,351,519.53	462
金属	3	1,428,409	619	—	237,915	41,778.40	—
プラスチック	4	858,311	889	4	373,793	1,235,355.20	613
機械	2	830,840	302	1	505,571	—	85
皮革	3	1,366,622	438	2	502,160	—	263
その他	8	27,049,279	16,840	3	12,055,816	29,427,277.38	7,822
合計	39	50,404,104	32,567	22	21,370,316	58,641,233.79	15,137

出所：表7-2と同じ。
注：単位は投資許可数が件、投資計画・投資済金額・今年度販売額がドル、雇用計画・雇用者数が人、操業開始企業が社である。

内課税区が約5％を占めていることから、輸出加工区外の企業との連携が一定程度みられる点も注目される。

　輸出とは対照的に輸入においては、日本の位置が非常に高いことが理解できよう（表7-5参照）。つまり、これらの統計が示していることは、輸出加工区を挟んで、輸入は日本、輸出はアメリカという関係が成立している点である。涂照彦氏が指摘した「トライアングル」は、台中輸出加工区においても充当していた[10]。また、台湾内課税区からの輸入が約9％ある点も注目すべきである。輸出の際と同様、輸出加工区外との連携がみられた。

表7-4 台中輸出加工区の輸出統計（1971年2月～73年10月）

（単位：ドル、%）

輸出国	金額	比率
日本	5,661,400	11.34
香港	4,881,214	9.78
シンガポール	969,521	1.94
アメリカ	25,871,420	51.82
カナダ	2,017,796	4.04
西ドイツ	3,422,748	6.86
オランダ	2,733,705	5.48
英国	642,536	1.29
台湾内課税区	2,691,630	5.39
その他	1,031,370	2.06
総計	49,923,340	100.00

出所：表7-2と同じ。
注：1）金額に関しては1971年2月以降の累計。また、小数第1位で四捨五入。
2）台湾内課税区というのは、輸出を前提とした台湾内（加工区外）での加工。

表7-5 台中輸出加工区の輸入統計（1971年2月～73年10月）

（単位：ドル、%）

輸入国	金額	比率
日本	32,080,207	76.22
香港	2,425,165	5.76
西ドイツ	1,535,339	3.65
アメリカ	1,549,920	3.68
台湾内課税区	3,734,772	8.87
その他	764,507	1.82
総計	42,089,910	100.00

出所：表7-2と同じ。
注：1）金額に関しては、1970年6月以降の累計。また、小数第1位で四捨五入。
2）台湾内課税区というのは、加工区外からの調達。

　同加工区内の産業別輸出入をみると、輸出入金額ともに大きいのは電機機械産業であることがわかる（表7-6参照）。また、輸出金額を輸入金額で除したものが最も高いのは光学機器であり、輸出加工区における付加価値が高いことを示している。

　台中輸出加工区の性別雇用の特徴は、女性雇用者が男性雇用者の約4倍になっている点であろう（表7-7参照）。また、性別・年齢別雇用の特徴としては、女性雇用者の約91％が14歳から24歳までの年齢層で占められている点である。さらに、平均賃金では1,401 NTドル（台湾ドル）から1,700 NTドルまでの所得層で、全体の約42％を占めている。

　これらの統計より輸出加工区の特徴として、以下の5点が明らかにされた。

　①同輸出加工区内への投資国は日本が中心である点
　②輸出国の中心はアメリカであり、輸入国の中心は日本である点

表 7-6　台中輸出加工区内における産業別輸出入（1973 年 10 月）

（単位：ドル）

分類	輸入金額	輸出金額	輸出/輸入
電機機械	11,480,135	18,958,120	1.65
光学機器	1,403,327	5,357,399	3.82
その他	7,290,123	5,111,758	0.70
総計	20,173,585	29,427,277	1.46

出所：表 7-2 と同じ。
注：小数第 3 位で四捨五入。

表 7-7　台中輸出加工区の年齢・性別雇用と平均賃金（1973 年 10 月）

年齢・性別構成		平均賃金		
年齢	人数（人）	賃金構成（NT ドル）	人数（人）	比率（％）
男子		1,051～1,200	633	9.46
14～19 歳	395	1,201～1,400	452	6.76
20～24	343	1,401～1,500	836	12.5
25～29	331	1,501～1,600	1,287	19.24
30～39	156	1,601～1,700	930	13.09
40～	77	1,701～1,800	562	8.4
男子計	1,302	1,801～1,900	641	9.58
		1,901～2,000	396	5.92
女子		2,001～2,100	257	3.84
14～19 歳	3,227	2,101～2,200	163	2.44
20～24	1,652	2,201～2,300	130	1.94
25～29	197	2,301～2,400	121	1.81
30～39	213	2,401～2,500	59	0.88
40～	99	2,501～3,000	133	2.86
女子計	5,388	3,001～	90	1.35
男女計	6,690		6,690	

出所：表 7-2 と同じ。
注：1）1973 年 10 月における新規雇用は 730 人（10.91％）、退職者は 437 人（6.53％）。
　　2）比率は小数第三位で四捨五入しているため合計は 100％にならない。

③同加工区内の光学機器における付加価値が高い点

④一定程度ではあるが、輸出加工区外の企業との連携がみられる点

⑤雇用者の年齢は男女ともに若年層中心であるが、とくに女性の平均年齢が低い点

②に関しては、涂氏の指摘した「トライアングル」の特徴を有している。④に関しては、加工区内における企業は加工区外の5,000社以上の工場と連携がみられた。加工区内の企業はこれら企業との取引の中で人材派遣を含め、品質管理や技術指導などを行った事例もある。また、これらを行う過程で技術移転も進行した。進出企業がノックダウン生産から部品調達を進める過程は、進出後の企業動向を明らかにする本章の課題に鑑みると非常に重要である。

⑤に関しては、輸出加工区設置の目的に鑑みれば自明であるが、雇用者は若年層が中心であり、とくに女性は十代のウエイトが非常に高いものであった。

こうして進出企業の受け皿として整備された輸出加工区を考察してみると、日本に比して低廉かつ必要最低限の教育がなされた労働者の存在を特徴として挙げることができよう。また、海外進出を視野に入れた企業にとって、投資コストを軽減させる輸出加工区の設置をはじめとする「誘致政策」は、台湾を有望な進出先として浮上させたと考えられる。そして何より台湾政府が外資に対して好意的であった点こそが進出企業の投資リスクを軽減し、台湾進出への誘因となりえた。

第2節　海外生産の実態

日系メーカーの海外生産におけるパイオニアはリコーである。66年のリコーの台湾進出を皮切りに他のメーカーも続々と海外生産に踏み切った[11]。1970年における日本の輸出検査データからコンパクトカメラと一眼レフの不合格率を確認すると、それぞれ約5％と約2～3％であった。コンパクトの不合格率約5％という数字は、海外生産を行える水準にないということを示し、当時海外生産が可能であったメーカーは限られていたことを示している[12]。

70年代までの日系メーカーの進出先をみるとミノルタ[13]を除いて香港と台湾に進出した（表7-8参照）。これらメーカーの海外生産における特徴を簡単にまとめると、旭光学を除いてコンパクト生産が中心であった点である。操業開始時の生産形態は、生産工程の一部分（労働集約的）のみを海外で行うものであり、部品の全量を日本から輸送するノックダウン生産であった。

第7章　日系メーカーの海外生産と台湾光学産業の形成　　195

表7-8　日系カメラメーカー第一世代のアジア進出（生産拠点のみ）

社名	設立	資本金	従業員	生産能力（月産、万台）
台湾理光（リコー） （台湾　彰化縣）	1966年	54.7万ドル リコー91.6%	582人	18.0　コンパクト
Yashika Hong Kong, Co., Ltd.（ヤシカ）（香港）	67年	300万HKドル ヤシカ100%	30人	7.0　コンパクト 2.0　一眼レフ
台湾佳能（キヤノン） （台湾　台中輸出加工区）	70年	7,791万NTドル キヤノン77.4%	60人（71年） 900人（74年） 1,283人（89年）	15.0　コンパクト
台湾技能股份有限公司（チノン） （台湾　台北市）	73年	1,516万NTドル チノン80%	31人（73年） 102人（76年） 350人（89年）	6.0　コンパクト
旭光学（国際）有限公司 （香港）	73年			3.0　一眼レフ
Minolta Malaysia Sdn. Bhd.（ミノルタ）（マレーシア）	73年	200万リンギ ミノルタ100%	49人	4.5　コンパクト 1.0　一眼レフ
韓国CHINON（チノン） （韓国　馬山市）	74年	3億2,000万ウォン	31人 102人（76年）	6.0　コンパクト
台湾旭光学股份有限公司（旭光学） （台湾　台中輸出加工区）	75年	5,000万NTドル ペンタックス100%	218（4）人	1.0　コンパクト 2.0　交換レンズ

出所：『海外進出企業総覧』東洋経済新報社、1976・90年版。小池洋一「台湾における日系カメラメーカーの部品調達」『NIEs機械産業の現状と部品調達』アジア経済研究所、1991年、148頁。各社社史。
注：1）ヤシカの従業員数は、日本写真機光学機器検査協会編『世界の日本カメラ』1984年、333頁。
　　2）キヤノンの74年の従業員数は、日本写真機光学機器検査協会編『世界の日本カメラ』1984年、334頁。
　　3）資本金および従業員数は、とくにことわりのない限り、『海外進出企業総覧』76年版からのものである。
　　4）キヤノンの89年における従業員数は、『海外進出企業総覧』90年版。
　　5）生産能力におけるコンパクトとは、コンパクトカメラを示す。生産能力は80年代後半から90年代初頭にかけてのものである。

1．台湾理光

　台湾理光は200名の人員からスタートし、その後規模を拡大していった。『海外進出企業総覧』[14]によれば、75年の売上は365万ドルであり、77年のそれは379.4万ドルであった。初期のカメラ生産台数は月産2,000台程度であり、1970年代半ばには、月産1万台を達成した。83年にはAFカメラ（「500G」）の生産累計が300万台を突破し、80年代後半には、台湾理光の増築（10億円）

に伴って月産20万台体制となり、人員も1,000人を数えるようになった。同時期に、日系メーカーに対するOEM生産も行っていた。また90年には、カメラの生産累計が1,000万台を突破した。さらに、91年からはAFズームカメラの生産を開始した。ピーク時（93年）の人員は1,200人に達し、カメラの年間総生産台数は80万台に達し、総売上は33億NTドルにのぼった。

　台湾理光設立後のリコーにおけるカメラ生産は、一眼レフを花巻で、コンパクトを台湾で行うという分業体制を確立した。後年、花巻工場が複写機生産を開始すると一眼レフも台湾へ移管し、リコーのカメラ生産は全量海外で行う体制となった。

　90年には泰聯光学（深圳市）有限公司を資本金50万ドルでリコーが40％、三菱商事が20％、亜洲光学（信泰光学）が40％を出資して設立した。生産品目はコンパクト用のストロボとシャッターで、これまで台湾理光が生産していたものを移管した[15]。当時中国への進出が手探り状態であったにせよ、カメラ本体の組立ではなく、部品から生産が開始されたという点は興味深いものである。泰聯光学設立の共同出資社である亜洲光学と台湾理光との関係は後述するが、亜洲光学は台湾理光の下請（レンズ関連生産）として発展してきたという経緯があることを指摘しておく[16]。

2．台湾佳能

　日本カメラ業界の機種別生産比では、コンパクトが55年の約30％から61年の70％弱まで上昇する一方で、二眼レフカメラは56年頃の約30％から61年には約5％へと減少した。このように生産比でみるカメラの主力は、明らかにコンパクトに交代していた。キヤノンはこうした市場の変化を的確に捉えることができたと言ってよい。しかしながら、相対的に技術集約度の低いコンパクトは競争が激しく、キヤノンは競争（とくに価格面）優位を確立するために海外生産を選択したと考えられる。これを裏付ける資料として、キヤノンの外注比率（外注比率＝外注費÷売上原価×100）をみることにする。『カメラ光学機器業界』では、キヤノンの外注費、および外注比率をごくわずかであると指摘している[17]。しかしながら、『有価証券報告書総覧』をみると、台湾進出の直

前である 68 年の外注比率は上期が 59.4% であり下期が 60.9% となっている。また 69 年の同比率は、上期が 68.1% であり、下期が 66.8% になっている。外注工場（加工、部品購入先）は約 350 社となっている。予め断っておかなければならないが、この比率はカメラ部門単体の数字ではなく、キヤノン全体の外注比率である。したがって、カメラ生産を扱っている本章では、この比率には注意が必要である。当時のキヤノンにおけるカメラ生産を知る複数の方々に意見を求めたところ、少なくとも外注利用が低いメーカーではなかったというのが一致した意見であった。キヤノンは、外注によるコスト削減を比較的早い段階から行っており、外注によるコスト削減が限界に達したか、もしくは限界が見えたと判断したために海外生産を行ったと考えられる。また、国内市場のみではなく、海外市場での需要も見込まれるため、海外生産を決定するうえで必要な条件を一定程度満たしていたといえよう[18]。

次に、キヤノンにおけるカメラ生産の分業体制を動態的に把握するため、60 年代初頭から 90 年代初頭までを 4 期（62 年、60 年代後半〜70 年代初頭、70 年代後半〜80 年代初頭、80 年代半ば〜90 年代）に分けて表に示した（表 7-9 参照）。キヤノンのカメラ生産体制の史的展開は、下丸子、玉川体制から取手、福島、台湾、宇都宮、宮崎、大分、マレーシア、中国（珠海）という整理が可能である。

台湾佳能設立時の生産体制を見ると、福島キヤノンをカメラ生産の一貫生産工場にし、取手キヤノンを主に国内向けコンパクト工場にしたことで、台湾佳能はコンパクトの海外市場向け工場としての役割を担った[19]。

70 年代後半〜80 年代初頭は、キヤノンにおけるカメラの生産体制が大きく変化した時期でもある。取手キヤノンは 78 年にカメラ生産から複写機、電卓生産へと移行した。また、それにともない取手キヤノンで生産されていたコンパクトを玉川工場（国内供給分）へ移管した。

一方、玉川工場は、取手キヤノンより移管されたコンパクト生産を行い、80 年代初頭には大分キヤノン（82 年新設）にこれを移管し、カメラ開発を重点的に行う工場へと変化した。

80 年に設立された宮崎ダイシンキヤノンは、主に国内向けコンパクトを生

表7-9 キヤノンにおけるカメラ生産体制の変遷

社名（設立年）	第1期 1962年時	第2期 1960年代後半〜 70年代初頭	第3期 1970年代後半〜 80年代初頭	第4期 1980年代半ば〜 1990年代
下丸子工場	高級機、交換レンズ、中級カメラ、8㍉カメラ	高級機、中級機の一部を生産		
玉川工場 1963年に川崎市に移転	交換レンズ 8㍉カメラ	交換レンズ 8㍉カメラ	コンパクト生産 ビデオカメラ開発	
取手キヤノン (1960年)	「キヤノネット」生産工場として新設	国内向けコンパクト生産	カメラ生産中止 複写機、電卓生産	
福島キヤノン (1969年)		中級機専用工場として新設、その後、一眼レフの生産も行う	一眼レフ専門工場 ポータブルVTR生産	80年代末、一眼レフは大分に移管 ビデオカメラの生産
台湾佳能 (1970年)		「キヤノネット」生産	「キヤノネット」シリーズから「オートボーイ」シリーズ生産へ	87年にR&D移管 90年代に一眼レフの生産
栃木キヤノン 宇都宮工場 (1977年)			FDレンズの一貫生産工場として新設 半導体製造装置	FDレンズ、ビデオカメラ用レンズ 半導体製造装置
宮崎ダイシンキヤノン (1980年)			80〜92年まで「オートボーイ」シリーズを累計600万台生産	コンパクト生産からビデオカメラ生産へ
大分キヤノン (1982年)			玉川工場から移管された「オートボーイ2」を生産	80年代末に福島から一眼レフを移管
キヤノン・オプト・マレーシア (1989年)				ビデオ用カメラレンズ、コンパクト生産
佳能珠海 (1990年)				レンズ、コンパクト生産

出所：『キヤノン史 技術と製品の50年』キヤノン、1987年。
　　　小出種彦編『キヤノン 雄大なる世界戦略と精神的支柱』貿易之日本社、1979年。
　　　小出種彦編『共生を理念に、優良企業グループを目指す』貿易之日本社、1997年。
　　　これらの資料をもとに自身の調査を加えて作成した。
注：1）福島キヤノン、取手キヤノンは1978年にキヤノン本体に吸収合併された。
　　2）宇都宮工場は清原団地内に新設。この工場は、栃木キヤノンの宇都宮工場として新設された。
　　3）宮崎ダイシンキヤノンは、1980年に大新産業とキヤノンが共同出資でダイシンカメラを設立、1991年に現社名に変更。
　　4）1991年8月には福島キヤノンより大分キヤノンへ「EOS-1」の生産が移管された。
　　5）1980年代半ば以降は、新聞記事、聞き取り調査等より作成。

産した。また、大分キヤノンは福島キヤノンからカメラ生産の中心工場としての役割を引き継ぐ形で発展した。

台湾佳能は、71年5月7日に「ニューキヤノネット19」を1,500台初出荷し、キヤノンにおける中級機生産の海外工場としての役割をスタートさせた。また、台湾佳能はキヤノン初の海外生産拠点でもある。74年までには、レンズ加工から本体組立までの一貫生産体制を整え、「キヤノネット」など3機種、8㍉撮影機2機種を含めて月産3～4万台の生産体制、年間1,500万ドルの生産規模になった。76年には台湾佳能電子（73年設立）を台湾佳能が吸収合併した。79年2月には、台湾佳能の出荷台数が累計200万台（コンパクトと8㍉撮影機の総出荷台数）を超えた。さらに、80年1月には、「オートボーイ」を初出荷した。

台湾佳能における生産開始機種「キヤノネット」は、61年に日本での生産が開始されたものであり、海外生産に必要とされる十分な生産蓄積があった。海外生産初期には、ノックダウン生産で行われ、部品については全量日本から輸入していた。その後は部品の現地調達および部品の内製化を進めていった。また、生産品目の高度化を『キヤノン史』から確認すると、ノックダウン生産を行った後、台湾佳能での付加価値の増加や量産効果を期待して、コンパクト「デートマチック」（74年11月発売）の量産直接立ち上げを行った[20]。このプロジェクトは、部品確保や製品の移動等の障害によって、当初のスケジュールからは遅れることになったが、この経験が80年代後半の「オートボーイライト」、同じく「スナッピイS」の自主立ち上げの際に経験として生かされた。

86年にはカメラ部門（コンパクト）の研究・開発拠点（以下、R&Dと略す）を台湾佳能に設けた（R&Dの現地化）[21]。これは台湾佳能における量産体制のスピードアップ（生産ラインと直結しているため）とコスト削減を目的としたものであった。さらに、コスト削減のなかには、現地の優秀な人材を活用し、日本の技術者を他の部門に充てるという利点もある。ただし、台湾佳能が現地市場への直接供給を目的とした生産拠点ではないため、現地市場のニーズを把握するという利点は生かせない。このR&D移管によって「PRAIMA」シリーズをはじめとする多くの製品が台湾佳能から生まれている。ただし、要素技術

つきのR&Dではないこと、製品の仕様などに関する指示は日本から行われており、完全に独立したものではない点が台湾調査で明らかになった（部品調達に関する権限は台湾佳能にある）。また、海外のR&D拠点設置は、これまで本社から子会社への一方通行であった経営資源（利益送金などは除く）の移転が、逆方向に移転するという可能性をもつことになった（コンパクト用のR&Dが日本にはないため）。

80年代後半からは、台湾佳能と後に進出する佳能珠海（シューハイ）（90年進出）とで、中級機のほぼ全量を生産していた。そのためR&Dの台湾移管は、生産現場と直結することによって、コスト削減、リードタイムの短縮等に効果があった。

89年にはキヤノン全体の生産体制再編として、福島キヤノンから普及機の一眼レフ生産が台湾佳能へ移管された。この時期から、台湾佳能の生産拠点としての位置づけが大きく変化し、欧米を中心とした輸出拠点から、日本国内への輸出をも担うことになった。『海外進出企業総覧　1989年度版』によれば、キヤノンの資本金は2.12億NTドルに、人員も1,283人（うち日本人4人）となっていた。

このように台湾佳能は、海外市場向けコンパクトの主力工場としての役割を果たしながら、生産の高度化を実現してきたと言えよう[22]。さらに、企業内国際分業の変遷を明らかにする過程で、国内生産は多角化部門へ優先的に割り当てられる傾向があることを確認した。

3．台湾旭光学

旭光学の事例を扱う理由は、キヤノンをはじめとする日系メーカーの海外生産がコンパクト生産を目的としていたのに対して、旭光学の場合は唯一この時期（73年）に一眼レフの海外生産を行っていたからである。

60年に新設された小川工場は、東京工場（19年設立）の生産許容能力を超えたために新設されたレンズ工場である。さらに、68年に新設された益子工場は、一眼レフの量産工場としての役割を担うもので、これ以降東京工場は新製品の研究・開発を主に担当することになった。旭光学の分業体制はシンプルなものであった。国内の分業体制は、小川工場と益子工場がそれぞれ交換レン

表 7-10 旭光学における国内工場と海外（香港、台湾）工場の分業体制

(単位：台)

		1975 年			1980 年		
		生産数量	機種名	仕向地	生産数量	機種名	仕向地
国内工場	一眼レフ	454,000	—	全世界	971,000	—	全世界
	レンズ	700,000	—	全世界	1,420,000	—	全世界
香港工場	一眼レフ	85,000	SP1000	米国・欧州	260,000	K1000	米国・欧州
台湾工場	レンズ	3,000	標準レンズ	米国・欧州	397,000	レンズ	米国・欧州

出所：ペンタックス　IR・広報宣伝部からの資料提供による。
注：1）国内工場のレンズは、一眼レフ用標準・交換レンズ（35ミリ、中判、110サイズ）である。
　　2）台湾工場の80年のレンズとは、標準レンズ、望遠レンズである。

ズとカメラボディの組立という役割を担い、海外は香港工場（73年設立）が益子工場的な役割を、台湾工場（75年設立）が小川工場的な役割をそれぞれ担っている。また、国内生産と海外生産の位置づけは、上位機種が日本で生産され、下位機種のうち輸出向け製品は海外生産となっている。益子工場では量産体制[23]に加え、労賃を抑える目的で女性従業員を大量雇用するため作業の標準化を進めた[24]。この作業の標準化は、海外生産を開始する際に少なからず寄与した面があった。

香港工場は低価格一眼レフの生産から開始された。その後、サブアッセンブルへと発展し、その前段階として現地従業員を東京工場で研修させ、ユニット部品の組立を行った[25]。表 7-10 が示しているように、製品は全量輸出であり、主な仕向地は欧米であった。さらに、ジョブ・ホッピング問題への対応もあり作業の標準化に務めた。

台湾工場は台中輸出加工区内に設立され、香港のカメラ本体に対応する4種類の標準レンズ組立から生産を開始した。77年には機械工場と表面処理工場が部品加工を開始し、標準レンズの一貫生産工場として新たに生産が開始された。海外生産工場を香港と台湾の2カ所に分けた理由は、カントリーリスクからであることが聞き取り調査によって明らかにされた。

70年代初頭、一眼レフの海外生産は、技術上かなりの困難を伴うということがカメラ業界の通説であった。というのも、コンパクトと一眼レフとではカメラの機能の違いから生産工程が大きく異なるからである。大別すれば、ファ

インダー、シャッター、レンズの部分でこれらが大きく異なる。さらに、コンパクトの部品点数は一眼レフのおおよそ半分、組立精度においては、一桁精度を上げる必要があった[26]。

ではなぜ旭光学は海外生産を行ったのだろうか。旭光学が1970年代に他のライバル企業が多角化を模索する中で一眼レフを生産し続けた[27]。1968年の旭光学の売上構成比を見ると、カメラ以外のものはほとんど無いと言ってよい[28]。この数字は75年時においても94.4％と高率であり、一眼レフ専業メーカーという地位に変化はなかった。この時期多角化を進めていたキヤノンは、カメラ関係の売上がすでに約54％であり、いかに旭光学が高率であるかがわかる。70年代には、他社の一眼レフも続々と市場に投入され、競争が激化していた[29]。このため、旭光学はカメラにおける業績が企業収益に直接影響を及ぼすため、下位機種の価格競争力を向上させる必要があった。この点を旭光学へ聞き取り調査を行ったところ、海外生産の決断は「輸出競争力の強化」が目的であった点が明らかにされた。一眼レフの海外生産は困難であるという通説を覆すことができれば、それは旭光学にとって大きな競争力につながるはずである。これを裏付ける資料として、旭光学の輸出比率が参考になる。74年における旭光学のカメラ輸出比率は、大手5社の中で最も低い40.3％であった。最も輸出比率が高いのはミノルタで68.8％であった。調査で明らかになった「輸出競争力の強化」という旭光学の危機意識の源はここにあったと考えられる。輸出（海外市場の確保）に関して旭光学が他のライバル企業の後塵を拝している状況を打破するためには、価格競争力を海外生産によって強化するという戦術は理にかなっている。ここに旭光学の海外生産決定の要因があるといえよう。香港、台湾工場からの輸出の伸びについては表7-10を参照していただきたい。また、旭光学の輸出比率は、海外工場操業後の77年より急増（69.7％）した事実もあわせて指摘しておく。

旭光学における生産体制が大きく変化するのは90年代に入ってからである。しかしながら、その萌芽として80年代半ばには台湾工場の位置づけが変化する。それまでは交換レンズと標準レンズが主たる生産品目であったが、この時期よりコンパクトの生産を開始した。86年には「スポーツE」と「スポーツ

S」を、87年には「ズーム70」を生産した。これは香港工場における生産量の低下が直接の要因であると考えられる。というのも、前述したように香港と台湾ではカメラ本体組立とレンズ生産という分業体制であったため、香港での生産量低下は即座に台湾の生産量低下に直結するものになっていた。このため、旭光学では国内を含めた企業内国際分業の見直しを行った。80年代を通じて生産体制は国内4カ所（小川、益子）、東北精密（宮城県築館町）、朝日工機（福島県矢吹町）と海外2カ所（香港、台湾）であった[30]。86年からの台湾工場へのコンパクト生産移管は一時的な措置であり、その後のフィリピン進出（90年）へのモラトリアムであったと考えられよう。日本でのコンパクト生産は限界に達していたものの、80年代後半からの香港や台湾への生産進出では「競争力」をもつことは不可能であった。そこで、フィリピンへの進出を決定したのであろう。

80年代後半には中国での生産委託（広東省深圳市）を行うが、あくまでも中国国内流通に限ったものであった。このフィリピン進出によって、4カ所の国内工場を再編することが可能となった。こうした旭光学における生産体制の再編時期は、キヤノンなどと比較すると遅れたものであったが、生産体制は製品ラインナップや多角化と密接な関係をもっているため、比較には注意を要する[31]。

4．台湾における日系メーカーの部品調達

80年代後半における在台湾日系メーカー3社の部品調達に関しては、小池洋一氏の調査を参考にしながら考察を進める[32]。小池氏は日本におけるカメラの生産・分業体制上における特徴として、以下の3点を指摘している。①労働集約的であること、②高い外注依存率、③多数の下請中小企業の存在である。

カメラ生産における特徴である、①の労働集約的である点が海外生産を決定する根本的な理由となっていたこと、また③の高い外注依存体制になっている点は前稿[33]で指摘した。本稿では、多数の下請企業を前提とした国内生産体制をいかに海外生産（ここでは台湾での生産）体制へと変換させていったのかを分析したい[34]。

小池氏は台湾における部品調達の現地調査を日系メーカー3社とその外注先に対して行った。設立年、所在地から推定すると、台湾理光(リコー)、台湾技能股份有限公司(チノン)、台湾佳能(キヤノン)の3社と思われる。調査内容は内製品目、外注品目、購買品目、輸入品目に分けて行われた。これらを要約すると、進出メーカー内部で行われているのは、最終組立、部分組立、シルク印刷などであった。また、成型、メッキ、プレスなどの加工を一部行っているが、これは精密度が要求されるものや、大規模な金型を必要とするなどの理由によるとされている。外注品目ではレンズ、成型部品、プレス、挽加工、スプリングなどの金属部品、カメラケース、化粧箱などへの印刷などがある。レンズ用硝材に関しては、日系光学ガラスメーカーのオハラ(87年3月台湾小原光学股份有限公司設立)、HOYA(87年5月台湾保谷光学股份有限公司設立、2004年3月に撤退)がそれぞれ進出しているため両社から供給を受けている[35]。これらガラスメーカーの台湾進出は、台湾でのガラス需要の増加を意味し、主な購買相手である日系メーカーにとっては、納入期間の短縮、輸送コストの低減という利点があった。購買品目は超小型モーターや電子部品などであった。輸入品目は電子部品、液晶表示体モジュール、シャッター(その多くはセイコー、コパル)などであった。同調査によると外注企業は20～30社程度とされ、多くは地場系企業であるとされた。

　この調査結果を総合すると、日本におけるカメラ生産の特徴である高い外注依存体制は、限定的ではあるが台湾においても可能となりつつあった。ただし、外注企業数は日本におけるそれとは比較にならないほど少なく(日本では少なくとも100～200社、台湾では20～30社)、日系下請企業の台湾進出はみられない。日本との外注企業数の差は、他のアジア諸国に比して高い技術レヴェルをもっている台湾においさえ、信頼し安定的な取引を行える企業が少ないことを意味している。また、電子部品に関しては低級品であれば台湾内での調達が可能であるが、ほとんどの電子部品に関しては、輸入に頼っているという点が明らかにされている。部品点数が数百点であり、部品の技術集約度も相対的に低いコンパクト生産においては、限定的であるが外注体制が存在した。ただし、複数発注ができるほどには外注企業の数が揃っていない。したがって、数少な

い外注企業に日系メーカーからの注文が集中することもある。また、外注企業は特定の日系メーカーに大きく依存することはなく、日系メーカー以外のメーカーとも幅広く取引をしている。したがって、日系メーカーの下請企業への統制力はそれほど強くないと同調査は指摘している。

　小池氏の調査で十分な指摘と分析がなされていない点は、日本でのカメラ生産の特徴である外注依存体制を日系メーカーが意図的に台湾でも行おうとした点である。小池氏は日本での外注依存体制を海外においても踏襲せざるをえなかったと指摘した。しかしながら、進出メーカーは内製化や輸入（日本でそれを行い、それを台湾に持ち込む）という選択肢も存在するわけであるから、台湾での外注利用はそうすることが進出メーカーにとって利益になるからと考えるのが自然であろう。したがって、意図的に海外で行おうとした「ミニ外注体制」と評価すべきではないだろうか。これは台湾に一定程度の技術的蓄積があることを意味し、取引コストがそれほど高くないことを示している[36]。なぜなら、台湾での取引コストがある一定以上になれば、メーカーは本来外注すべきものを内製化するか輸入するからである。

　次に、外注利用はコスト削減、景気への緩衝材、専門的な技術を利用するなどという側面があるが、台湾におけるそれは少なくとも専門的な技術を利用するという外注ではなかった点である。つまり、日本における外注利用と台湾におけるそれとは外注利用の質的側面が異なるのではないかということである。

5．海外生産の特徴

　70～80年代のカメラ生産を企業内国際分業という視点からまとめると、多角化部門（高収益が見込める分野）へ経営資源の重点的配分を行い、生産体制を大幅に変更する動きが見られた。とくに、国内生産体制はその変化が大きかった（多角化が成功している企業ほどその変化が大きい）と言える。

　企業ごとにその対応を考察すると、リコーは日系メーカーの日本における生産の特徴である外注加工体制を台湾においても行うことを意図していた。とくに、後述する亜洲光学との関係は、それを明らかにするうえで十分な事例であると言ってよいだろう。キヤノンは70年に海外市場向け「キヤノネット」生

産を目的として台湾へ進出した。それ以降、生産品目を高度化させながらキヤノン初の海外生産拠点としての地位を築いてきた。86年にはコンパクト用のR&Dを台湾に移管し、量産技術の確立をみてから海外生産を行うというパターンから、台湾において量産技術を含めて作り込むというパターンへ変化した。これはコスト削減のみではなく、開発から生産までの期間短縮、技術蓄積などを考慮したものであったということが調査によって明らかになった。さらに、国内の技術者を有効利用するという側面があることも指摘した。80年代後半には普及期の一眼レフ生産も開始され、生産拠点としての重要性がさらに増したと言える。

旭光学は70年代に他の日系メーカーに先駆けて一眼レフの海外生産を開始した。その理由は輸出機種の価格競争力を強化するためであった。海外生産は、香港で本体の組立を、台湾でレンズ生産を行うという分業体制を構築した。これにはカントリーリスクを軽減するという目的があった。

86年には台湾においてコンパクト生産を開始し、海外生産の新たな動向として重要な契機となった。さらに、80年代後半には大幅な企業内国際分業の再編を行った。これは、90年に進出するフィリピンも含めた生産体制への準備でもあった。

各社とも70年代の輸出市場は、欧米を中心として行われ、生産体制は供給地別生産が主流であった。しかしながら、80年代半ば頃から日本への供給（コンパクト中心）も担うようになり、より「量産効果」が発揮しうる製品別生産へと移行した。これは、海外生産の位置づけが変化したことを意味し、日本におけるコンパクト生産が限界に達したことを意味している。したがって、海外生産拠点の輸出量は70年代に比して増加した。

台湾におけるカメラ生産の変化は80年代半ば頃から確認することができる。というのも、日系メーカー各社はコンパクトの国内生産を縮小させ、海外生産を中心とした体制を整えつつあったからである。一方で、生産を主たる目的とした中国やASEANへの進出も実行された。こうした状況を鑑みると、高級機（一眼レフなど）は国内、大衆機は中国やマレーシア、フィリピンなどでの生産体制を構築しつつあったということである。したがって、台湾におけるカ

メラ生産は、中級機もしくは高級機の生産へと移行せざるをえない。こうした状況を総合すると、80年代は台湾におけるコンパクト生産の最盛期であり、90年代以降はカメラ生産における台湾の位置づけが大きく変化することになった（90年代には一眼レフの海外生産が本格的に開始される）。とくに、単焦点式のコンパクトなどは、いち早く中国生産に切り替えられた。このような状況において、台湾でのカメラ生産が継続されるのは、国内生産では競争力が維持できないが、中国、ASEANでは生産が困難なケースであろう。したがって、台湾での生産が行われるための条件として、継続的な中、高級機が市場投入されねばならないということになる。台湾におけるカメラ生産に限界が見え始めたという事実は、撤退の可能性が現実味を帯びたことを意味している。

　80年代におけるカメラの海外生産は、70年代における低賃金と「誘致政策」とをセットにした競争力の構築という段階から、次の段階へと移行したと言える。台湾における労賃の上昇は、ノックダウン生産から次の段階としての部品の内製化、生産の高度化（高付加価値化）をメーカーに要請するものであった。また、外注加工や台湾内での部品の購買という新たな選択肢も視野に入れた生産を開始した。これは生産の高度化（高付加価値化）と外注加工、購買をいかに最適化し、「競争力」を構築・維持するかという段階に移ったと結論づけられよう。これを海外進出後の段階区分として捉えるならば、前者を第1段階、後者を第2段階として位置づけることができる。

　こうした生産を主たる目的とした海外進出がある中で、韓国に対する技術提携の事例は日系メーカーがほぼ同じ対応（時間的な差異はあるものの）をとったという意味において興味深いものである[37]。また、本章では十分に展開できないが、外資への対応が柔軟であった台湾政府と、規制的側面の強かった韓国政府の存在を認識することは重要であろう。また、これは海外進出を意図する企業が現地の政策によって様々な制約を受けるという、前述した「政府の影響」における規制的側面の典型的な事例でもある。

第3節　台湾光学産業の形成

1．台湾光学産業の歴史

　台湾光学産業の形成は、表7-11の年別企業設立数からも明らかなように、1970年代からと規定してよいだろう。また、カメラ関連および精密機械の設立企業数も同時期に増加していることが読み取れる。これは日系メーカーの台湾進出による部品調達や外注加工という要請に応えるといった要因があることなどを指摘できよう。70年代に形成された台湾光学産業は、その後十数年で急速な成長を遂げたと言って差し支えない。こうした台湾光学産業の形成のプロセスを日系メーカーの進出に遡って明らかにするというのがここでの目的である。形成期を詳細に検討するために70年代から80年代を台湾光学産業の形成期（以下、形成期）、90年代以降を発展期と規定する。このプロセスを詳細に検討するための事例として台湾系光学メーカーの亜洲光学を取り上げる。

　台湾光学産業の位置づけを確認するには表7-12が参考になる。86年の調査時における光学機器の企業数は704社であり、従業員数は2万1,500人であった。企業数で見た台湾製造業全体に占める光学機器の割合は0.6%であり、同じく従業員数は0.7%、生産額は0.5%であった。光学機器では99人以下の企業が全体の約95%を占めている。製造業全体における99人以下の割合は96%であることから、台湾製造業の従業員規模でみた特徴を光学機器も有している

表7-11　台湾の年別企業設立数

(単位：社)

年	1961～70	1971～75	1976～80	1981～85	1986～90	1991～95	合計
企業総計	3,243	5,428	11,382	17,262	34,035	35,315	106,665
精密機械	13	24	58	79	134	103	413
光学機器	6	14	64	101	205	171	561
カメラ	2	4	13	12	25	21	77
メガネ	3	9	50	85	174	140	461
その他	1	1	1	4	6	10	23

出所：行政院主計処編『工商及服務業普査報告（2001年）』第3巻（台湾地区製造業）、2003年。
注：1）分類のカメラ、メガネには、各々レンズが含まれる。

表7-12 台湾光学産業の位置づけ（1986年）

産業	企業数	従業員数	従業員数でみた規模					生産額
			～9人	10～29人	30～99人	100～299人	300人～	
製造業	113,639	2753.9	72,277	24,914	11,934	3,461	1,053	3,355.50
精密機械	1,327	39.2	635	400	212	67	13	30.3
光学機器	704	21.5	321	220	126	28	9	17.8

出所：行政院主計処編『工商普査報告（1986年）』第3巻（台湾地区製造業）、1988年。
注：1）従業員数の単位は1,000人。
　　2）生産額の単位は10億NTドル。
　　3）企業数、従業員数でみた規模の単位は社。

と言えよう。

2．台湾系メーカーによるカメラ生産

　前述したように台湾光学産業の形成は70年代からである。これは日系メーカーの進出と時期を同じくしている。当初、台湾系メーカーは、日系メーカーやコダックなどの110カメラの模倣品を廉価で生産・輸出していた。その後、日系メーカーからスピンアウトした台湾人がカメラ部品関連の企業を起こし、また一方では、台湾系メーカーに日系メーカーでの技能と技術をもって転職した。台湾系メーカーはこれらの人材と日系メーカーとの取引や技術提携などを通じて成長してきたと位置づけることができる。

　台湾のカメラ生産は、66年の時点で1,046台（約61万NTドル）程度であったものが、70年になると生産台数が23.4万台（約3,494万NTドル）と急

表7-13 台湾のカメラ生産・輸出台数と日本向輸出台数

（単位：万台）

年	1966	1970	1975	1980	1983	1985	1988
生産	0.1	23.4	85.3	257.3	512.0	783.7	1,595.0
輸出	—	—	—	—	447.3	1,040.1	2,627.2
日本向	185.8	270.9	382.3	1,179.6	1,254.8	1,596.1	1,786.6

出所：1）生産台数は経済部統計処『工業生産統計月報』各年度版より作成。
　　　2）輸出台数は財務部統計処『進出口貿易統計月報』より作成。
　　　3）日本向け輸出は日本写真機工業会統計より作成。
注：1）各数値は小数第二位で四捨五入した。表中の―は統計に記載の無いことを示す。
　　2）『工業生産月報』は年間売り上げ1億NTドル以上の企業（それ以下の企業については一部の企業）を捕捉対象としている。したがって、台湾の生産台数と輸出台数には矛盾する箇所も見られるが、統計どおりに記した。

増した（表7-13参照）。さらに、80年の生産台数は約257.3万台（約24.3億NTドル）へと拡大し、生産台数のピークである88年には約1,595万台（約88億NTドル）を記録した。80年代後半における日系メーカーの台湾での生産能力（年産）は約480万台であった。つまり、少なくとも約1,115万台が台湾系メーカーの生産分ということになる。また、日系メーカーのアジア地域における生産能力（年産）は900万台を超えていた。88年時点における日系メーカーの海外生産分は約660万台であると推定される[38]。

3．亜洲光学

先に見た台湾における光学機器の年別設立企業数では、80年代に入るとその数が急増した。また、80年代後半における台湾系メーカーのカメラ生産台数は、少なく見積もっても1,000万台を下ることはないことが明らかにされた（88年の台湾におけるカメラ生産台数は1,595万台、80年代後半の日系カメラメーカーの生産能力は約480万台であるため）。こうした台湾系日系メーカーの中で、中心的な存在ともいえるメーカーが亜洲光学グループである[39]。

亜洲光学は81年10月に亜洲光学股有限公司（ASIA OPTICAL CO., Inc.）として設立された[40]。この際、台湾佳能などから経験者を雇用して、その技能と技術を移転・活用した[41]。また、当初亜洲光学はレンズユニットに特化した生産を行っていた。レンズユニット生産に関しては、台湾理光にカメラ用レンズユニットを納入していた。台湾進出した日系メーカーにおける生産の高度化プロセスをみると、部品は全量日本からの輸入で、組立から生産が開始され、次に行われるのはレンズ生産であったことから、亜洲光学の参入プロセスは技術的な側面からも適切であったと言えよう。両社の関係は単なる取引相手としてではなく、技術的な側面を含めて非常に密接なものであった。台湾理光と亜洲光学の間で台湾理光での研修等を行った[42]。こうした台湾理光の取り組みは、前述したように日本でのカメラ生産の特徴（外注依存体制）を台湾でも行おうとしていたと考えることができよう。言うまでもないことであるが、地場企業の成長はリコーの台湾投資を軽減し、安定的な部品供給、コスト削減を達成することにつながっていた。台湾理光と亜洲光学との関係は長期間継続され、亜

洲光学の成長、発展に台湾理光が果たした役割は非常に大きいと言える[43]。

　亜洲光学は1988年にフィリピンへ進出した（SCOPRO OPTICAL CO., Inc.）。同工場の生産品目は、レンズ研磨、小型モーターなどであり、創業から10年足らずで自らも海外進出を行う企業へと成長した。

おわりに

　本章では台湾政府の「誘致政策」をソフトとハードの両面より考察した。ここで明らかにされたのは、一連の法整備によって投資環境と進出企業の地位を保証した点である。また、輸出加工区という受け皿を整備することによって、実際の企業活動を円滑に行えるようにした点である。これらをまとめると、台湾の「誘致政策」のポイントは進出企業の投資コストとリスクを軽減させ、低廉な労働力を提供した点にあると言えよう。

　第一世代（1970年代）の海外生産要因は、アジア諸国の低賃金労働力の利用による労働集約的工程の部分移転と「誘致政策」をセットにした競争力の確立であった点を明らかにした。

　海外進出日系メーカーの1980年代における海外生産は、前述した競争力確立から次の段階へと移行した。それは生産の高度化（高付加価値化）、現地（在台湾）企業を生産体制へ組み込んだ「競争力」の構築である。進出メーカーは内製化を進める一方で、日本でのカメラ生産同様、限定的ではあるが、外注加工を利用し、購買部品など現地調達を増加させていった。さらに、80年代後半には輸出市場も欧米を中心としたものから、日本を含めた全方位的なものへと移行した。これは供給地別生産から製品別生産への移行を意味している。また、キヤノンのようにR&D機能を台湾に移管し、競争力の構築に努めた点も指摘した。80年代末までには、すべての日系メーカーがコンパクトの海外生産を開始した。

　88年に生産台数のピークを迎える台湾でのカメラ生産は、中国やASEANへの日系メーカー進出によって生産品目の減少（とくにコンパクト）を招き、その中間的立場を危うくしている。これは台湾からの撤退が現実味を帯びてき

たことを意味し、台湾におけるカメラ生産の重要な転換点であることを示している。

　第2の課題であった台湾光学産業の形成時期は、70年代であり、日系メーカーの台湾進出がその契機となったことを明らかにした。台湾におけるカメラ生産は、70年代から増加傾向に入り、80年代を通じて増加傾向を示した。台湾光学産業の特徴は、比較的小規模の企業が多く、日本におけるそれと似た側面をもっている。また、日本国内で行っていた中小規模企業による外注加工体制を海外でも構築しようとした面があり、これを日本のそれに対して「ミニ外注体制」と名付けた。この「ミニ外注体制」に台湾メーカーが組み込まれて成長してきたと言える。その中には、人的交流、技術指導、生産財の貸与などが含まれており、台湾理光と亜洲光学の事例で明らかにしたように、この体制構築にあたっては、地場企業の育成に積極的に寄与した側面があった。その後、台湾光学産業の中から、OEM、ODMメーカーとして急速な発展を遂げ、中国や東南アジア諸国へ進出するメーカーが出現した（台湾光学メーカーの多国籍企業化）。

　本章は80年代までを研究対象期間に設定した。したがって、①90年代に起こった銀塩カメラからデジタルカメラへの急速な移行とそれに伴う生産体制の再編、②台湾光学産業の発展過程を明らかにすることなどを今後の検討課題としたい。

注
1）こうした課題に取り組むため、2004年には台湾（キヤノン、リコー、亜洲光学、ラーガン、プレミア）へ、2005年には中国（キヤノン、オリンパス、亜洲光学）への訪問調査を行った。調査企業は日系、台湾系企業合わせて6社、11カ所を数えた。
2）ヘライナーに関する業績は、以下の論文を参考にした。Gerald K. Helleiner, *Manufactured Exports from Less Development Countries and Multinational Firms*, Economic Journal, Vol. 83, No. 329, March 1973.
　　Gerald K. Helleiner, *Manufacturing for Export, Multinational Firms and Economic Development,* World Development, Vol. 1, No. 7, July 1973.
3）杉本昭七『多国籍企業はどこへ導くか』同文舘、1986年。G.K.ヘライナー『多国籍企業と企業内貿易』ミネルヴァ書房、1982年、（関下稔・中村雅秀解題）。関下稔「多国籍企業のための新しい『工業植民地』論の登場」『東亜経済研究』山口大学東亜経済

第7章 日系メーカーの海外生産と台湾光学産業の形成

学会、1977年8月（第46巻第1号）。
4) これら諸国（地域）の中でも外資に対するスタンスは、産業、年代において異なっており、当該諸国（地域）の工業化と国内諸問題とのバランスを考慮して決定されている。また、「誘致」とは逆の効果をもつ法の制定などが行われる場合があるが、これは上述した理由によるものである。
5) 台湾の外資導入政策については、石田浩「輸出加工区と輸出指向工業化」『日本資本主義と朝鮮・台湾』京都大学学術出版会、2004年を参照。
6) 為替改革については、凃照彦「台湾の『外資依存型』工業化方向」『アジア研究』アジア経済研究所、1976年1月（第22巻第4号）を参照。
7) NIEsに対する特恵関税は89年に廃止。特恵関税以外に、米国には多国籍企業促進税制と指摘される関税があった。これは関税表の806.30と807である。これは米国製の部品を用いて外国で組立および加工をした後に米国へ輸入する際、関税対象は外国における付加価値分のみで、部品の価値については免除になるというものである。詳細は、関下稔『現代アメリカ貿易分析』有斐閣、1984年を参照。
8) 2003年6月時点における台湾内の輸出加工区は、上述した3つに加え「中港」、「成功専用」、「臨広」、「軟体園区」の合計7加工区である。業種別に見ると、電機および電子機械業が全加工区営業額の78.9%（2,805億元）、精密機械業が6.6%（208億元）とこの2業種で大半を占めている。企業数は、271社（ピーク時は1980年の311社）であり、楠梓の93社が最大である。従業員数は6万314人（ピーク時は1987年の9万4,935人）であり、楠梓の3万2,950人が最大となっている。
9) 輸出加工区における入居基準およびインセンティブに関しては、藤森英男編『アジア諸国の輸出加工区』アジア経済研究所、1978年を参照。
10) 「トライアングル」に関しては、凃照彦『東洋資本主義』講談社、1990年を参照。
11) 本章では日系メーカーの海外進出に関して、70年代までに進出したメーカーを第一世代と呼び、80年代以降に進出したメーカーを第二世代と呼ぶことにする。第二世代は89年にオリンパスが香港へ、90年にニコンが中国へ進出した。また、第一世代と第二世代との海外進出時期には大きな時間差が存在する。この差が意味するところを明らかにするために、70年代に海外進出しなかったオリンパスを事例として取り上げて考察した。詳細は、拙稿「日系カメラメーカーの海外生産」『紀要』日本大学経済学部経済科学研究所、2004年3月（第34号）を参照。
12) 詳細は、竹内淳一郎「日本カメラの品質向上と輸出検査」『紀要』日本大学経済学部経済科学研究所、2003年3月（第33号）を参照。
13) コニカ・ミノルタに関しては、コニカとの混同を避けるため、現社名ではなくミノルタを使用することを予め断っておく。また、ヤシカに関しても同様の理由のため京セラではなく、ヤシカを使用する。ミノルタのマレーシア進出は、当初複写機生産を計画していた。
14) 『海外進出企業総覧』東洋経済新報社、1976～78年版。
15) リコーの1997年度売上高は約70億円で、海外生産比率は70%に達した。『海外進出企業総覧』1989年版によれば、資本金は1億NTドルであった。
16) 2003年、台湾理光は亜洲光学への株式譲渡を決定し、事実上1966年からの企業活動

に終止符を打った。
17)『会社全資料　カメラ光学機器業界上位10社の経営比較』教育社、1980年、107～108頁。
18) 当時ハーフサイズカメラがユーザーの一定の評価を得ていたが、あくまでも国内市場に限定されたものだった。
19) 台湾佳能はカメラ生産と平行して電卓生産を行っていた時期もある。
20)『キヤノン史　技術と製品の50年』キヤノン、1987年、133頁。
21) これはR&Dの現地化と呼ばれる動きである。欧米系企業ではすでにその動きがみられていた。R&Dを海外に設置する利点として、吉原氏は以下の4点を指摘している。①現地市場のニーズを的確に捉え、迅速に対応する。②開発の国際分業制。③生産ラインと直結させる。④海外の優秀な人材を雇用し、動機付けを行うため。詳細は、吉原英樹「R&Dの国際化」『世界経済評論』世界経済研究協会、1988年4月号（Vol. 32 No. 4）参照。
22) 2000年には台湾佳能におけるカメラの総生産台数は3,240万台にのぼった。これはキヤノン全体のカメラ生産の4分の1にあたる。
23) 益子工場移転に先立つ1959年にはコスト削減の一貫として、ベルトコンベアーを東京工場に導入していた。
24) 小出種彦編『旭光学　80年代飛躍する一眼レフのパイオニア』貿易之日本社、1980年、118頁。
25) 同上、253頁。
26) これを裏付けるように、旭光学を除けばこの時期に一眼レフの海外生産を行った企業はない。
27) 旭光学は多角化を模索しなかったのではなく、成功しなかったという側面もある。旭光学がコンパクトの生産を開始するのは84年であった。また台湾工場で同カメラの生産を開始したのは86年であった。
28) カメラ関係とは、写真機、交換レンズ、露出計、付属品である。またカメラ関係以外では、双眼鏡と天体望遠鏡などがある。これらカメラ関係以外のものを合わせても約1％にしかならない。
29) たとえば、オリンパスの「OM」シリーズ、キヤノンの「AE-1」、ニコンの「ニコマート」シリーズなどである。
30) 東北精密、朝日工機の両社は、2005年7月1日よりペンタックス東北、ペンタックス福島にそれぞれ社名を変更している。
31) 海外生産を詳細に検討するためには、各メーカーのカメラ生産における企業内国際分業のみではなく、多角化の進展も重要な要因となりうる。多角化に関しては、飯島正義「カメラメーカーの経営多角化について」『紀要』日本大学経済学部経済科学研究所、2004年3月（第34号）を参照。
32) 小池洋一「台湾における日系カメラメーカーの部品調達」『NIEs機械産業の現状と部品調達』アジア経済研究所、1991年。小池洋一「韓国、台湾における下請編成」『アジア経済』アジア経済研究所、1990年4月（第31巻第4号）。
33) 拙稿「前掲論文」。

34) 日本型下請生産体制の形成過程に関しては、港徹雄「両大戦間における日本型下請生産システムの編成過程」『青山国際政経論集』青山学院大学国際政治経済学会、1987年6月（第7号）を参照。
35) 社史によればオハラの台湾進出は、70年代半ばからその計画が存在したとされている。また、進出時には亜洲光学総経理である頼似仁氏に非常にお世話になったと社史に記されている。台湾系メーカーと進出メーカーとの良好な関係を見ることができるという意味で興味深い。詳細は、『オハラ60年の歩み』オハラ、1995年。
36) 「取引コスト」に関しては以下を参照。R.コース『企業・市場・法』東洋経済新報社、1992年。
37) 84年に旭光学は東遠光学と、87年にはキヤノンが金星精密とカメラ生産に関する提携を結んだ。韓国における市場シェアは、三星精密工業、のちに三星航空（技術供与先はミノルタカメラ）が60％、1983年に東遠光学（同旭光学）と1986年に亜南精密（同日本光学工業）で40％を占めていた。各社とも日本メーカーから技術指導を受けており、中核となる部品に関しては日本から輸入していた。
38) 日本写真機工業会統計は会員の情報に基づいて作成されており、海外生産分を含んだものである。また、機械統計は国内生産のみを対象としているため、この差が海外生産分の目安になる。
39) 亜洲光学グループ全体の従業員は2005年現在で3万人を数え（台湾1,100人）、グループ全体の売上高（2004年）は200億NTドルにのぼる。同社の特徴は自社ブランドによる製品供給ではなく、OEM専門メーカーである点にこそある。また、現在ではODMによる製品供給も積極的に行っている。
40) 亜洲光学グループへの調査は、2004年6月（台湾）、2005年3月（中国）の2度にわたって行った。グループに関する様々な資料は調査の際に提供していただいたものである。ちなみに、亜洲グループのデジカメ生産台数は2003年が約300万台、2004年が約400万台であった。
41) 我々が聞取調査を行った林士海氏も台湾佳能に16年間勤務された経歴をもっている。聞き取り調査のなかで、台湾佳能における経験は非常に有益なものであった、と語ってくださった。技術的な知識や経験はもちろんのこと、技能的な部分での経験とその蓄積は、亜洲光学の中で生かされている、とされた。
42) 台湾理光と亜洲光学との間ではないが、生産財の貸与などを行っていた事例もある。
43) 2003年の台湾理光から亜洲光学への株式譲渡は、こうした良好な関係の上になされたものである。創業から20年余りで両社の立場が逆転したという点は注目に値する。さらに、リコーの側からこの点を鑑みると、リコーにおける台湾での36年間に及ぶものづくりが節目を迎えたと考えることもできよう。

第8章　カメラ産業における人材の育成と人事管理

木暮雅夫

は じ め に

　戦後日本のカメラ産業が西ドイツを凌駕し、世界市場を制覇した背景には、日本の技術力と良質な労働力が存在していたと言われる。しかし、それは、少数の高水準の熟練労働者、限られた高水準の開発技術者を意味するものではない。そうではなく、多くの比較的優秀な従業員を育成し、彼らのチームワークに頼った生産・販売競争を推し進めた結果である。また、日本のカメラメーカーは、日本の輸出振興策にも恵まれ、より高品質でより低廉なカメラを大量販売する戦略を採ってきた。言い換えれば、日本が西ドイツなどの海外カメラメーカーに追いつき追い越したのは、カメラの大衆化＝自動化を通じてであり、プロカメラマンが撮る画質をアマチュアカメラマンにも実現しようとした日本の技術力と労働力の組織的な勝利であったと考えられる。

　こうした組織型の人材は、その育成と活用も社会的・組織的でなければ成功しない。社内外における組織的・集団的な育成が一般的であることが必要である。この点では、カメラメーカーも他の多くの日本の産業・企業と共通する面を持っている。本章で紹介・分析するカメラメーカーの開発技術者を含めた人材育成および人事管理は、その企業・カメラ産業に特有な技術的背景を持ちながらも、むしろ他社や他産業にも共通する側面も示している。本章では、キヤノンとミノルタの個別企業の事例を取り上げている。それは、資料的な制約だけではなく、本章の課題が計量的な比較分析になじまないためであり、代表的な個別企業の事例を通じて、その時代のカメラメーカーの典型を示せると考えるためである。

第1節　開発・生産スタッフの人材育成[1)]

1．カメラ製造技術の発達と人材育成

　1955年から始まる日本の高度経済成長は、アメリカの影響の下に輸出産業が熱気を帯び、大量生産に必要な品質管理や規格化・標準化の考え方が技術革新とともにもたらされた結果である。また、50～60年代は戦後日本の大衆社会が文化的にも高揚した時期であり、カメラ産業においても大衆化の波を迎えることになった。量産化と価格競争によるカメラの大衆化・低価格化は、生産現場においては、ベルトコンベアの導入・女子作業者の大量投入に伴う作業の単純化・標準化を進めるとともに、男性職場だった従来の監督者の役割が見直されるきっかけとなった。たとえばキヤノンでは、58年からV型カメラの組立ラインに初めてベルトコンベアが導入され、59年のP型組立ラインの増産体制に合わせて女性の未熟練作業者が組立生産ラインに大量配置されるようになったため、直接作業者の過半数を女性が占めるようになった[2)]。このため、管理監督者の重要性が増大することとなり、キヤノンでは59年に「監督者訓練TWI-JI（仕事の教え方）」を導入するなど、女性作業者に対する監督指導体制が重要な課題となった。64年頃からの自動化の進展とともに生産拡大にもかかわらず女性従業員の増加傾向は横ばいとなったが、女性従業員の監督体制の課題は残されていた。結局、男性の第一線監督者を補佐して女性社員に作業の指導をしたり、女性の作業グループのまとめ役を行う女性の中堅技能者訓練が必要とされ、69年には「女子中堅技能者訓練」（人事課担当）がスタートした。また、中途採用者も増加してきたため、同年「中間採用者受入教育」もスタートした。

　大量生産体制の進展は、一方で部品の高精度化を必要とするから、工作機械や治工具類の精密化、加工技術・技能の高度化が求められることになった。また、この時代のカメラ生産（とりわけ高級機の完成組立作業）は、依然として伝統的に労働集約的であって、男性熟練者による手作りの時代であった。しかし、

カメラ産業同様他の多くの製造業でも、経験と勘に頼った熟練形成では技能者不足に対応できなくなると同時に、近代的な技能者養成の必要性が高まっていた。こうして58年5月に職業訓練法が公布され、同年7月には国家技能検定制度が設けられた（59年度から実施）。これに呼応してキヤノンが「技能研修所」を開設したのは59年のことであった。技能研修所はまず当時中卒であった新卒新入社員の技能訓練を開始し、国家技能検定（普通旋盤、治工具仕上）に参加することになり、キヤノンはこの頃から近代的な技能者養成に本格的に取り組むようになったのである。キヤノンにおける新卒を中心とする技能研修生制度は、63年から高校新卒が入りはじめ、65年以降は高校新卒のみとなるなど高度な技能を必要とする分野が増大するのに合わせて高学歴化し、68年には関連会社の研修生受入も行うなど全社体制が整った。

　一方、60年代後半から人手不足が一層深刻化してきたため、生産の合理化が重要な経営課題となった。キヤノンでは69年に生産合理化委員会の企画による合理化活動がスタートし、72年までに一定の成果を上げるとともに、SGS（生産合理化推進）活動として恒常的な予算と組織を持つ全社的な運動となった。また、自動化実務を推進する人材育成のため74年に「自動化技術者研修講座」などSGSを支援する諸制度も整備されていった[3]。キヤノンは電卓の失敗と石油危機とのダブルパンチにより、75年一敗地にまみれるわけだが、翌年からの復活・躍進をサポートしたのも省力合理化体制であったと言われる。とりわけ76年のAE-1を皮切りに次々と新技術を盛り込んだ電子化一眼レフを発売するが、その過程で、材料から製品完成に至るプロセスならびに物流を含めた多岐にわたる工程すべてを一貫系列として自動化する技術が急速に進んだのである。たとえば、プラスチック部品のモールド成形による加工のワンショット化、部品の共通化、部品加工工程内でのユニット化と自動化、レンズ加工における芯取機の導入など、部品加工の自動化が進展するとともに、調整や手直し作業が多く自動化が困難とされていた高級機の組立作業にも、全コストに占める組立費用の相対的上昇を抑制するため、本格的な自動化・無調整化が図られるようになった。また、79年にはAE-1メイン組立ラインの最後尾にAE-1自動検査装置を接続して、シャッター精度、自動絞り精度等多く

の検査項目の測定を機械化し、製品の良否が自動的に判定されるようになった[4]。

さらに、80年代以降における製品の多様化・製品サイクルの短縮化が進展するとともに、多品種少量生産の実現が大きな課題となった。このため、ME化の進展、FMS（Flexible Manufacturing System）の導入、最新鋭FA工場としての大分工場の立ち上げ（82年）など、徹底した省力化が図られていった。これらの省力化過程においては、加工・組立における生産技能はますます限定的となり、素材技術、設計・加工・組立技術の発達に基づく生産管理、コスト管理、品質管理などの管理技術が重要になる。そしてそれらの技術展開とともに、人材育成の重点も変化・発展していったのである。

それゆえ、以下において生産技能の研修から、管理技術や開発技術といった技術研修・人材育成の展開を見ることによって、カメラ生産の変遷を通じて変化し質的向上を遂げていった人材育成の一断面を覗いてみることにしよう。

2．技能者研修制度

まず、キヤノンにおける技能研修の全体像を概観してみたい。表8-1は、キヤノンの技能研修所の事業年表（80年代まで）である。ここには、1959年に技能研修所が設立されてから、80年代までに至る様々な研修事業の開始時期が時系列で示されている。この表で最も注目される点は、85年あたりから技能研修においてもコンピュータ関係の研修が開始され始め、80年代末にかけてコンピュータ関係の研修が多数開始されるようになったことが示されている点であろう。キヤノンの技術者向け研修では、すでに70年に「コンピュータ管理者研修」が始まり、71年にはコボル、フォートランなどのC言語研修が始まっていたが、80年代後半には技能者向けにもコンピュータ関連の研修が必要になるほど、生産現場にコンピュータ化が進んだことを示している。

では、技能研修の具体的内容はどうであったのか。キヤノン技能研修所の82年における実際の技能研修計画表を参考にしながら、当時の技能研修の概略を説明しよう。まず、キヤノンには全社的な教育方針として、①自発・自覚・自治の3自の精神をもって進む、②実力主義をモットーとし、人材の登用

第8章　カメラ産業における人材の育成と人事管理

表8-1　キヤノン技能研修所（製造技術研修所）の事業開始年表

西暦	主な教育訓練事項	西暦	主な教育訓練事項
1959	技能研修所設立（第1期技能研修生：中卒新入社員入所）／第1期中卒新入社員の技能訓練／国家技能検定（普通旋盤、治工具仕上げ）に参加	1980	基礎技能訓練
61	国家技能検定：実技試験受託団体として当社で会場開設	81	図面の見方研修
		83	自動制御研修
63	第5期技能研修生として工業高卒新入社員（10名）が入所／自動盤技能者養成講座／生産技術者に対する基礎技能訓練／メッキ塗装技能者養成講座	84	機械計測研修／研削砥石の取扱研修／ボール盤安全作業研修
		85	自動制御II研修／マイコン制御研修／デジタル入門研修／型見本検査研修・射出成形研修
65	第7期技能研修生から全員工業高卒新入社員となる	86	オールキヤノンハンダ付競技大会を開催／レンズ・プリズム加工技術／小径レンズ加工技術・レンズ検査の基礎／機械計測II／機械計測段取／プラスチック成形品型見本／無接点シーケンス入門／電子計測器の使い方／不良対策の進め方研修コース
67	技能研修所に「電気科」と「硝子課」を新設／社内技能検定（レンズ職種1級）		
68	社内技能検定（レンズ職種2級）／関連会社からの技能研修生の受入れ		
70	国家技能検定「69年度後期光学レンズ研磨」／技能研修所に「事務機サービス科」新設	87	技能研修所から製造技術研修所に改称／図面の見方II研修／射出成形II研修／射出成形III研修／自動制御III研修／プラスチック部品の計測／評価研修／電子回路I研修／デジタルII（基礎）研修／オペアンプI研修／マイコンI研修／パソコンI研修／ケガゼロの進め方研修／データのまとめ方研修／現状分析と目標設定研修
71	社内技能検定「光学機器組立（カメラ部門）1級」		
72	職種別技能再訓練に「レンズ研磨」を追加／社内技能検定「光学機器組立（カメラ部門）2級」		
73	技能訓練指導者養成研修	88	2年次研修／数値制御研修／パソコンII研修／オペアンプII研修／実装I研修／実装II研修／接着剤の実際知識研修／委託研修（電子技術者養成、FA技術、事務とOA）
74	生産技術者技能訓練／社内技能検定にレンズ組立を加え、「光学機器組立（カメラ・レンズ部門）」として実施／事務機サービス要員速成のための「専修科」を開設		
76	社内技能検定「光学機器組立（複写機・マイクロ部門）」／職種別技能再訓練に「電子機器組立」を追加	89	ビジネスソフトの使い方研修／パソコンの効果的な使い方研修／金型の知識研修／MS-DOS-1研修・電子回路図面の見方研修／AHプログラミング研修／ポカミスゼロ研修／S、Cライン制御研修／デジタルIII研修／オペアンプIII研修／故障ゼロ研修
77	ハンダづけ技能指導員養成訓練		

出所：キヤノン「人材育成の歴史」より作成。

を図る、③たがいに信頼と理解を深め、和の精神を貫く、④健康と明朗をモットーとし、人格の涵養に努める、という4つの教育方針がある。この方針に基づき、技能研修生の教育がなされているわけだが、技能研修所の研修方針は、①基礎教育に重点を置き、物を作る手順を理解習得させる、②学科と実習は関

連性を持たせ、学科で学んだことを実習で体験させる、③職場規律や社会生活マナーについても指導し、自主的に正しい判断ができ、行動力のある社会人をめざす、という「知識」「技能」「人間形成」の 3 本柱からなっている。研修生は、工業高校の新卒採用者の中から選抜する。賃金その他の待遇は、一般社員と同じである。82 年度までで第 24 期生となり、修了生は約 1,200 名を数えた。彼らの中から、各工場の管理監督者として活躍する者が輩出された[5]。

　研修そのものは、大別して「実技（年間約 1,260～1,300 時間）」「学科（340～370 時間）」「生活指導・その他（290 時間）」の 3 課程からなり、1 年間で合計 1,920 時間、基礎研修（4～6 月）、専門研修（7～12 月）、応用研修（1～3 月）の 3 期間（基礎と専門だけで修了する 9 カ月コースもある）に区分されている。基礎研修では全員が共通の実技と学科を勉強し、実技では仕上、旋盤、フライス盤、硝子を実習する。専門研修にはいると、「機械科」「電気科」「硝子科」の各専門コースに分かれ、「電気科」であればハンダ、組立、回路の実技といったように、それぞれ専門分野の実技と学科を学ぶ。またその間、1 カ月の工場実習を経験して、品質・コスト意識を高め、職業人としての自覚を持つよう指導される。応用研修では、各科ごとに今まで習得した研修の集大成として作品を製作する。2 月末には配属が内定し、最後の 1 カ月は配属先職場の作業に見合った実習をし、スムーズに職場にとけ込めるよう配慮されている。実技では、基礎技能訓練に重点が置かれ、学科と関連づけた訓練が行われる。研修生は、毎日「研修報告書」を提出することになっていて、その内容は、日々の研修概要・感想・質問事項などである。この報告書を提出させるねらいは、①書くことや表現力を学ばせる、②復習になる、メモを取る習慣をつける、③考える習慣をつける、④個性や適正を知り、細かい指導ができる、という点にあった[6]。

　次に、研修のひとつの成果としての検定試験結果についてやや立ち入って見てゆくことにしよう。キヤノンには、80 年代までに「光学機器組立」（レンズ作業・カメラ作業）、「光学機器組立」（複写機マイクロ作業＝85 年から国家検定に採用される）、「自動化系列」（86 年～）、「精密測定」（87 年～）の 4 つの社内検定があったが、カメラ関連の職種技能として、「光学機器組立」のカメラ作業

（組立）とレンズ作業（荒摺り・研磨）があった。このうち、レンズ作業が69年に国家検定「光学ガラス研磨」として採用された。したがって、キヤノンの場合、カメラ関連では社内検定「光学機器組立（カメラ・レンズ部門）」（カメラ部門と略す）、レンズについては国家検定「光学ガラス研磨」を受検することができた。それゆえ、これら2つの職種の技能検定を中心にキヤノンの研修実績を検証してみたい。

　まず、光学機器関係の国家技能検定試験である「光学ガラス研磨」の1級と2級について、技能検定の試験内容を確認しておこう。「昭和58年度技能検定光学ガラス研磨実技試験（作業試験）問題[7]」によると、1級は、レンズ（材質は硼珪酸ガラス＝BK 7[8] 同等品）7個、平面板（材質は同上）1個、プリズム（材質は同上）1個を、試験場で貸与される研磨機（3軸）、原器、測定具類、副資材などを使用して、はりつけ、砂かけ、みがき、はく離および洗浄を行って一定時間内に提出するというもの。試験時間は制限時間が6時間30分であるが、標準時間の6時間を超過した分は減点される。面精度はニュートンリング 0.3本〜1本以内とされ、ミクロン単位（1000分の1ミリ）以下の精度が要求される。同じく2級は、課題3問中1問選択制で、光学製品の材質、使用器具および作業内容は同じである。課題1は、レンズ凸面7個および凹面3個の研磨で、制限時間4時間30分（標準時間4時間）以内に、研磨機（2軸）、原器、測定具類、副資材などを使用して、はりつけ、砂かけ、みがき、はく離および洗浄を行う。精度はニュートンリング1本以内である。課題2は、平面板1個とフィルタ1個の研磨で、6時間（5時間30分）以内に課題1と同様の作業をする。課題3は、プリズム1個と平面板1個の研磨で、5時間30分（5時間）以内の作業となっている。

　その合格者数はどうであったか。中央職業能力開発協会がまとめた試験ごとの受験者数と合格者数、およびそれらに対応するキヤノンと日本光学両社の合格者数を時系列で表8-2にまとめたので、これを見ながら検討してゆくことにしよう。また、表には参考までにキヤノンの社内検定「光学機器組立（カメラ部門）」の合格者数も合わせて示しておいた。

　まず、「光学ガラス研磨」の全体の受験者数を見ると、両社とも70年代から

表8-2 技能検定試験の結果の比較

(単位:人)

年度	「光学ガラス研磨」国家検定結果と2社の比較								キヤノン社内検定結果			
	全体の受験者数		全体の合格者数		日本光学合格者数		キヤノン合格者数		受験者数		合格者数	
	1級	2級	1級	2級	1級	2級	1級	2級	1級	2級	1級	2級
1970	46	101	22	42	6	8	—	—				
71	43	110	8	14	1	5	—	4			1	
72	46	118	11	29	0	7	2	6			1	2
73	48	135	19	46	7	18	7	9			11	8
74	47	155	23	73	5	21	7	20			14	12
75	42	128	16	60	7	8	6	25			13	51
76	49	131	17	45	4	10	9	14			3	82
77	44	151	12	62	5	22	4	14			10	142
78	66	135	13	50	4	17	1	5			1	40
79	72	136	8	34	2	12	0	8	16	120	4	56
80	85	148	24	60	9	27	8	19	—	—	1	27
81	80	123	22	32	2	9	13	7	8	98	2	28
82	90	125	29	41	3	11	10	14	9	121	1	66
83	111	122	43	34	19	3	8	9	13	227	3	75
84	119	176	31	44	0	1	4	14	6	271	1	129
85	126	234	36	69	7	10	2	14	9	235	3	122
86	108	266	30	53	4	6	4	7	11	164	0	87
87	107	273	34	69	11	9	2	7	4	119	1	34
88	116	197	22	53	3	0	5	9	9	145	2	62
89	97	181	36	76	2	7	4	13	23	107	0	35
90	76	137	14	31	5	3	0	0	23	74	3	34

出所:中央職業能力開発協会、キヤノン、日本光学工業。
注:キヤノンの社内検定「光学機器組立(カメラ部門)」は国家検定「光学機器組立」とは大きく異なり比較できない。なお、前者の平均合格率は1級で約14%、2級で約46%であった。

90年代にかけての「光学ガラス研磨」1級、2級それぞれの合格者の延べ人数では、きわめて近い数値を示している。また、両社の1級と2級の合格者数をそれぞれ合計してみると、とくに2級合格者において、70年代から80年代前半にかけてはっきりとした合格者数の高まりが見られる。とりわけ、この2社合計の数字で全体の合格者数に占める割合が73年から過半を越えるまで急増し、1、2級とも時には70~80%にも達するなど、73年から83年にかけて他の時期には見られない顕著な現象を示した。

一方、キヤノンの社内検定「光学機器組立(カメラ部門)」の受検・合格者数

の推移を見てみよう。キヤノンの「光学機器組立」（当初レンズ作業のみ）の社内検定は、「カメラ作業」の1級が71年から開始され、72年には同2級が立ち上げられた。74年からレンズ組立を加え「カメラ・レンズ部門」となった。90年までの社内検定「光学機器組立（カメラ部門）」1級合格者の累計は75人、同2級合格者の累計は1,000人以上に及んでいる。受験者数が確認できる81年以降の平均合格率は、1級が約18％、2級が42％であった。また、合格者に見るピークは、85年に見られ、それ以降は受験者・合格者とも人数の低下傾向が続いている。日本光学には教育制度はあっても、キヤノンのような近代的な社内検定制度はなかった。

　以上の検定試験結果を総合的に判断すると、70年代から80年代を通じて、キヤノンや日本光学をはじめとするカメラ大手が時代の影響を一定程度受けながらも、光学ガラス研磨の技能者養成をリードしてきたことがわかる。とりわけキヤノンは社内検定制度が他社に比べ充実しており、社内外の検定合格者の成果は業界トップ企業に恥じないものであった。しかし、両社の合格者数から見た全体的な傾向は、光学組立とレンズ加工の技能需給が80年代後半から飽和状態に近づいていったことを示している。換言すると、少なくともキヤノンでは、80年代後半以降海外生産への移転が強まるが、開発する上でも管理する上でもコア技術と基本技術は掌握し続ける必要があるため、技能検定の重要性は国内生産量の減少にもかかわらず一定の水準が維持されたと考えられる。しかし、国家検定については、検定内容が設立当初より数十年も変わらないため、次第に実用性が限定的なものとなり、影響力が低下していった。

3．生産管理技術研修とコスト管理

　技能者の養成だけでは、大規模な生産体制は組めない。また、ドイツカメラに追いつき追い越せという、日本カメラ産業に当初から課せられた宿命に応えるためには、品質向上と低コストこそが第一の競争条件であった。カメラ産業における国内競争と国際競争に生き残ってゆくためには、それ以外に生産方法の近代化による効率性の追求が必要であった。それゆえ、ここでは70年代から80年代にかけてのキヤノン生産方式の発達とそれを支えた人材育成との関

わりを見ていくことにしよう。

キヤノンでは、1971年に生産部門の原価算定や要員計画等の諸管理の基となる標準工数[9]が、従来の実績ベースの見積工数から、IE（Industrial Engineering）分析手法を使ったWF法による工数へと変更された。WF法とは、基本動作、動作距離および動作時間に影響を及ぼす変数（Work Factor）を考慮して作業時間を求める方法で、詳細法、簡略法、簡易法などがある。この時のWF法は、カメラ生産を対象とした詳細法であり、作業者の身体各部の動作順序ごとに時間を求めるST（標準工数）の設定に時間がかかった。この時間管理の技術者を養成するため、「ST設定技術研修」を72年から実施するようになった。

またWF工数への切り替えに伴い、作業効率を維持・向上させるため、71年にPAC（Performance Analysis and Control）を導入した。これは日本能率協会が提唱した生産管理の一手法であり、効率的な仕事のやり方を追求するものである。そもそも生産性を向上させる方法として、設備の更新や生産方法の改善によるものと、決められた生産方式で実施効率を高める方法がある。PACは後者による生産性向上の方法である。具体的には、標準時間に対する現状の実施効率（パフォーマンス）を測定し、その差異を埋めるべく実施効率を向上させてゆく訳だが、次のような手法を特徴としている。①科学的な標準時間によるパフォーマンスの測定、②パフォーマンス向上の原動力を金銭的な刺激でなく、第一線監督者の指導力に求める、③パフォーマンスに対する責任を職位別に分類して責任の明確化を図る、④パフォーマンスに関する分析的報告により問題点を明確化する、⑤機動部門を設置して各工程など日々の人員の適正化を図る。このPAC導入の初期では、その主旨から、低いパフォーマンスでの安易な作業改善を戒めた。それは監督者の監察・指導を繰り返すコントロール活動を通じて従来のやり方から脱皮することが重要だからだ。この時の監督者の観察・指導力は、パフォーマンスを上げた後に解禁となった作業改善活動を活発化させたのであり、キヤノン式生産システム（CPS）とともにスタートしたHIT生産方式[10]の推進にも大いに貢献したのである。

このCPSのもとで全職場に展開されることになったPACを一層推し進め

るため、77年にストーリー研修が導入された。ストーリー研修とは、従来の「手法を教える」「考え方を聞かせる」といったことが単独に行われるスポット研修をやめて、手法・考え方を実際の問題解決のための調査・立案のステップに当てはめてタイムリーに教えようとするものである。すなわち、自分の職場の事実・実態をどのようにして正しく把握し、どういう手順で改めるか、その時にどんな手法（道具）を使うかといったことを机上で練習するとともに現場でも練習する。そして改善案の立案と統合して最終的には自分の職場の生産性向上計画を総合発表会で披露するのである。こうして共通のアプローチ方法・道具によって言葉も共有化され、この分野でのコミュニケーション効率を高め、説得力も増すことになる[11]。このストーリー研修を具体化するため、キヤノンの管理方式研究課が中心となり、日本能率協会の協力を得てテキストから演習問題、ワークシートなどすべて手書きによる「監督者PAC実務研修」を立ち上げたのが77年であった。この研修制度は、83年に「監督者IE実務研修」と名称を変更されながらも継続して発展し、93年末までに1,000名を超える修了者を出した[12]。

　コスト管理も重要である。従来のコストダウンは、与えられた設計仕様と材料に対して、材料を節約したり、作業時間の短縮、労力の削減をしていくなどの方法が主であった。しかし、作業改善や標準化が進展した段階では、それ以上のコストダウンは困難になる。そこで、一層のコストダウンのためには、与件とされていた設計仕様を変更して、より安価な材料に変えたり、加工しやすい材料・形状にしたりする必要がある。このように必要な機能を最小の原価で得ることを目的に47年に米国GE社で開発されたのが、VA（価値分析）という活動である。キヤノンでは、69年9月に資材部にVA課が設置されている。しかし、このVAは資材調達品の価値を向上させるだけに止まっていた。これに対し、VAの考え方をさらに進化させて、資材調達のみならず、製品開発や、設計段階にまでそれを適用するVE（価値工学）が54年に米国国防省によって開発されていた。キヤノンでは、76年に複写機のプロジェクトチームでこのVEの研究が行われるようになり、79年に産能大の講師によるVEWSS（VE Work Shop Seminar）が実施された。「これは工場内の資材、検査、技術、

生産管理、組立などの各職場のメンバーでひとつのチームを作り、製品又はユニットを対象に、VEの考え方と技法の修得、および実際のコストダウン効果を上げて成果発表を行うものであり、実務直結型のストーリー研修」であった[13]。

キヤノン式生産システムが76年に始まり、その目的である3つの保証体制（品質、コスト、生産）のひとつとしてコスト保証の体制づくりが言われながら[14]、79年まで本格的なVE体制が組めなかったのは、それまでも厳しい要請のなかで高いコストダウンの実績を持ち、それなりのコスト管理を行ってきたという気持ちが担当者の間にあったからである。このように、とくに顕著な問題があったわけではなく、一定の実績を積み上げている業務を、外部コンサルタントの意見を採り入れて抜本的に見直すことは、勇気のいることであった。しかし、そこにあえてメスを入れた結果、従来はその時その場限りの状況に応じて図面や現品をみながらコストダウンの対策を講じてきたのに対し、コストダウン活動を他部門にわたる連携としてとらえ、関係者全員が一定の手法と了解のもとに有機的に機能する必要があることになった。このため、活動をより組織的にするために「コスト保証を推進するための機能系統図」を作成し、コスト管理業務の見直しを行っただけでなく、コスト教育についても見直しを行い、コスト管理体制の強化を人材育成の面からも推進することになった[15]。こうして81年には、VE担当者の拡大とVEプロジェクトの推進のため、生産企画部内にVE推進室が設置された。また、同年、テキストやワークシートをキヤノンの実態に沿うように改めたキヤノン版VEマニュアルも完成し、プロジェクトリーダーの養成を目的とした「VE上級研修」の実施、社内講師による「VE実務研修」の実施等、VE研修も充実した。こうして、生産と開発が一体となったコストダウン活動が展開されるようになった。

4．独創性を生み出す開発技術者研修制度

キヤノンにおける専門技術者に対する集合研修は、1964年頃から始まったと考えられる。もちろん、それ以前にも1952年には「創意工夫提案制度」がスタートしているし、57年には日本科学技術連盟より講師を招いて統計的品

質管理研修が開かれたり、61年2月からは品質管理講座としてQC講座が定期的に開かれるようになり、役員や管理者とともに技術者も対象として研修が行われていた。しかし、それらは管理技術の向上を図るものではあるが、直接的な技術者の育成手段ではなかった。これに対し、64年5月から開講された「露光システム講座」や同5月から開始された光学工業技術職員研修会への受講者派遣、技術系新入社員を対象とした光学研修などの一連の技術者向け研修の立ち上げは、キヤノンがこの年から本格的な開発技術者研修に取り組みだしたことを物語るものである。これ以降、67年の「電気メッキ技術講座」や70年の「コンピュータ管理者研修」など様々な技術研修が開始され、また70年からは技術講演会が毎年行われるようになった。

研究開発部門の管理者研修としては、74年に研究開発部門の課長（室長）や主幹研究員を対象とした研究開発部門管理者研修（課長）がスタートした。この研修では、「特に管理者の立場と役割、管理業務の意義を十分認識させるため、（中略）当初は前半、後半共に2泊3日の合宿であり、参加しやすくするため、前半と後半の間を1週間あけて、いずれも木、金、土に実施していた」[16]。具体的には、「R／Dの歴史と今後の技術動向」について講演を聴いた後、①扱いにくい部下の理解と育成、動機付けなどについて個人研究の後、小グループで研究し、その結果を発表しあい、全体討議を行う。②自分の性格とは対照的な（反対の）性格の人との接し方、③技術者は人間を機械論的に見てしまいがちなので、人間の心理と行動の理解を図る、④職場開発に関するテキストを事前に読んできてもらいテストを行う。その結果、理解不足の部分について講師から解説する、⑤各自の職場状況を発表し合う、⑥今後1年間に取り組むべき各自の職場の重点課題を設定する、⑦職場の関係者に課題について働きかけていくプロセスを計画する[17]、これらのことをグループ研修するのである。

82年になると、研究開発技術者を専門的に育成するため、技術研修企画課が新設され、それまで教育課が行っていた研究開発部門の管理者研修と技術研修を引き継ぐことになった。前述のように、技術者の育成は「自己啓発援助」が基本であるが、それに加えて「集合研修」「発表・報告会」「留学制度」を実

施している。技術「集合研修」では、各技術分野の専門家の協力を仰ぎ、講座として取り上げるテーマの選定、講座のねらい、受講者技術レベルの設定を行う。そしてカリキュラムおよび時間を検討し、さらに講師の選定を計る。講師は社内のみならず社外（大学、公官庁、研究所、民間教育機関など）からも最適の研究者を招聘する。その主な分野だけでも、マイコン・電子回路などの電子技術、アセンブラー・C言語などのソフトウエア科学、幾何光学・波動光学などの光学写真技術、生産工学・射出成型などの精密機械と制御技術、構造素材・記録素材などの素材科学、AI技術・新素材などの先端技術に及んでいる。そして受講者は、研究開発技術者と限ることなく広く公募としている。因みに82年は7講座209人の受講者でスタートしたが、10年後の92年には43講座、受講者1,115名を数えるまでになった。「留学制度」は、84年にスタートし、スタンフォード大学、MIT、カリフォルニア工科大学などに、毎年2人ずつ2年間留学させている。「キヤノン研究報告」では、高度な技術成果を一冊の報告書にまとめ、学術有識者へ配布している。キヤノン技術のPRのみならず、技術交流の一助としての役割も期待されている。「学位論文発表会」は、毎年100名を超える修士ないし博士課程を修了した新入社員が各自の学位論文を発表し、さらに終了した大学の研究室を紹介するものである。これは、82年から毎年4月に開催されており、大学の先端研究を把握するとともに、口頭発表の訓練の場ともなっている。

　キヤノンがカメラ業界でもトップクラスの技術力を身に付け、多角化した先でもユニークな開発能力を誇ってきた背景には、集合研修制度以外にもいくつかの理由がある。組織に注目するならば、キヤノンは、本社だけでも、中央研究所や技術開発センター、製品技術研究所など、それぞれ役割の違う研究所を備えて基盤的・中長期的な研究開発を推進しており、各事業部には、それぞれの開発センターが置かれて製品に直結する開発体制がとられている。また、カメラ業界の中では早くから多角化を進めてきた関係で、多様な分野の技術者と技術・ノウハウの蓄積がある。そしてそうした環境や資源を有効に活用する方法として、キヤノンのタスクフォース・システムがある。「多くのスキルをもった人材が集まると、そこに自ずから相乗効果によって、新しいブレークスル

一が生まれる。お互いの交流の中で触発されて、新しい切り口が生まれてくる。一つひとつの部門、一人ひとりの人間のみでなしうることの何倍、何十倍の成果を得る」ことができる臨時組織がタスクフォース（プロジェクトチーム）である[18]。キヤノンは72年11月にこのタスクフォース設置運営規程を制定し、「AE-1以降の一眼レフカメラシリーズ、パーソナルコピアシリーズ、ファクシミリ、レーザービームプリンター、ワードプロセッサ等は、すべてタスク、タスクフォースから生み出されたヒット商品群である」[19]とキヤノン自ら認めるように、AE-1（76年）やオートボーイ（79年）などの業界をリードする製品を次々と世に送りだしたのである。この成功が、その後のキヤノンに事あるごとにタスクフォースを組ませる風土を根付かせたといわれている。とりわけAE-1の計画時には、メカ設計・電気設計・光学設計・外観デザインからなる開発部門所属の技術者グループと、生産技術・検査・組立・外注・生産管理・治工具担当からなる工場生産部門所属の複合的な技術者グループが動員されたのである。このタスクフォースを編成する背景・ねらいとして、①状況変化に柔軟に対応するフレキシビリティ、②技術の複合化への対応、③技術の垂直統合に伴う新しい技術の導入、④生産技術革新と研究開発との融合、⑤研究開発とマーケティングの両機能のハーモニー、が揚げられているが[20]、同時にこれらのことがタスクフォースの成否を握るカギとなっている（第2章第3節参照）。

　これら技術者の環境整備において、意欲の向上や目的の明確化など主体的条件の育成も重要である。技術者育成についてのキヤノンの基本姿勢は、自発、自覚、自治という全社的な「三自の精神」（自律的に責任を持って事に当たるということ）に基づいている。要するに自己啓発なのだが、個々人の自覚に任せていては個人差が大きくなってしまう。そこで、「中堅社員研修」のように、それを補う集合研修が必要になるのである。キヤノンでは、61年から「中堅職員研修」が設けられていたが、63年の職能資格制度の導入に伴い67年からその第一関門の昇格試験に合格した「専門職」を対象に研修するようになった。73年に「中堅社員研修」とその名称を改め、82年にその内容を大幅改定した。というのは、それまで日本産業訓練協会の「中堅職員訓練コース」を変形して

実施してきたが、社内の実状と合わなくなったため、新たな研修制度を自社開発したのである。

第2節　カメラメーカーの能力開発制度と人事制度の展開[21]

1．能力開発制度の展開

　ミノルタが「管理能力開発計画」（MDP：Management Development Program）を導入したのは、1975年である[22]。73年末から74年にかけての石油ショックは、日本の政治・経済・社会を大きく混乱させ、高度成長の終焉と減量経営の時代をもたらした。このためミノルタとしても、75年5月には「あの驚異的な高度成長は望むべくもありません。このことと私たちが取り扱っているカメラという商品の成熟度とを考え合わせると私たちが協力会社も含めてオールミノルタとして今後も他社よりも一層の発展を続けていくため」、競争力向上のための管理能力開発計画（MDP）を実施する必要があるとした[23]。このMDPにより、当面①現製品および今後の新製品に於ける製造コストの抑制・低減を図る、②現在保有する要素技術を基にして展開される製品群の製品化のための新技術の開発を行う、という目標を立てた。言い換えれば、製造コストの抑制と低減を図るには、従来のように規模の拡大に頼ることができないので、現有のカメラおよびレンズ製造の固有技術、すなわち生産設計から組立に至るまでの製品化技術とそれを支える加工技術のさらなる向上が必要だとした。そしてこれを達成するためには、「管理者から一般従業員まで意識・行動、両面での自己革新を進め、各層それぞれに必要な管理技術を修得し、管理能力を高める」必要があるとしたのである。

　ミノルタでは、高度成長下でもZD運動が展開され、74年からは社長示達によって効果的な運営のためのあらゆる角度からの見直し運動＝「社内総点検運動」が推進されていたが、75年「この変換期をのりきり新たな時代でのより充実を求めて」「先期まで進めてきた総点検運動の集約した形としてZD運動の小集団活動と、目標管理を包含して総合的原価低減運動を従業員あげて取

り組むために新組織を発足させ、製品化計画、加工技術開発計画と管理能力開発計画（MDP）を立案」したとされる。このように改めて総合的な製造コスト抑制＝原価低減運動を全社的に推進しようとしたのは、カメラ産業が抱える成熟産業としての問題と成長経済の終焉という環境変化への対応の表れであった。

　それではMDPの概要を見てみよう。MDP自体、コスト削減と生産技術の向上を目標とする「ミノルタ工場目標達成システム」という全体図の中で、教育研修に関わる活動として位置付けられる。この目標達成システムは、大別して3つの構成部分、すなわち「改善・開発のための促進活動」というシステムの中心であり実践的な活動と、それを補強する品質管理・生産管理などの「管理活動」、および全体の司令塔としての「教育研修活動」から構成された。とりわけ、カメラ工場において、コスト削減と生産技術の向上を達成するには、①保有しているカメラ・レンズの製造に関する固有技術の充足とより一層の開発、②社内外の人・物・技術・情報などを有機的に活用するための管理能力の向上と管理システムの開発、③それを生産現場に関連する人々の充足感と両立させること、が必要とされた。このシステムは、経営戦略と開発グループとの連携により工場目標が設定されると、その目標を達成するため工場組織、生産工程、生産システムを改善し、理想的な形で利益追求するための体系的な諸活動である。それゆえ、これらの諸活動を支えるため、教育研修が行われ、原価管理・品質管理・生産管理といった管理諸活動が行われなければならない。つまりMDPはこの教育研修活動に当たり、階層別管理研修、管理技術研修、および全体運動により構成される。これらの階層別研修と管理技術研修は、クリーン化運動という全体運動と相互に連動しつつ展開される。クリーン化運動は、よい製品、高生産性を生み出す基盤のための環境づくりということで、まず職場環境を整えるための「整理整頓」から始まり、有効な生産活動・集団活動のためのルールづくりとルールを守ることを通じたコンセンサスづくり、そうした運動の結果生み出される改善、これらのことをねらいとしている[24]。

　このように、ミノルタが全社的な教育活動、改善・開発活動、品質・生産管理活動に取り組み、その成果として、XDモデルやXシリーズ、さらにはα-

7000の開発につながる高度なカメラ開発・生産体制（コスト・パフォーマンスの高さ）が整えられていったと言えよう。とはいえ、こうした開発・生産体制の改革は会社経営の基本であって、実際の職場はそれ以上の環境に置かれていた。すなわち、国内同業他社との熾烈な競争による一段上の開発・生産体制が求められていたのである。しかし、この点を検証することは、他社＝敵をどのように研究しどのように開発に結び付けていったかなど、企業の機密事項に属する問題の解明を必要とするため、部外者では困難である。それゆえ、様々な会社での聞き取りなどを基にして、以下に一般論としてそうした側面を示すことにより補足したい。

カメラ産業は、国内メーカー同士の開発・生産・販売競争が激しい産業だと言われている。たとえば、A社が戦略的な製品を市場に投入して圧倒的なシェアを獲得した場合、そこには必ず土台あるいは見本となる他社製品があると言われている。文字通りそれが画期的な技術でもない限り、大手社にとって一眼レフの性能格差は真似のできないものではない。問題は、少しでもそれを上回る性能を持つ新しいカメラをより早くより低コストで生産できるかということになる。他社製品の徹底した性能評価が行われ、自社技術とのプラス・マイナスの差が明らかにされる。たとえば、「このシャッター機構は、わが社の最新モデルよりも一歩先を行っている」とか、「このAF機能は、わが社の○○製品を研究して改良を加えたものだ」といった具合である。また、実売価格や販売店・下請・取引先の情報などから主要部品の製造原価も比較され、自社工場では比較対象製品よりもいくら安く生産できるかが、部品一つひとつについて、何円何十銭単位で比較され、1銭でも安くできないか厳しいやり取りが行われる。つまり、競争相手の主力商品の製造原価が部品レベルで丸裸にされて、自社製品と比較されるのである。このように一眼レフだと大小1,000点前後のカメラ部品は、1個1円前後から数千円のものまであり、そのすべてにおいて性能とコストが問われるのである。ドイツカメラのような伝統とブランドに頼れない日本のカメラメーカーにとって、こうした徹底した価格競争は避けて通れないのである。そのため製造部門だけ見ても、自社の部品工場だけでなく、子会社、下請け会社、協力工場といった部品・材料納入会社、および組立工場

などに、原価管理の徹底を迫り、もう一段上のコスト削減を迫ることになる。ギリギリのところまで切詰めて生産しているところに、一層の努力を迫るため、社内の意志統一、意思疎通はことのほか重要となる。ここに社内教育のもう一つの意義がある。

　以上に加えて、石油ショック後の減量経営の中で、こうした活動がより一層の競争力をもたらすためには、人事制度の見直しが課題だとされた。とりわけ一般には、減量経営が求人数の抑制を通じて企業内の高齢化を促進する一因ともなったため、定年延長政策や賃金対策の一環として企業内における高齢化への対応が必要とされ、年功的な人事処遇制度から職能資格制度への転換がより一層叫ばれるようになっていたのである。

2．1980年代の新人事制度[25]

　ミノルタは1982年9月小冊子「新しい人事制度について」を発表し、同社の人事制度を全面的に改訂した。この人事制度は、その後長期間にわたってミノルタの人材開発と人事労務管理を基礎づけるものとなるので重要である。この小冊子でミノルタは、高度成長の終焉、急速な高齢化の進展、急激な技術革新の進行という時代変化の中で、従来の同社人事制度の問題点を次のように指摘している。

　①昇進体系が整備されていない
　　仕事を通じた能力開発・向上が昇進とどう関連するのか明確でない。
　　人事と賃金体系とを関連づける処遇の基準が明確でない。
　②労働力の高齢化に対応できない
　　現行賃金体系では、高齢になるほど賃金が仕事や能力と合わなくなっている。
　　管理職層の高齢化により組織の硬直化が起きる。
　　中堅従業員の昇進機会が狭まり、モラルダウンが生じる。
　③評価の根拠が曖昧
　　学歴や勤続・年齢を軸とする評価方法では、根拠が曖昧で納得が得られ

にくい。

　このように、「年功に中心・重点をおいた従来の処遇のあり方では十分にこれからの時代に対応しきれなくなってきた」とし、職務遂行能力を基準とした「職能資格制度」の導入、およびこれをベースとする「賃金（処遇）制度」と「人事考課制度」「能力開発システム」導入の必要性を訴えている。したがって、この新人事制度のねらいは職能資格制度の導入であって、これを中心に検討することによってミノルタが80年代の経営環境の変化にどう対応しようとしていたかを見ることにしよう。

　まず、新人事制度の「基本的考え方」として次の点を指摘している。第1に基本理念である。すなわち、仕事遂行へ向けた「努力や生み出した成果を公正に評価」し処遇することによって働きがいと労働意欲を保つこと、および自らの能力を向上させ「より高い目標に向かって挑戦し続ける」ように会社の制度・仕組みを整備することを目的とする。このため、「処遇の基準を明確にして公正な処遇をおこなう」こと、「従業員の働きがいの実現と組織機能の活性化をはかる」こと、「企業業績の向上に貢献するとともに、将来にわたる安定的雇用を確保する」ことを基本理念としている。第2に「実態をふまえて」導入するということ。すなわち、これまで一般に「年功序列型の終身雇用的体制」において、「企業の中で従業員の能力を育て、高め、そして有効に活用していく仕組みになって」いたとする。つまり「人中心の管理になじんできた」ので、「新しい制度は、従来の日本の労働慣行の長所を生かしつつ年功に中心・重点をおいたこれまでの人事処遇のあり方から、仕事・能力の要素をより反映させる仕組みに切換え」るものになるという。要するに、従来の年功制的処遇制度のままでは、低成長時代における高齢化と技術革新の急速な展開に対応できないので、これからは年功ではなく職務遂行能力を中心とした人事制度に転換するということである。このように、一方で従来の年功制的処遇の長所を認めながらも、これからの時代を考えた場合に新たな人事制度が必要とされるというスタンスであるから、従来の年功的人事制度を抜本的に改めるのではなく、「従来の日本の労働慣行の長所」を残した職能資格制度の導入を考えて

いたようだ。こうした職能資格制度導入の姿勢は、当時としてはむしろ一般的であって、日本経済の良好なパフォーマンスが内外の実務家の感心を集める状況においては、むしろ合理的な選択と考えられる。

ただし、同時に発表された「管理職人事制度」においては、その新人事制度の「基本的な考え方」に上記の非管理職人事制度の考え方との違いが見られる。すなわち、「職能資格制度をベースにして、①組織効率を高めるために役割を明確化してゆく。②各人の持ち味を生かして活性化を図れる風土を醸成する。そのためにキャリアパス制度や自己申告制度を導入し研修制度等を充実する。③成果評価をクローズアップさせ、昇格、任用、異動、給与などの人事制度に活用してゆく」というように、こちらは同じ職能資格制度とはいえ、より仕事給に近い含みを残している点に特徴がある。これは、労働組合との関係に一定の配慮をしながら、職能資格制度という経営にとって比較的柔軟な半属人給的かつ半仕事給的制度を導入しようとしていたことを物語っている。言い換えれば、年功賃金と職務給に象徴される生計費と労働対価という客観的指標を巧みに使い分け、年功的な昇進、昇給を低成長時代に合わせて抑制することがねらいであった。また、役職ポストを削減しつつ資格と役職位とを切り離して運用することによって、将来のポスト不足を資格区分で対応し、昇格・昇進に伴うより高度な経営意識の醸成を計りつつ、社員のモラルダウンを防ぐねらいがあった。

こうして、前述の「基本理念」を実現するため、①職務遂行能力を基準とした「職能資格制度」をベースに、②より公正かつ明確な「人事考課制度」を設け、③職能資格と連動した「賃金制度」を確立し、④各人の能力の向上と拡大をめざす「能力開発システム」を創りあげる、としている。以下において、これらの制度を概観してゆこう。

第1に、職能資格制度は、職務遂行能力の伸張段階を処遇するためのものであるから、資格区分・資格基準が重要である。また、従来本人の経験年数と人物観察によって役職に就けていたものを、資格を基準として処遇することとし、昇格と役職任用を分離した。その際、旧役職位のうち、中間・下級役職位を整理削減して、在職者を新しい資格に「格付」した。そして、旧役職者を新資格

表8-3 職能資格体系と役職位

資格区分	資格名称	実在員数	職能区分	組織管理職				専門管理職
13級	参事	29	管理	部長	次長	課長	副課長	部長部員
12級	副参事	48	管理		次長	課長	副課長	次長部員
11級	主査	158	管理			課長	副課長	課長部員
10級	副主査	168	管理				副課長	副課長部員
9級	主事	113	基幹	係長				主任
8級	副主事	333	基幹	係長 副係長				主任
7級	主事補	433	基幹	副係長				主任
6級	主務	629	上級					
5級	副主務	633	上級					
4級		1,115						
3級		1,042	一般					
2級		756	一般					
1級		548	一般					

出所:ミノルタ『新しい人事制度について』1982年9月等により作成。
注:実在員数は、1983年4月現在。

基準で審査した結果、実際の職能資格体系と役職位の関係は表8-3のようになった。また、参考までに83年の実在員数も表中に示したが、これはあくまで資格別の実在員数であって必ずしも役職位と一致するものではない。この資格体系の運用は、次のような基準で行われる。まず、初任格付は、新規学卒者のうち、高卒・中卒=1級、高専・短大卒=2級、大学卒=3級、とし、中途採用者は職歴・経験等を「総合的に勘案」して試用期間満了後に本格付する。それぞれの昇格要件としては、①各級に定められた最短在級年数(10級昇格までは一部1年の級もあるが主に2年、11級3年、12級4年、13級5年)の経験と、②能力考課・実績考課・情意考課の判定による。7級および9級以上の資格区分の重要な節目では、論文、役員面接、筆記テストなどを実施し昇格判定の補完資料とする。昇格決定は、1~9級までは、人事部と部・事業場間で審査、調整した原案に基づき人事部長が決定する。10級以上は、関係取締役および人事部長により構成される昇格選考委員会が審査し、社長が決定する。このよ

うに、資格ごとに昇格必要要件が定められている。また、3級までの最長在級年数を、1級2年、2級4年、3級6年とし、この年数を経過した者は自動的に昇格するとして、一定年数さえ経過すれば誰でも上級職4級までは昇格できることとしている。

　第2に人事考課（評価）制度の納得性を高めるため、人事考課の基準・方法を公開し、評価内容を被評価者に説明することとなっている。評価方法は非管理職能と管理職能とに大きく区分され、それぞれの業績考課、能力考課、情意考課が大きく異なっている。問題は、これらの項目がどれほど客観的に評価・判定されるかということであろう。そのためには、詳細な項目の定義、各項目の具体的な判断材料・評価方法が必要である。そして同時にそれらを使いこなせる評価者＝管理者の育成を欠かすことはできない。これらのことが不十分であればあるほど、新しい制度を根付かせることが困難になる。ミノルタの場合、かなり詳細な項目の定義がなされているものの、各項目の具体的な判断材料・評価方法については必ずしも明らかではない。また、評価者訓練、管理職研修も行われていたが、果たしてどれだけの管理者が詳細な項目一つひとつについて客観的な評価を下せたのか、結果だけ見ると不明な点が残る。一方、管理職の業績評価（考課）は、「本人が期初に役割個別基準書に業務内容の一覧表と課題を記入作成し、期末にその結果を自己評価した後、上司がこれを参考にして評価する」ものとされ、目標管理方式となっている。また能力評価（考課）は、管理職としての基本能力と資質をみるものとされ、「上司が本人の日常行動を観察し、評価チェックリストにもとづいて管理職としての基本的能力を資格レベルに応じて評価する」こととされた。これらの評価は昇給、昇格、役職任用の際に活用される（ただし業績は賞与にも反映される）。

　第3に、管理職と非管理職の賃金制度を概観し、82年導入当時のミノルタ賃金制度の特徴を見てゆくことにしよう。まず、非管理職の所定内賃金は、基本給（本人給・職能給）と、諸手当から構成されている（図8-1参照）。管理職の場合も、基本給の本人給が役割給に変わる点と、諸手当のうち作業手当がなくなるだけの違いである。基本給を2つの部分に分けたことが新賃金体系のポイントであるが、本人給は1級から9級までの非管理職共通の一本立て年齢

図 8-1　非管理職の賃金体系

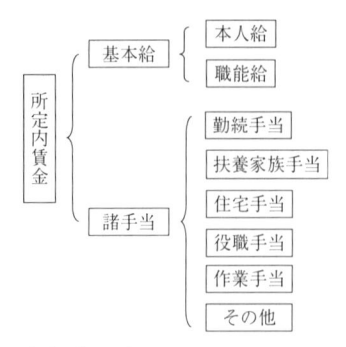

```
                    ┌ 本人給
          ┌ 基本給 ─┤
          │         └ 職能給
所定内賃金┤
          │         ┌ 勤続手当
          │         ├ 扶養家族手当
          │         ├ 住宅手当
          └ 諸手当 ─┤
                    ├ 役職手当
                    ├ 作業手当
                    └ その他
```

出所：表 8-3 と同じ。

給[26]である。管理職の役割給でさえ、「担当する役職の重要度・困難度及びその遂行度に応じて支給する」とされているものの、実際には資格別・年齢別に標準役割給が設けられているため、資格別の年齢給に近いものとなっている（表 8-4 参照）。この点から、管理職賃金においても年齢給的な要素は残されており、従来の賃金体系を刷新するものではなかったことがわかる。それでは職能給はどうであろうか。職能給は、管理職も非管理職も基本的枠組みは同じで

表 8-4　標準役割給表

年齢	10 級	11 級	12 級	13 級
34	142,000			
35	146,000			
36	150,000			
37	152,000	154,000		
38	154,000	156,000		
39	156,000	158,000		
40	158,000	160,000	162,000	
41	160,000	162,000	164,000	
42	161,000	163,000	165,000	
43	162,000	164,000	166,000	168,000
44	163,000	165,000	167,000	169,000
45	164,000	166,000	168,000	170,000
46	165,000	167,000	169,000	171,000
47	166,000	168,000	170,000	172,000
48〜59	167,000	169,000	171,000	173,000

出所：表 8-3 と同じ。

表 8-5　職能給（範囲給）

資格区分	下限額	上限額
13 級	269,000	397,000
12 級	225,000	353,000
11 級	150,000	298,000
10 級	124,000	262,000
9 級	124,000	225,000
8 級	104,000	186,000
7 級	85,000	150,000
6 級	67,000	124,000
5 級	52,000	104,000
4 級	38,000	85,000
3 級	28,000	67,000
2 級	23,000	50,000
1 級	20,000	35,000

出所：表 8-3 と同じ。

あり、資格区分ごとに上限と下限が設定された「範囲給」となっている（表8-5参照）。これはまた、昇格とともに基本給に占める割合が増大してゆく[27]。この職能給は、資格別の金額範囲の中で習熟昇給と昇格昇給により運用されている。習熟昇給は、過去1年間の職務遂行能力の習熟度合いなどをS・A～Fの7段階で査定して昇給させるものだが、より上級になるほど標準の昇給額が大きくなる。昇格昇給は、上位資格へ昇格する者に2,000円から1万円を昇給させて上位資格のカーブに載せるものである。このため、昇格してゆかないと給与の上昇カーブが上がらない仕組みである。役職手当は、部長が1万8,000円、次長が1万3,000円、課長が9,000円、副課長が7,000円、係長が5,500円、副係長が3,500円となっている。このようにミノルタの新賃金制度は、低成長と高齢化時代に加えてカメラ市場が飽和状態を迎え、従来のような事業規模の拡大が見込めない新たな経営環境への対応として、これまでの年功制では中高年従業員に対する処遇が困難化するため、年功的な賃金体系を見直し、能力主義を基調とするより弾力的な賃金体系への移行をねらったものと言える。とはいえ、当時においては終身雇用に基づく年功的なメリットがなくなったわけではなく、人を中心とする組織体制も強固に残っていた（仕事を中心とする組織体制になっていなかった）ため、そうした現実に配慮した賃金体系が組み立てられたのである。

　では、実際の賃金額はどうであろうか。1985年の精密機械器具製造業における男子月額給与は、30～34歳平均で26万3,800円、35～39歳平均で30万7,300円であった。これに対し、同年におけるミノルタの男子平均給与は、34.6歳で28万2,382円であり、産業の平均賃金並みと考えられる。それゆえ主要カメラメーカーの中では、どちらかというと低い方に位置する[28]。

　以上のように、ミノルタの新しい人事制度は、当時の一般的な人事制度の流れに対応して、コンサルタント会社が好みそうな総合的かつ最新式の制度として導入されたように考えられる。また、当然のことながら、そうした最新式の制度を実際の（従来の）組織、労働慣行に合わせて調整した点も見られた。そういう意味では、この事例は、当時の人事制度の流行を示しているといえるが、導入しようとした人事制度のモデルが必ずしもミノルタの人事・労働慣行の実

態に合わせて、それを段階的に変えていくように組み立てられたようには感じられなかった。その点は、とくに賃金体系において象徴的に見られたように思われる。つまり、どんなに優れた制度であっても、それを使いこなす側に革新的な意識が醸成していかなければ、理想と現実の乖離は避けられない。それを検証するには、一定期間後において、導入された制度がどれほどミノルタ社内に浸透していっているかを見る必要があろう。しかし、10年後の94年の人事制度（ミノルタ「従業員就業規則・諸規程」）を見ても、基本給に占める年齢給部分がわずかに低下した点など、細部における変化は見られるものの、当初の職能資格制度導入の基本理念に沿ってミノルタの従来の人事・労働慣行を変革していったと考えられるものではなかった。こうした人事制度改革の実態は、ミノルタだけに見られるものではなく、むしろ他社にも共通する傾向であって、それが逆に日本的な経営の伝統や根強い特徴を指し示しているとも言える。

注
1) 第8章第1節は、拙稿「キヤノンにおける社内研修制度の展開過程」『紀要』日本大学経済学部経済科学研究所、2004年3月（第34号）の一部分に基づき新たに書き直したものである。
2) 『キヤノン史　技術と製品の50年』キヤノン、1987年によると、「当社作業員数は、58年には男子が1,146人、女子が304人であったものが60年には男子1,237人、女子1,392人となって男女比が逆転するに至った」と記されている（71頁）。
3) 同上、154～155頁。
4) 同上、227～230頁。
5) 安東武治（キヤノン技能研修所長）「技能新時代　各企業の技能教育機関にみる(6)キヤノン研修センター・技能研修所」『IE』日本能率協会、1982年9月、90頁。
6) 同上、92頁。
7) 中央職業能力開発協会提供のもの。現行の内容とほとんど同じ。
8) BK（ボロシリケートクラウンガラス）7は、レンズ製品によく使われる硝材で比較的硬く傷が付きにくい上、透過率が良いという特徴がある。
9) 工数とは、1人あたりの作業者が行う仕事量（時間）とその人数を掛けたもの。
10) 「H：必要なものを、I：要るとき、要るだけ、T：つくる」という意味で、トヨタ自動車のカンバン方式に倣ったもの。これは、当初複写機の生産仕掛品への対応として考えられたもので、石油ショック以後における市場ニーズの多様化と生産計画の変動激化に対応して、売れる量だけをすぐつくる体制へと転換した結果である。『キヤノン史別冊・技術と製品の50年』キヤノン、1988年、119頁。
11) 日本能率協会編『キヤノンの生産革新』日本能率協会、1983年、111～114頁。

12) キヤノン本社研修部門編『人材育成の歴史』1995年、16頁。
13) 同上。
14) 拙稿「前掲論文」89頁参照。
15) 日本能率協会編『前掲書』199頁。
16) 佐藤鐵夫「特集　パワフル管理者を育成する：キヤノン」『企業と人材』産業総合研究所、1995年1月（第629号）、22頁。
17) 同上、22～23頁。
18) 日本能率協会編『前掲書』157頁。
19) 前掲『キヤノン史　別冊』298頁。
20) 同上。
21) 第2節は、拙稿「カメラ産業における経営と労働」『経済集志』日本大学経済学研究会、2005年1月（第74巻第4号）の一部に基づき大幅に加筆訂正を加えたものである。
22) 1975年4月16日、堺工場でMDPの新組織が発足し、体制が整えられて5月から全社展開された。もちろん、このMDPは、ミノルタ独自のものではなく、人事院の監督者研修（JST）や日本能率協会が開発したMDC（Management Development Course）などの既存の研修制度を応用したものであると考えられる。とりわけMDCは、ミノルタ内で1971年6月から導入されていた。
23) ミノルタ「社内報」1975年。
24) 矢田公太郎「管理能力の向上を狙ったミノルタ工場目標達成システム」『工場管理』日刊工業新聞社、1979年7月（第25巻第7号）、36～37頁。
25) 以下の内容は、一々その出所を示していないが、ミノルタ「新しい人事制度について」および同「管理職人事制度」（以上1982年9月）を中心に、「従業員就業規則」「諸規程」（以上1989年9月）、「従業員就業規則・諸規程」（1994年10月）などのミノルタ資料を参考にした。
26) 82年改定時の本人給は、15歳の8万から24歳の9.8万まで2,000円のピッチ、24歳から30歳の11.9万まで3,500円のピッチ、30歳から36歳の14.3万まで4,000円のピッチ、36歳から41歳の15.3万まで2,000円のピッチ、41歳から48歳の16万まで1,000円のピッチであった。年齢は30歳まで学齢基準、それ以後満年齢。
27) 基本給に占める本人給（役割給）と職能給の比率は、18歳で8対2の割合だが、年齢や勤続、昇格などにより変化し、44歳で5対5、それ以上の管理職では4対6などと職能給割合が増大してゆく仕組みである。
28) 産業平均賃金は「賃金構造基本統計調査」、会社の平均賃金は「有価証券報告書」（原則として1985年3月）による。なお、キヤノン（84年12月）男子月額給与は32.4歳で30万6,316円、日本光学は35.9歳で30万7,091円、オリンパス（84年10月）は34.9歳で31万6,601円、旭光学は35.8歳で25万4,241円であった。

第9章　設備投資と資金調達

飯島正義　渡辺広明

はじめに

　これまでの諸章でカメラの新製品開発、国内生産体制の再編成や海外生産拠点の構築、国内・海外における販売体制の整備、経営多角化などについて論じられてきたが、本章ではこれらについて資金面から捕捉していく。まず、第1節ではカメラ産業全体の資金調達とその使途を時期ごとに分析し、各期の特徴と製造業全般との相違について明らかにしていく。次に、第2節では大手カメラメーカー5社（旭光学、オリンパス、キヤノン、日本光学、ミノルタ）の貸借対照表を前提とした「資金計算書」を分析し、各社の資金の運用・源泉（調達）から設備投資の状況、資金調達方法について考察していく。さらに、第3節では第1節、第2節をふまえてキヤノンと日本光学の2社を事例に国内生産拠点の構築・再編と資金調達についてみていくことにする。

　最後に、第9章は第1節を渡辺、第2節、第3節を飯島が分担執筆している。内容や用語の意味などについて確認を行ったが、十分とはいえないところがあるかもしれない。そのことをあらかじめお断わりしておきたい。

第1節　カメラ産業における資金の調達と使途

　この節では、カメラ産業全体の資金調達と資金使途の実態と特徴を検討する。使用する主な資料としては、日本政策投資銀行の「光学機器の固定資金の需要（資金使途）と資金源泉のデータ」[1]に負っているが、各年とも大半がカメラメーカーなので、ここではカメラ産業と表記する。

1．1970年代前半における資金調達とその使途

(1) 戦後の資金調達とその使途の基本構造としての1960年代後半[2]

日本のカメラ産業が1965年不況を克服し、拡大・好調を持続させている中で、表9-1を参照しながらカメラ産業の資金調達とその使途を検討していく。

その表を利用して、固定資金の資金運用規模（カメラ産業7社の合計金額）を資金使途と資金源泉に分けて検討する。固定資金の需要合計（資金使途合計金額）は1965年12億円[3]から毎年急拡大し、69年には9.3倍の109億円に激増しており、カメラ産業の資金需要の旺盛な状況が理解されるとともに、他の時期と比較して最大の伸び率であり、高度成長後半期の特徴と言えよう。

次に、資金使途の内訳を見ると、カメラ産業の資金使途は、製造業全体と同じ傾向を示し、有形固定資産・設備投資に特化している。69年には86億円に拡大し、65年の約7.3倍の金額となる。カメラ産業における使途金額の当該期間の平均構成比[4]が約83％で設備投資への需要資金となっている。これは、高度成長後半期の「成長」の起動力が設備投資であるということを物語っている。「投資その他資産」は、67年より金額が拡大するものの、この期間の平均構成比は7.3％のウエイトに留まっている。

固定資金の資金源泉の7社合計金額を見てみよう。69年にはカメラ産業は201億円で65年の約7倍の資金を調達している。当該期間には内部資金による巨額な調達が目を引く。カメラ産業の資金調達の特徴は、驚くことに設備投資に必要な資金をすべて内部資金で賄っていることである。高度成長後半期の平均資金調達の総額を内部資金で賄い、それでも余りが生じている状況である。カメラ産業の内部金融の高さが特徴的である。カメラ産業は社債[5]と長期借入金がゼロとマイナスになる年度があり、他の製造業とは違って、間接金融にほとんど依存していないこともうひとつの特徴である。また、67年より資本金・資本準備金が急増している。67年の金額にして6億円であったものが、69年には約5倍の33億円まで急拡大し、60年代末期においては増資による資金調達が選択肢のひとつとなってきている。

第9章 設備投資と資金調達

表9-1 カメラ産業の資金調達と使途

(1社当たり、百万円)

年	資金源泉							資金使途					運転資本
	内部資金	(うち減価償却)	資本金・資本準備金	社債	長期借入金	その他固定負債	計	有形固定資産	投資その他資産	無形固定資産繰延資産	計	増減
1965	459	390	0	0	-70	18	407	167	-62	62	167	240
66	695	346	0	0	-294	-7	394	216	12	15	243	151
67	919	344	91	0	-21	-8	981	414	156	9	579	402
68	1,288	430	204	-188	19	12	1,405	604	185	13	802	603
69	1,945	562	458	406	58	-1	2,866	1,226	294	35	1,555	1,311
70	1,687	590	762	-80	609	9	2,986	1,120	633	41	1,794	1,192
71	1,208	640	39	-42	478	20	1,703	879	216	50	1,145	558
72	1,299	525	337	-2	10	-18	1,626	803	623	46	1,472	154
73	1,703	587	416	-137	429	-8	2,403	1,071	878	48	1,997	406
74	661	690	258	327	878	17	2,141	987	726	151	1,864	277
75	1,456	736	127	390	101	-33	2,041	622	42	-19	645	1,396
76	2,463	762	986	-83	-334	-2	3,030	1,285	1,106	14	2,405	625
77	3,178	965	1,567	1,138	-502	5	5,386	1,697	881	9	2,587	2,799
78	3,887	1,298	720	1,677	-431	15	5,868	2,433	523	34	2,990	2,878
79	5,348	1,665	1,030	2,546	-127	-4	8,793	3,052	1,329	31	4,412	4,381
80	5,453	1,667	5,611	-3,232	-2	-4	7,826	3,380	1,051	62	4,493	3,333
81	4,926	2,080	2,118	3,332	763	-8	11,131	5,501	2,264	37	7,802	3,329
82	4,643	2,641	2,769	-539	770	-2	7,641	4,424	751	51	5,226	2,415
83	4,544	2,900	2,053	3,550	-1,071	193	9,269	3,949	-433	39	3,555	5,714
84	6,080	3,173	6,675	4	-314	-2	12,443	5,367	1,290	22	6,679	5,764
85	6,091	3,648	2,968	4,849	-396	-79	13,433	7,244	1,662	50	8,956	4,477
86	6,821	4,240	1,174	-220	574	-17	8,323	5,711	793	7	6,511	1,821
87	5,078	4,281	2,045	654	115	-77	7,815	3,416	938	7	4,361	3,454
88	6,778	4,222	3,802	-3,430	421	-10	7,561	4,528	1,623	21	6,172	1,389
89	8,653	4,366	4,794	8,505	51	1,235	23,148	6,105	4,483	89	10,677	12,471
90	9,365	4,702	1,038	2,149	2,149	-390	12,488	7,263	2,871	111	10,245	2,243

出所:『"財務データ"で見る産業の40年 1960年度～2000年度』日本政策投資銀行設備投資研究所、2002年3月および日本政策投資銀行設備投資研究所の頒布資料。

注: 1) 1960年代の光学機器産業各社は、東京計器、日本光学、東京光学、オリンパス、キヤノン、ミノルタ、コパルの7社である。
2) 1970年代の光学機器産業各社は、日本光電工業、日本電子、日本光学、東京光学、オリンパス、大日本スクリーン製造、ユニオン光学、キヤノン、ミノルタ、マミヤ光機、ヤシカ、コパルの12社である。
3) 1980年代と90年の光学機器産業各社は、ニコン、トプコン、オリンパス、大日本スクリーン、ユニオン光学、チノン、旭光学、ミノルタ、コパルの9社である。
4) 会計年度の数値である。
5) 内部資金は社内留保+減価償却費+諸引当金純増。
6) 運転資本増減は長期資金源泉－長期資金使途（流動資産純増－流動負債純増）。

(2) 1970年代前半期

カメラ産業では、70年に入ると国内においてハーフサイズ、コンパクトの販売不振や、オイルショックによる原材料価格の上昇、人件費の高騰、ドルショックによる輸出価格の上昇を受け、経営的には困難な状況下に陥る。前掲表9-1でカメラ産業の資金運用規模（カメラ産業12社の合計金額）を固定資金の需要合計（資金使途合計金額）と資金源泉に分けて検討する。

固定資金の需要合計（資金使途合計金額）は、70年215億円が73年、74年にいったんその水準を突破するものの、75年には急減して77億円まで低落した。その原因は、有形固定資産・設備投資の動向にある。製造業全体では有形固定資産・設備投資が曲がりなりにもこの期間、拡大基調であるのに対して、カメラ産業は、70年の134億円から75年の75億円と大幅に縮小させたのである。平均構成比（資金使途の計に対する有形固定資産の割合）を見ると、高度成長後半期においては平均構成比83%であったが、当該期間の設備投資の平均構成比が66%まで大幅に下落している。その対極には、「投資その他資産」の項目が前年期間の平均構成比7.3%から当該期間30%の大幅な上昇で、カメラ産業では、有価証券への運用や関連会社や他社への出資が膨らんでいるという特徴が見られている。

固定資金の源泉である資金源泉の合計金額の特徴を見る。その規模・合計金額が70年の358億円から75年の245億円と縮小しており、カメラ産業における資金需要は停滞的な状況といえる。資金源泉の内訳を見ると、内部資金の当該期間の平均構成比は大幅に低下して63%になっている。また、高度成長後半期においては見るべきウエイトを持たなかった長期借入金が大幅にウエイトを急上昇させ18.9%になったのがこの期間の大きな特徴と言える。その他、資本金・資本準備金は増資により同期間の平均構成比は14%まで拡大し、一定の位置を占めるようになった。社債の当該期間の平均構成比を見ると4.6%しか占めていないが、74年、75年に急拡大し、ウエイトを高め、ひとつの資金調達の手段になりつつある。この期間の資金調達の特徴としては、内部金融がウエイトを低下させた分、長期借入金、増資・社債の発行と資金調達が多様的になったといえる。

2．1970年代後半における資金調達とその使途

　70年代後半は、ミランダ（1976年12月）、ペトリ（77年10月）が倒産し、脱落する中で、生産の自動化・省力化、新機種・新技術の開発、生産拠点の集約化、経営の多角化、海外生産の拡大・強化といろいろな戦略が展開され、カメラ産業各社は生き残りのための競争を激化させていく時期である。この期間（75~79年）のカメラ産業の資金調達とその使途について前掲表9-1を利用して検討する。

　当該期間の固定資金の資金運用規模（カメラ産業12社）を、資金使途と資金源泉に分けて見ていく。固定資金の需要合計（資金使途合計金額）であるが、75年に77億円を示していたが、有形固定資産・設備投資の拡大に対応して、79年には6.8倍の529億円の急拡大を記録した。これは製造業全体が低迷する中でカメラ産業の際立った特徴である。有形固定資産・設備投資の需要規模は75年に75億円であったのが、79年の規模は約5倍の366億円の急上昇を示している。他の多くの製造業が減量経営で設備投資を抑制している中で、カメラ産業は積極的に設備投資・国内生産拠点の拡大や集約、新技術の更新的投資、事業の多角化を進展させている。また、「投資その他資産」の規模は75年には最低の水準で5億円であったものが、76年には急拡大して133億円となり、77年、78年には低下したものの、79年には159億円に達した。投資の拡大は運用としての有価証券投資も意味するが、関係会社の出資としての意味が大きいと考えられる[6]。同期間、カメラ産業各社は国内の販売会社の設立や海外拠点の整備、海外販売会社の設立（直販体制の整備）などを積極的に行っているのである。

　一方、固定資金の源泉となる資金源泉の合計金額は、75年244億円を示したものが、その後一貫して拡大し、79年には4.3倍の1,055億円までに急拡大した。その他の製造業が減量経営で低迷している中、カメラ産業の積極的な資金調達が伺える。その内訳は内部資金の規模が75年175億円で、その後、持続的に拡大して、79年には3.7倍642億円まで規模を急拡大した。また、資本金・資本準備金の規模も大きく上昇して79年には124億円に至った。

次に、当該期間の平均構成比の側面から検討する。最初に、固定資金の需要（資金使途）を見ると、有形固定資産・設備投資の同期間の平均構成比は前期が66%であったが、当該期間においては73.1%に伸び、設備投資のウエイトの拡大が見られた。「投資その他資産」の構成比も26.8%にわずかながら前期よりも伸びた。ところで、有形固定資産と内部資金を見ると、金額的には全般的に有形固定資産の金額よりも内部資金の金額の方が大きく、有形固定資産・設備投資に必要とする資金は前の2つの時期と同様に概ね内部資金で賄われていた。ただ、同期間、内部資金の構成比は資本金・資本準備金が急拡大したため、低下して53%に留まった。その資本金・資本準備金の構成比は前期の14%から該当期間24%に急上昇した。社債の期間平均構成比は13.6%を占めている。前期で一定の平均構成比を保持していた長期借入金は見るべきウエイトがない。したがって、当該期間においてカメラ産業は長期借入金に資金調達を依存しないで、内部金融や増資・社債などの直接金融に多く依存する資金調達構造になっていると言える。

3．1980年代前半における資金調達とその使途

1980年代に入っても、日本のカメラメーカー同士が国内外の市場競争激化の中で、ヤシカが脱落し、83年10月、京セラによる同社の吸収合併が行われた。この時期は、一眼レフがコンパクトに押され、「高級機の伸び悩み、中級機の大幅伸長」という状況で80年代前半は推移しているものの、経常利益は減少している。この期間（1980年から85年）のカメラ産業の資金調達とその使途について前掲表9-1を利用して検討する。

当該期間の固定資金の資金運用規模（カメラ産業9社）を、資金使途と資金源泉に分けて検討する。固定資金の需要合計は（資金使途合計金額)、80年の404億円が翌年に急拡大し、1.7倍の702億円に拡大したが、その後減少するものの、85年になると80年の2倍・806億円まで伸びた。この変動は、有形固定資産の動向と対応している。有形固定資産・設備投資の動向は、80年に304億円が翌年1.6倍の495億円にまで急拡大し、その後減退し、85年になると80年の2.1倍の652億円にまで拡大した。カメラ産業においては、81年と

85年の急拡大が特徴的である。80年代初頭は「オフィス革命」と呼ばれる時期で、企業の事務・管理部門に各種のOA機器が開発・導入されたのである。カメラ産業のみならず、事務機器メーカー、電機・電子メーカーの関連各産業が次々に新製品を開発・製造した時期と一致する[7]。とくに81年はカメラ産業と電機・電子メーカーとがVTRの製造・開発で活発に提携が行われた時期でもある[8]。85年はミノルタがα-7000を発売した時期で、各社がAF機能を備えた一眼レフを開発・製造・販売していく年である[9]。

一方、固定資金の源泉である資金源泉の合計金額(カメラ産業9社)は、1980年704億円が、翌81年1.4倍の1,002億円まで急拡大し、その後、いったん減少し、85年には80年の1.7倍の1,209億円まで拡大していく。その内訳を見ると、内部資金の規模は80年の490億円が85年1.1倍の548億円に留まったものの、当該期間の資金源泉を支えたのが、資本金・資本準備金と社債の拡大である。資本金・資本準備金の規模では80年505億円と84年の601億円がそれぞれ突出し、社債では82年の300億円、83年の320億円、85年の436億円の資金調達が目立っている。

次に、当該期間の平均構成比の側面から検討する。最初に、固定資金の需要(資金使途)の有形固定資産を見ると、当該期間の平均構成比は前期よりウエイトを上げ、83.8%になり、カメラ産業の設備投資が活発に行われているのが理解される。その分、「投資その他資産」の平均構成比は15.1%とウエイトを前期より下げている。ところで、有形固定資産と内部資金の関係を見ると、資金需要が急拡大する81年と85年においては、設備投資を内部資金だけでは賄えず、増資や社債発行によって調達しているのが特徴的である。内部資金の同期間の平均構成比は前期とほぼ同じ53%に留まっている。その分、資本金・資本準備金が37.5%と前期(24%)と比較して急上昇となった。長期借入金はマイナスの数値を示し、調達より返済の方が多い状況が続いていると言える。当該期間において前期間同様にカメラ産業は長期借入金に資金調達を依存しないで内部金融や増資・社債などの直接金融に多く依存する資金調達構造を保持している。

4. 1980年代後半における資金調達とその使途

 80年代後半のカメラ産業は、円高による86年を除けば90年まで好調な業績で推移した。この期間（85年から90年）のカメラ産業の資金調達とその使途について前掲表9-1を利用して検討する。

 当該期間の固定資金の資金運用規模（カメラ産業9社）を資金使途と資金源泉に分けて検討する。固定資金の需要合計（資金使途合計金額）は、85年の806億円から86年、87年、88年と低迷し、85年水準を突破しているのは、89年で1.2倍の961億円になるが、90年には922億円に留まる。有形固定資産・設備投資の規模を見ると、85年652億円の水準を90年の654億円を除けば、すべての年次で下回っている。他方、バブルの影響で「投資その他資産」が88年から90年にかけて85年水準の150億円を突破しており、その規模は89年に最大で403億円まで急拡大するものの、90年には258億円に激減する。

 一方、固定資金の源泉である資金源泉の合計金額は、85年の1,209億円の水準で、以後88年まで突破することなく、89年に2,083億円に急拡大するものの、90年には1,124億円に急落する。内部資金の規模は85年549億円から87年にはボトムになり、その後拡大し、90年には843億円まで上昇する。資本金・資本準備金の規模は85年267億円から翌年の86年がボトムになり、その後、89年の431億円まで拡大するものの、株価の暴落で90年には93億円まで激減する。社債は85年の436億円から86年と88年には返済や株式への転換が多く、マイナスの数値になっているが、89年に最大の765億円に達し、90年は193億円に急落した。このように、資本金・資本準備金や社債の金額が1989年まで拡大するのは、バブルの影響、すなわち株価の急騰による時価発行増資や転換社債、ワラント債の発行拡大で膨らんだのである[10]。長期借入金においては、一定の資金源泉となっていることがこの時期の特徴である。とくに、バブル崩壊が始まる90年には、193億円の規模にまでなっている。

 次に、当該期間の平均構成比の側面から検討する。最初に、固定資金需要（資金使途）の有形固定資産を見ると、当該期間の平均構成比は前期よりウェイトを下げ、74.7％まで低落している。もちろん、有形固定資産の金額自体、

当該期間、1社当たり、毎年、平均して57億円の設備投資を行っていることになり、活発な国内外の生産拠点の再編成を行っている図式を伺うことができる。「投資その他の資産」の平均構成比はバブルの株価高騰の影響もあって、24.8％にウエイトを急拡大させた。

　資金源泉の内部資金を見ると、その金額自体は巨額で85年を除けばすべての年次で有形固定資産を賄っており、当該期間の内部資金の平均構成比は前期（53％）より拡大して65.7％になっている。資本金、資本準備金の平均構成比は、前期（37.5％）よりウエイトを落とし、23.6％になっている。当該期間の社債の平均構成比は、8.4％で前期の9.3％より後退したものの、これまた、資本金・資本準備金同様に一定のウエイトを占めていると言ってよい。当該期間の長期借入金の平均構成比は4.7％であるが、90年だけを見ると、株価崩落の影響により資本金・資本準備金や社債が減少した分、長期借入金のウエイトが17.2％と高い構成比を占めることになった。

　以上のように、65～90年までのカメラ産業の資金調達と使途について検討をしてきたが、最初に、資金の使途をまとめることにする。資金の使途で、大きな伸び率を示したのが、高度成長後半期（60年代後半）と70年代後半の時期であった。全期間を通じてその多くは有形固定資産・設備投資が占めている。有形固定資産・設備投資の構成比が80％を超えるのが、60年代後半期と80年代前半期である。反対に60％台を示すのが70年代前半期で、残りの70年代後半期と80年代後半期は70％台となっている。「投資その他資産」は高度成長後半期を除いて、全期間を通じて10％台から30％台のウエイトを占めている。全期間を平均して資金使途をみると、有形固定資産・設備投資約75％、「投資その他資産」が20％のウエイトをそれぞれ示している。

　一方、固定資金の資金源泉は、高度経済成長以外の全当該期間の中では、内部資金が約60％、資本金・資本準備金約25％、社債が10％弱というウエイトを持っている。すなわち、80年代末までのカメラ産業の固定資金は、70年代前半期を除いて長期借入金に資金調達を依存せず内部資金や増資・社債などの直接金融に多く依存する資金調達構造であったといえる[11]。　　　　（渡辺広明）

第2節　カメラメーカーの財務状況と資金調達

1．カメラメーカーの安全性と収益性

　第1節でカメラ産業における設備投資資金は内部資金や増資・社債などの直接金融によって賄われていたことが明らかにされた。1970年代において製造業全体では間接金融に依存する割合が高かったが、カメラ産業はすでに直接金融に多くを依存する構造となっていた。それではどうして直接金融による調達が可能となっていたのかが次に問われなければならない。これについて結論を先にいえば、それは「経営の良さ」、「財務体質の良さ」にあったといえる[12]。具体的にはカメラメーカーの安全性と収益性の高さにあったのである。また、日本光学を除いて、特定の企業集団に属していなかったこともそのような行動をとらせる要因であったと推察される。

　そこで、大手カメラメーカー5社の安全性と収益性についてみていくことにする。財務の安全性の指標である流動比率と当座比率は、短期的な支払能力を見る指標である。流動比率と当座比率は100％を超えているかどうかがポイントで、100％を超えていれば短期的な資金繰りは良好であると判断される[13]。そうしたことを前提として大手カメラメーカーの流動比率を表9-2でみると、各社とも常に100％を超えている。当座比率については、旭光学、オリンパス、キヤノンは100％を超えているのに対して、日本光学は90年になって100％を超えるが[14]、ミノルタは100％を下回る状況が続いている。

　長期的な支払能力を見る指標としては固定比率、固定長期適合率が利用される。固定比率と固定長期適合率は、100％以下であることがポイントとなる。固定長期適合率が100％を超えている場合には自己資本と固定負債（長期借入金、社債など）の合計額を超えて固定資産投資が行われており、短期的な負債（流動負債）まで長期的な投資に運用されていることを意味し、経営的に好ましい状況ではない。

　大手カメラメーカーの固定比率をみると、旭光学とオリンパスは70年代、

第9章 設備投資と資金調達

表9-2 カメラメーカーの安全性・収益性の指標

(単位:%)

		1970年	75年	80年	85年	90年
流動比率	製造業	126.6	113.1	115.3	124.2	147.7
	旭光学	*242.8	236.0	177.1	213.7	195.0
	オリンパス	161.2	163.1	201.0	288.8	311.2
	キヤノン	178.2	145.4	163.9	181.1	172.5
	日本光学	151.1	129.5	118.0	157.9	205.8
	ミノルタ	124.9	105.7	154.0	140.7	143.7
当座比率	製造業	87.7	73.0	76.2	88.8	113.9
	旭光学	*153.9	122.5	101.1	120.8	130.5
	オリンパス	104.8	102.8	149.2	222.4	261.8
	キヤノン	113.1	89.4	117.5	117.2	106.3
	日本光学	84.8	54.0	62.0	80.8	127.9
	ミノルタ	80.6	63.3	81.5	83.5	86.6
固定比率	製造業	187.0	220.7	173.4	126.3	107.4
	旭光学	*55.5	60.7	94.9	55.4	54.2
	オリンパス	73.3	76.2	68.2	60.1	60.2
	キヤノン	83.9	124.9	90.3	91.6	98.0
	日本光学	92.7	97.5	102.2	73.8	80.9
	ミノルタ	119.2	183.2	118.0	98.0	88.8
固定長期適合率	製造業	77.0	85.4	84.9	77.5	68.8
	旭光学	*47.0	47.4	61.8	47.5	45.5
	オリンパス	55.5	48.6	56.3	47.9	41.8
	キヤノン	57.9	67.9	61.7	62.4	66.7
	日本光学	55.7	65.5	74.0	58.3	52.3
	ミノルタ	83.4	100.3	55.7	68.4	73.1
自己資本比率	製造業	22.4	18.3	21.6	31.9	39.1
	旭光学	*59.4	54.7	42.8	58.7	53.3
	オリンパス	40.4	33.6	57.0	62.4	54.4
	キヤノン	41.9	28.4	42.1	46.6	46.7
	日本光学	32.2	30.9	29.6	45.9	44.5
	ミノルタ	25.0	16.8	25.1	39.2	51.0
売上高経常利益率	製造業	3.8	1.0	4.2	4.4	5.6
	旭光学	*17.3	11.1	14.4	3.4	2.9
	オリンパス	8.7	13.5	13.9	6.4	8.9
	キヤノン	12.0	2.6	10.7	7.4	7.9
	日本光学	17.2	6.1	6.7	7.0	8.4
	ミノルタ	8.8	3.7	5.4	4.8	3.9

出所:通産省『わが国企業の経営分析』、各社『有価証券報告書』より作成。
注: 1) *は1973年。
 2) 流動比率=流動資産÷流動負債×100。
 3) 当座比率=当座資産÷流動負債×100。
    当座資産:現金および預金、有価証券、売上債権(受取手形、売掛金)の合計。
 4) 固定比率=固定資産÷自己資本×100。
 5) 固定長期適合率=固定資産÷(固定負債+自己資本)×100。
 6) 自己資本比率=自己資本÷総資本×100。
 7) 売上高経常利益率=経常利益÷売上高×100。

80年代とも100％以下、キヤノンは70年代に100％を上回る年もあったものの80年代には100％以下へ、日本光学は逆に70年代は100％以下であったのが、80年代に入り100％を上回る年が出てくる。ミノルタは、70年代は100％以上であったが、85年以降100％以下となっていく。固定比率が100％を上回る年があるキヤノン、日本光学、ミノルタの固定長期適合率をみていくと、ミノルタが75年に100％を上回るだけで、キヤノン、日本光学は100％以下となっている。以上から、大手カメラメーカーの短期、長期の支払能力は、70年代のミノルタを除いて良好な状況にあったといえる[15]。

次に、資金の調達方法が健全かどうかを見る指標が自己資本比率である。自己資本比率が高いほど他人資本である負債（借金）への依存度が低く、安全性が高いといわれている。大手カメラメーカーの自己資本比率をみると、旭光学は常に50％を保つ状況にある。オリンパスは70年代後半には40％へ、80年代には50〜60％へと比率を高めている。キヤノンは80年代に入り比率を高め、40％を超えている。日本光学は80年代後半から比率を高め、40％を超えている。ミノルタは70年代において大手メーカーの中で最も比率が低かったが80年代には40％まで高めてきている。どのメーカーも80年代に自己資本比率を高めており、製造業全体より高い比率となっているのである。

最後に、収益性の指標として売上高経常利益率をみると、70年代から80年代前半の時期に2桁の利益率を上げるカメラメーカーが存在し、製造業よりも高い利益率を示している。旭光学を除いて、80年代後半以降も製造業よりも利益率が高い状況が続いている。

これまで大手カメラメーカーの安全性、収益性の諸指標を見てきたが、製造業全体と比べると良好な状況にあった。

2．資金の運用と調達

貸借対照表は、ある一定時点における資本の調達と運用を示している。ある時点からある時点への一定期間に資産、負債、資本がどれだけ変化したかについては「資金計算書」として示される。そこで大手カメラメーカーの「資金計算書」を表9-3でみていくこととする。

(1) 資金運用

　まず資金の運用合計、源泉（調達）合計を概観していくと、77年のミノルタを除いて全社一貫して資産が増大している状況にある。

　続いて、運用面からみていくと、売上債権については各社共通した傾向を読み取ることができる。それは70年代後半、83年、80年代後半に減少するということである。70年代後半から82、83年までの時期は、不況（スタグフレーション）の影響を受けて海外・国内市場でカメラや事務機などの需要が減退し、各社は生産調整を余儀なくされ、さらに競争激化により製品の値下げを行わざるをえない状況にあった。70年代後半における原材料費・人件費などの経費高騰は各社に多大な影響を与え、また海外需要の停滞はカメラ、事務機などの輸出比率の高いキヤノン、ミノルタなどのメーカーに大きな影響をもたらしたのである。そしてさらに、各社の個別事情が複雑に関係していたのである[16]。このような状況がこの時期の減少をもたらしたのである。

　80年代後半の減少は、先進国の成長鈍化と急激な円高の進行の影響が大きく作用した。各社はカメラだけでなく多角化製品についても輸出比率を高めていたが、その結果、急激な円高の影響を強く受けることとなった。とくに、キヤノンやミノルタなどは多角化製品の輸出比率も高かったことからその影響は大きく、海外生産を加速させることになった。日本光学の場合には急激な円高に加えて半導体メーカーの設備投資削減が大きく影響した。旭光学の場合は、カメラ（一眼レフ）事業に偏りすぎたために80年代に入るとカメラ不況による減産、値崩れにより収益が落ち込み、その後の業績回復も厳しい状況に直面したことが影響した。こうした中でコンパクト分野への進出、経営多角化を本格化させていくことになるのである。

　金融資産については、各社とも設備投資などのために増資、社債発行、借入が実施された年に増加しており、逆に業績が悪化した年には減少している。各社の金融資産の減少を具体的にみていくと、オリンパスの85年を例外として、現金および預金と有価証券の減少がその主因となっている（オリンパスの85年の減少は関係会社への短期貸付金が大幅に減少したことによる）。

　金融資産の中には本社の関係会社に対する合計も含まれることから次にそれ

表9-3 カメラメーカーの資金計算書

(1)旭光学

	1976年	77年	78年	79年	80年	81年	82年
運用							
運用合計	143	7,162	2,342	8,388	17,624	7,216	9,359
売上債権	1,032	1,039	-53	171	4,516	2,664	1,244
棚卸資産	-1,372	1,090	826	2,859	456	1,850	1,829
金融資産	-855	4,272	-286	3,358	9,676	960	2,050
設備投資	785	916	1,814	2,081	1,636	2,602	3,950
その他	553	-155	41	-81	1,340	-860	286
源泉							
内部資金	1,889	2,004	2,231	4,564	4,850	14,401	5,058
減価償却	1,190	1,198	1,203	1,338	1,401	1,505	1,868
引当金	196	233	202	150	278	171	263
資本準備金	0	0	49	1,830	356	9,947	922
利益準備金	165	0	0	77	58	11	385
その他剰余金	338	573	777	1,169	2,757	2,767	1,620
外部資金	-1,138	5,147	-842	2,761	9,961	-5,223	2,159
買入債務	644	939	1,090	648	2,212	508	-340
短期借入金	-921	2,238	-1,021	95	1,140	-910	1,494
長期借入金	-861	-803	-861	-999	300	-183	1,926
社債	0	2,773	-361	2,785	6,266	-6,177	-1,850
資本金	0	0	311	232	43	1,539	929
その他	-608	11	953	1,063	2,813	-1,962	2,142

(2)オリンパス

	1976年	77年	78年	79年	80年	81年	82年
運用							
運用合計	12,636	7,645	3,317	21,400	20,997	23,243	17,249
売上債権	1,077	1,368	-1,165	2,714	558	2,277	378
棚卸資産	-1,387	2,998	1,894	-696	435	2,598	7,496
金融資産	10,535	903	-2,314	14,080	14,373	5,788	-5,113
設備投資	1,792	3,155	5,026	4,989	5,267	11,534	14,922
その他	619	-779	-124	313	364	1,046	-434
源泉							
内部資金	4,826	10,759	5,381	7,979	11,211	21,330	20,528
減価償却	1,593	1,912	2,121	3,438	3,931	4,221	6,094
引当金	992	1,872	1,132	-1,386	-415	118	-721
資本準備金	-417	3,654	-552	1,910	2,388	11,598	9,346
利益準備金	44	57	62	74	97	115	145
その他剰余金	2,614	3,264	2,618	3,943	5,210	5,278	5,664
外部資金	3,038	-1,327	-173	8,239	-876	7,289	1,754
買入債務	2,876	-117	-553	2,246	1,531	-47	347
短期借入金	-67	-1,396	-41	-111	-20	0	0
長期借入金	-188	-297	-131	-20	0	0	0
社債	0	0	0	5,745	-3,098	6,682	-263
資本金	417	483	552	379	711	654	1,670
その他	4,772	-1,787	-1,891	5,182	10,662	-5,376	-5,033

第9章　設備投資と資金調達

(単位：百万円)

83年	84年	85年	86年	87年	88年	89年	90年
2,073	1,376	9,820	1,564	5,595	11,552	4,824	2,905
-2,639	3,499	3,743	3,094	1,891	8,936	-49	-2,528
1,543	-3,739	3,717	455	1,660	-2,504	625	-280
-176	-374	343	-4,144	-489	3,659	301	2,838
2,651	1,567	1,613	2,175	2,823	1,520	2,958	2,970
694	423	404	-16	-290	-59	989	-95
3,398	3,460	3,457	2,606	3,829	4,553	3,488	1,805
2,304	2,294	2,286	2,238	2,531	2,692	2,713	2,662
249	267	297	198	326	510	365	-978
250	820	632	244	537	298	76	54
233	8	25	20	7	17	9	2
362	71	217	-94	428	1,036	325	65
3,860	-2,641	5,528	-35	1,662	6,062	1,433	1,062
196	1,976	4,575	-2,147	259	2,710	307	183
307	479	55	1,523	1,538	4,731	-945	266
3,606	-4,276	1,530	833	450	-1,080	2,148	666
-281	-922	-711	-274	-652	-335	-86	-60
32	102	79	30	67	36	9	7
-5,185	557	835	-1,007	104	937	-97	38

(単位：百万円)

83年	84年	85年	86年	87年	88年	89年	90年
24,105	12,783	12,660	11,940	21,006	5,543	17,792	58,158
-161	5,217	4,421	-3,502	2,125	1,746	2,742	1,219
-4,265	270	1,220	-2,963	-3,432	887	3,896	-724
23,245	-915	-2,483	6,105	15,498	-728	1,130	43,440
4,916	8,166	9,202	13,156	7,350	3,294	9,646	11,028
370	45	300	-856	-535	344	378	3,195
6,927	7,533	14,486	17,618	7,942	7,909	10,040	12,831
6,613	6,432	6,835	7,159	6,737	2,797	6,564	7,284
-1,408	-1,087	101	-176	-43	-737	-439	-506
214	509	5,639	2,544	765	1,444	1,278	1,211
200	215	240	247	249	125	237	256
1,308	1,464	1,671	7,844	234	4,280	2,400	4,586
21,221	1,966	-2,667	-1,277	5,766	481	5,381	36,023
-321	2,475	2,976	-3,136	6,530	1,925	6,659	526
0	0	0	0	0	0	0	0
0	0	0	0	0	0	0	0
21,520	-3,273	-8,280	717	-1,589	-3,027	-2,645	34,183
22	2,764	2,637	1,142	825	1,583	1,367	1,314
-4,043	3,284	841	-4,401	7,298	-2,847	2,371	9,304

(3)キヤノン

	1976年	77年	78年	79年	80年	81年	82年
運用							
運用合計	22,409	30,908	30,428	51,079	79,162	45,688	104,784
売上債権	3,643	-393	5,116	1,789	9,040	9,050	5,661
棚卸資産	2,677	3,036	6,119	3,542	6,909	11,989	5,677
金融資産	8,454	20,520	7,375	27,724	31,755	-8,716	60,310
設備投資	6,920	7,560	12,182	14,932	28,016	33,554	33,939
その他	715	185	-364	3,092	3,442	-189	-803
源泉							
内部資金	10,426	17,855	13,366	18,843	46,726	52,366	73,079
減価償却	2,037	3,060	5,679	7,701	9,353	14,828	18,589
引当金	1,190	191	-222	-1,198	-1,142	-978	-893
資本準備金	4,523	10,158	2,075	2,960	26,767	26,537	41,468
利益準備金	78	121	160	161	239	347	404
その他剰余金	2,598	4,325	5,674	9,219	11,509	11,632	13,511
外部資金	9,173	11,770	11,950	27,054	22,050	-4,494	30,097
買入債務	7,474	4,641	4,314	12,165	17,307	-776	350
短期借入金	531	-617	-2,242	728	-3,408	4,066	10,524
長期借入金	-224	-2,666	-675	-386	282	3,129	3,684
社債	643	8,229	10,412	14,234	5,137	-12,855	10,318
資本金	749	2,183	141	313	2,732	1,942	5,221
その他	2,810	1,283	5,112	5,182	10,386	-2,184	1,608

(4)日本光学

	1976年	77年	78年	79年	80年	81年	82年
運用							
運用合計	6,823	4,593	5,554	9,008	8,769	17,699	29,166
売上債権	3,131	484	221	1,908	3,744	2,781	2,464
棚卸資産	-2,212	1,302	-54	-615	2,340	4,895	8,455
金融資産	4,041	665	2,632	1,809	-982	2,654	4,747
設備投資	1,176	1,922	2,720	3,280	5,072	7,871	13,250
その他	687	220	35	2,626	-1,405	-502	250
源泉							
内部資金	1,678	1,910	2,319	3,793	4,552	9,543	7,667
減価償却	1,480	1,441	1,728	2,102	2,431	2,764	3,934
引当金	-329	-370	-374	-316	-251	-466	-285
資本準備金	0	0	0	0	0	4,291	1,160
利益準備金	75	75	75	75	81	86	100
その他剰余金	452	764	890	1,932	2,291	2,868	2,758
外部資金	5044	377	2,141	2,127	3,886	6,533	17,606
買入債務	-94	1,652	1,584	1,920	3,290	5,373	2,279
短期借入金	1,680	-255	953	-140	108	786	1,889
長期借入金	1,210	-1,020	-396	-944	488	-197	1,785
社債	2,248	0	0	1,291	0	0	10,895
資本金	0	0	0	0	0	571	758
その他	101	2,306	1,094	3,088	331	1,623	3,893

第 9 章　設備投資と資金調達　　　　　　　　　　　　　　261

(単位：百万円)

83 年	84 年	85 年	86 年	87 年	88 年	89 年	90 年
59,457	125,712	116,522	47,642	124,079	104,385	242,458	94,302
-3,807	7,496	418	-2,029	8,511	-8,361	23,112	7,892
4,844	31,101	42,039	1,702	-13,236	32,227	24,174	19,260
21,749	36,883	34,865	-5,637	97,774	36,218	124,770	-14,492
34,648	50,287	60,496	49,557	36,177	41,498	57,105	71,781
2,023	-55	-21,296	4,049	-5,147	2,803	13,297	9,861
37,458	47,890	52,707	51,539	55,026	60,212	91,160	81,437
20,417	27,832	34,179	40,631	38,863	36,606	40,121	44,084
66	-776	-281	-130	-21	205	849	-540
5,101	5,862	1,865	7,174	13,319	8,799	31,788	8,716
516	594	650	709	653	675	776	920
11,358	14,378	16,294	3,155	2,212	13,927	17,626	28,257
17,480	70,805	64,105	4,347	50,871	28,812	118,202	16,770
29,346	29,405	10,585	-20,967	9,554	40,855	22,692	24,931
-8,643	887	4,263	-364	-497	-1,456	-4,254	31,851
1,877	-3,624	1,192	-1,032	-2,856	19	282	560
-7,833	43,644	43,294	24,840	39,524	-18,118	69,888	-49,001
2,733	493	4,771	1,870	5,146	7,512	29,594	8,429
4,519	7,017	-290	-8,244	18,182	15,361	33,096	-3,905

(単位：百万円)

83 年	84 年	85 年	86 年	87 年	88 年	89 年	90 年
14,935	19,216	59,969	9,327	8,926	14,609	19,708	64,893
3,748	6,764	9,807	-10,799	5,083	9,917	19,461	-4,567
295	3,470	10,732	12,159	-2,936	-6,650	-532	6,129
3,894	266	29,557	-7,061	1,579	6,189	-6,400	46,974
7,268	8,581	9,913	15,029	5,208	4,377	6,994	15,723
-270	135	-40	-1	-8	776	185	634
17,663	6,935	28,135	9,481	7,765	12,878	12,237	17,221
5,350	5,948	5,982	6,755	6,980	7,024	7,463	7,661
-355	-368	-41	-344	32	54	79	-75
10,830	255	18,955	1,441	1,743	5,320	615	2,016
111	131	150	199	242	105	318	291
1,727	969	3,089	1,430	-1,232	375	3,762	7,328
-7,800	15,585	23,532	9,669	1,658	-10,146	9,082	39,369
-3,976	6,181	10,631	-10,012	-8,669	5,979	10,717	4,221
1,516	1,502	-7,887	-3,081	13,108	-5,491	-6,517	-100
-255	-987	-2,009	-1,451	-218	590	3,451	190
-6,800	7,671	6,933	23,357	-3,967	-15,267	816	33,036
1,715	1,218	15,864	856	1,404	4,043	615	2,022
5,072	-3,304	8,302	-9,823	-497	11,877	-1,611	8,303

(5)ミノルタ

	1976年	77年	78年	79年	80年	81年	82年
運用							
運用合計	6,610	-682	11,860	16,179	22,502	23,605	17,456
売上債権	478	270	-652	-518	2,260	1,656	612
棚卸資産	-273	-27	803	5,798	7,606	251	3,220
金融資産	5,645	-3,585	7,959	5,965	6,571	14,883	2,264
設備投資	908	2,275	3,797	5,059	6,253	6,557	11,294
その他	-148	385	-47	-125	-188	258	66
源泉							
内部資金	2,028	6,151	3,561	8,950	4,475	25,743	10,165
減価償却	1,321	1,381	1,931	2,409	2,911	3,902	4,793
引当金	94	400	347	1,276	455	288	664
資本準備金	-160	3,416	-92	3,676	-464	18,240	1,089
利益準備金	37	44	56	76	86	89	138
その他剰余金	736	910	1,319	1,513	1,487	3,224	3,481
外部資金	4810	-7,163	5,919	6,898	17,070	-6,003	7,998
買入債務	-585	2,464	5,112	2,611	1,805	8,101	3,417
短期借入金	1,628	-7,577	-4,129	153	6,191	-2,795	-2,354
長期借入金	1,107	-1,397	-998	176	1,565	538	-1,088
社債	2,500	-1,643	5,425	3,478	6,963	-13,994	7,890
資本金	160	990	509	480	546	2,147	133
その他	-228	330	2,380	331	957	3,865	-707

出所:『有価証券報告書』より作成。
注:1) 運用(源泉)合計:資産(負債・資本)合計の増加額に貸倒引当金の増加額と有形固定資産の減
2) 売上債権:受取手形、売掛金の増加額。
3) 棚卸資産:商品、製品、半製品、原材料、仕掛品などの増加額。
4) 金融資産:現金及び預金、有価証券、自己株式、短期貸付金、投資等その他の資産の合計の増加
5) 設備投資:有形固定資産の増加額に有形固定資産の当期減価償却額を加えた金額。
6) 減価償却:有形固定資産の当期償却額の金額。
7) 引当金:退職給与引当金から流動・固定資産の貸倒引当金を差し引いた金額の増加額。
8) その他の剰余金:その合計から株主配当金、役員賞与金を除いた金額の増加額。
9) 買入債務:支払手形、買掛金の増加額。

をみていきたい。表9-4をみると、各社とも70年代末から80年代初頭にかけて関係会社に対する金融資産が増加し、その中で関係会社に対する株式は一貫して増加している。70年代末から株式所有により関係会社との関係を強化し、人材や資金だけでなく土地、建物、機械装置などの資産貸与を通じて、さらに本社が関係会社の借入などの保証(債務保証)を行うことによって本社を中心とした組織体制を再編、構築していることが看取されるのである。

一般的にカメラ分野における設備投資額は多角化分野の設備投資額に比べて小さいといわれている。各社の設備投資額の推移で共通するのは、経営多角化が本格化する80年代以降投資額が急増すること、投資額は80年代前半よりも

第9章 設備投資と資金調達

(単位：百万円)

83年	84年	85年	86年	87年	88年	89年	90年
11,784	18,337	21,179	47,411	11,646	14,319	17,324	19,496
-1,606	788	3,080	6,081	-2,507	102	6,480	-2,277
4,045	-8,184	4,830	7,089	15,876	-9,537	-3,483	-1,300
-298	14,955	-435	15,960	-18,871	11,511	4,206	11,350
9,375	10,849	13,160	17,499	18,062	11,606	10,715	11,251
268	-71	544	782	-914	637	-594	472
7,205	8,990	11,122	20,723	16,286	14,430	21,604	16,183
5,625	6,144	6,833	8,408	11,117	11,528	11,036	10,814
223	262	531	1,451	367	691	666	754
-463	651	1,377	6,962	2,291	1,368	9,244	2,913
146	154	156	164	183	194	212	234
1,674	1,779	2,225	3,738	2,328	649	446	1,468
8,236	5,403	7,458	22,581	-1,260	3,563	-4,977	88
-6,002	6,435	9,469	17,403	-3,841	-10,992	4,476	3,032
3,821	-8,914	-170	887	0	15	-15	0
-45	-2,245	-464	-725	4,873	383	-193	-30
-404	10,037	-2,574	804	-2,559	13,939	-16,817	-5,756
866	90	1,197	4,212	267	218	7,572	2,842
-3,657	3,944	2,599	4,107	-3,380	-3,674	697	3,225

価償却費を加えた金額。

額。

後半のほうが大きいということである(オリンパスは前半)。経営多角化を積極的に展開し事業を拡大したオリンパス、ミノルタは100億円を超える投資が、キヤノンにいたっては500億円を上回る投資が何回か実施されている(表9-3)[17]。オリンパスは81年、82年、86年、90年、ミノルタは82年、84年〜90年に100億円を超える投資が行われている。オリンパスの81年と82年の投資は辰野事業所新設[18]を中心としたもので、その後も辰野事業所の拡充が実施されている。90年は香港・中国におけるコンパクト生産のためであった。ミノルタでは82年にカメラ、複写機の生産拡充を行っており、とくに複写機では瑞穂工場、光学ガラスの主力工場であった伊丹工場でも複写機生産の一部を

表 9-4 本社の関係会社に対する金融資産

(単位：100万円)

年	旭光学		オリンパス		キヤノン		日本光学		ミノルタ	
	対前年増	うち株式	対前年増	うち株式	対前年増	うち株式	対前年増	うち株式	対前年増	うち株式
1976	465	232	-120	11	5,464	4,873	-736	252	649	484
77	3,116	457	969	297	2,206	506	-163	11	1,802	138
78	-185	615	1,798	99	1,397	1,616	-79	134	1,561	379
79	3,944	1,255	2,560	31	2,437	5,663	682	559	1,015	280
80	6,807	871	1,415	506	9,435	5,996	2,238	3,064	1,207	344
81	-188	458	3,205	1,727	8,387	2,452	579	433	3,590	833
82	425	793	4,283	53	16,040	3,553	4,911	4,240	7,393	54
83	213	2,885	5,018	1,850	5,598	7,696	1,730	586	-3,608	974
84	-22	305	-1,632	235	2,561	10,356	359	20	-806	0
85	-418	1,293	-3,245	0	8,007	6,432	6,162	25	744	270
86	-1,135	291	790	213	10,718	5,949	3,715	46	-4,881	32
87	-1,499	457	1,601	55	4,744	6,354	1,193	687	2,127	1,154
88	-816	37	623	2,063	16,136	20,106	3,587	2,728	-342	242
89	722	344	-81	1,039	38,671	33,587	-4,457	619	4,368	1,604
90	3,210	1,237	6,958	2,585	50,747	28,394	548	33	3,743	398

出所：『有価証券報告書』より作成。

担うことになりそのための投資が実施されている。84年～90年には、複写機の生産拠点である瑞穂工場、三河工場の生産増強、カメラの α シリーズの増産体制が敷かれ、それらに対応するためにレンズ生産専門の狭山工場の生産能力が増強されている[19]。キヤノンは81～83年には300億円を、84年、85年、89年、90年は500億円を超える投資が実施されている。キヤノンについては第3節で詳述するが、76年から第1次優良企業構想を、82年から第2次優良企業構想を展開しており、そうした中で阿見工場（81年）、上野工場（81年）、宇都宮光機（83年）、長浜工場（88年）、大分キヤノン（82年）などが新設され、89年にマレーシア（キヤノンオプトマレーシア）、90年に中国珠海に子会社や工場が設立されているのである。

　旭光学は一眼レフ専業を強く志向してきたことから設備投資額は他社に比べて少ないが[20]、80年代に入ると、カメラの生産設備を更新しながら既存工場（本社、小川、益子）を中心として経営多角化のための投資が実施されている[21]。日本光学は82年に100億円を超える投資を行っているが、これは半導体製造装置（ステッパー）事業を中心とするもので、その後もカメラの生産設備の更

新や半導体製造装置の生産増強のために100億円を超える設備投資が実施されている。

(2) 資金調達

資金の調達については大きく内部資金(内部留保)と外部資金に分けられるが、各社にいえることは第1節でも明らかにしたように内部資金(内部留保)が厚いということである。

設備投資額に対する内部資金の比率を表9-5でみると、旭光学は82年、86年、90年が100%以下となるが、それ以外は100%を超えており、内部資金だけで設備投資を実施できる状況にあった。これに対して、経営多角化を本格化させていたオリンパス、キヤノン、ミノルタと多角化を本格化させようとしていた日本光学の4社は70年代末から80年代半ばまで100%以下が多く、内部資金だけで賄えず、借入金や社債などの外部資金に依存せざるをえない状況と

表9-5 設備投資額に対する内部資金の比率

(単位:%)

年	旭光学	オリンパス	キヤノン	日本光学	ミノルタ
1976	194.6	234.8	67.0	164.3	226.5
77	193.3	164.1	97.7	114.7	100.7
78	109.2	94.3	93.2	96.3	85.6
79	120.5	147.9	113.3	123.0	77.5
80	254.2	173.6	74.5	93.1	70.3
81	164.2	82.4	78.9	71.6	108.7
82	88.3	78.8	94.6	50.5	73.3
83	100.6	161.1	91.7	97.4	77.9
84	150.9	96.7	83.9	80.6	73.0
85	155.2	92.4	83.4	91.5	68.8
86	98.6	114.0	88.4	54.5	69.4
87	104.8	94.8	113.5	110.4	74.4
88	245.3	214.8	121.8	169.0	104.9
89	102.7	92.9	101.1	160.5	107.2
90	91.8	107.6	100.8	95.3	109.2

出所:『有価証券報告書』より作成。
注:1)内部資金÷設備投資。
  2)内部資金:(剰余金-配当金-役員賞与)の増減額+有形固定資産の当期減価償却費。
  3)剰余金は「その他の剰余金」を示す。

なっていたのである。

　各社の設備投資資金は直接金融によって、具体的には、時価発行増資と社債（とくに転換社債）発行を中心として調達されていた。70年代から80年代前半の時期に無償増資とともに時価発行の公募増資が、70年代後半からは外貨建転換社債の発行が増加している[22]。その結果、各社の資本金は年々増加していったのである。

　旭光学の資金調達を表9-3でみると、外部資金が内部資金を上回るのは80年、83年、85年、88年である。80年は社債、83年は長期借入金、85年は買入債務、88年は短期借入金が大きいことによる。旭光学の場合、70～74年に時価発行増資が実施され、総額112億円が、80年にはカメラ設備の合理化投資のために53億円が調達された[23]。転換社債の発行は77年からで、77～79年に外貨建で、日本円で142億円余りが調達された。転換社債による資金の使途は、国内外の関係会社への貸付と設備投資であった[24]。長期借入金は82年、83年、85年、89年に増加しているが、その使途は設備投資、運転資金で、80年代後半からは設備投資や運転資金だけでなく、厚生施設、研究開発にも投じられている。

　オリンパスの資金調達をみると、外部資金が内部資金を上回るのは79年、83年、90年である。いずれも社債が大きいことによる。オリンパスは70年代半ばに54億円、80年103億円、82年100億円の時価発行増資を実施している。転換社債の発行は、79年からで、80年代後半からは普通社債の発行が多くなっている。78～82年に外貨建転換社債が発行され、総額383億円が調達された。さらに86年に80億円、89年に430億円が調達されている。オリンパスは70年代末から80年代初頭に増資、社債発行で600億円近い資金が調達された。だが、ここで注意しておかなければならないのは、設備資金として調達された資金が景気低迷による市場の厳しさから設備投資には回らずに財務運用に転用された場合があったことである[25]。オリンパスが他の4社と異なるのは70年代後半から短期、長期借入金がともに減少し、79年以降、長期借入金がゼロとなっていくことである[26]。

　キヤノンの資金調達をみると、外部資金が内部資金を上回るのは79年、84

年、85年、89年である。キヤノンの場合も社債が大きいことによる。時価発行増資によって77〜82年に総額389億円が調達された。キヤノンは60年代からすでに転換社債を発行し資金調達を行ってきているが、77年以降転換社債の発行が増加していく。76〜80年に総額683億円、81〜85年に総額1,537億円、86〜89年に総額2,355億円が転換社債の発行によって調達されたのである。86年以降は転換社債に代わって普通社債の発行が増加してくる。増資、社債発行とともに長期借入金も81年、82年に増加している。転換社債による資金の使途は設備資金に、長期借入金の使途は設備資金と運転資金に投じられたのである。

　日本光学の資金調達をみると、外部資金が内部資金を上回るのは76年、82年、84年、86年、90年である。日本光学の場合も社債が大きいことによる。時価発行増資は70年代前半と80年代前半に集中している。70年、73年の増資では18億円、33億円が調達されたが、80〜84年には総額365億円が調達された。転換社債の発行は75年からであるが、80年代に多く発行されている。転換社債の発行によって、82〜84年に総額360億円が、85〜90年に総額898億円が調達されている。日本光学では80年代に半導体製造装置事業への本格的な進出に当たりその多額の設備資金を転換社債の発行によって調達するようになっていく。とくに、82年の商法改正後は増資によってではなく転換社債の発行によって設備資金が調達されていくのである[27]。だが、転換社債の発行で調達された資金がすべて設備投資に投じられたわけではない。借入金の返済など財務体質の改善にも充てられたのである。長期借入金は82年、89年に増加しているが、その使途は設備資金である。

　ミノルタの資金調達をみると、外部資金が内部資金を上回るのは76年、78年、80年、83年、86年である。76年、78年、80年は社債、83年は短期借入金、86年は買入債務が大きいことによる。ミノルタの時価発行増資は、70年代半ばに実施されただけでその後は実施されていない。74年、76年に合わせて33億円が調達されたにすぎない。転換社債の発行は75年からで、80年代に入ってその金額が大きくなっていく。75〜79年に230億円、80〜85年に382億円、87年に155億円が調達された。ミノルタの設備資金の調達は転換社

債の発行を中心に行われていたのである。転換社債の使途は、設備資金、海外を含む子会社に対する投融資、一部事業資金などに充当されていた。

第3節　キヤノンと日本光学の資金調達

　各社の設備投資資金の調達は、一言でいえばエクイティファイナンスによる調達であった。時価発行増資と社債発行（とくに転換社債）を実施して調達された資金が工場の新設・拡充等に充当されていたのである。

　以下ではキヤノンと日本光学の2社の国内生産拠点の再編と資金調達についてもう少し詳細にみておきたい。

1．キヤノン

　キヤノンは、高度経済成長の中でカメラの製品の多様化、および光機、事務機分野への経営多角化により規模拡大を続け、生産部門は相次ぐ工場の新設、増設でこれに対処してきた。1951年に全社下丸子へ集結して以来、キヤノンの拡大路線は下丸子を中心として展開されてきたため、下丸子では全事業の製品を生産する雑居状態にあり、下丸子が手狭になるとそのつど取手工場（61年、別法人として設立）、玉川工場（63年）、福島工場（70年、別法人として設立）を新設し、製品生産を移転する形で対応してきた。しかも各工場の余力均衡を優先した生産配分の影響で、いずれの工場も雑居を免れず、規模のみが拡大する状態が続いていた。企業規模の拡大と機能的生産配分の不一致は、頻繁な移転を伴い、また、ひとつの製品が複数工場に関係するという生産の非効率化をもたらし、結果的には事業部制推進の障害となった。

　76年には第1次「優良企業構想」（76〜81年）が打ち出され、積極的投資による最適な工場再配置と生産力の充実、キヤノン式システムによる企業体質の改善、子会社の強化、独創的新製品の開発、内外販売体制の強化、事業部制の導入などが実施されていった。

　最適な工場再配置と生産力の充実を実現するために「事業体製品別生産体制」の見直しが行われた。その最初の対象となったのが小杉事業所であった。

光機事業部はすでに72年9月事業部として組織的には独立していたが、生産面では依然として玉川工場内でカメラと同居していた。そこで76年7月に専門工場として小杉工場（川崎市中原区）を設立した。78年にはそれまで別法人として運営してきた福島、取手両工場をキヤノン本体に吸収合併して、それぞれカメラ事業と事務機事業に振り分けた。その結果、福島工場は高級一眼レフ専門工場として明確に位置づけられ、また、取手工場はコンパクトの生産を玉川工場に移管し、完全な事務機専門工場となった。その後も各事業の拡大に伴い工場の新設が行われていくが、これらは「事業体製品別生産体制」の中長期計画路線を踏まえたものであった。

　カメラ事業では77年宇都宮市（清原工業団地）にFDレンズを一貫生産するための宇都宮工場を建設した。同工場は別法人栃木キヤノンの宇都宮工場としてスタートしたが、82年鹿沼工場と共に、キヤノン本体に吸収合併され、光学分野の生産拠点として位置づけられた。82年には大分県テクノポリスの国東地区に中級カメラ生産用の最新鋭工場として大分キヤノンが設立された。

　取手に生産拠点を置く事務機事業では、映像事務機分野における製品の多様化、増産に加えて、電子事務機分野の急成長があり、取手工場敷地内に増築の余地がなくなってきた。そのため81年茨城県阿見町（福田工業団地）に電子事務機専門の阿見工場を新設した。以後、取手工場は映像事務機の専門工場となったのである。また、同時期に生産工機部も下丸子が手狭のため阿見工場敷地内に移転し、操業を開始した。

　トナーや感光ドラム等、複写機の消耗品は、不慮の災害に備え危険分散して生産する方針のもとに、すでに海外においては現地生産を始めていたが、国内では取手のみの生産であったので、81年関西地区の工場として三重県上野市（三田工業団地）に上野工場を新設し、生産を開始した。

　76年武蔵小杉に集結した光学機器事業部は超精密技術を核に半導体関連機器、放送機器、医療機器、計測機等の各分野で成長したが、とくに半導体露光装置の需要が急増したため、83年に宇都宮工場の隣接地に宇都宮光機工場を新設した。

　こうした工場の新設・増設等の設備投資資金は約1,000億円にのぼり、70

年代後半から国内外で資金調達された。77年5月には1,700万株、80年5月には2,000万株の時価発行増資が行われた。海外における転換社債の発行も76年7月以降81年6月までに、スイス、西ドイツ、フランス、アメリカ等で7回にわたって行われた。発行額は当時の円換算で総額約839億4,000万円に達したのである[28]。

82年には第2次「優良企業構想」(82~86年)が第1次「優良企業構想」(76~81年)の成果を受けてスタートした。第2次「優良企業構想」は第1次「優良企業構想」を質的にもう一段高めていくことを骨子とし、技術開発力の強化と海外戦略の強化を2本柱とした。

80年代に入り、OA化の本格化に伴って事務機の売上はカメラの売上を上回るに至った。その結果、キヤノンは電機メーカーとの本格的競争、貿易摩擦の影響にさらされることとなった。これらは、キヤノンの生産体制にも大きな問題を投げかけることとなった。すなわち、従来は工場別に製品特有の技術を終結することで競合他社と十分競争できるということで対処することができた。ところが、キヤノンが電子機器を多く扱うようになるに従って、電機メーカーが得意とする電子コンポーネント分野で、今度は逆に追う立場での戦略が必要となってきたのである。キヤノンでは80年1兆円企業のビジョンに向かって、製品分野の横への拡大を推進すると同時に、縦方向への垂直統合による多角化の必要性を認識し、その一環として「電子コンポーネントの内製化戦略」を打ち出し、81年神奈川県平塚市に下丸子生産技術センターから独立してコンポーネント開発センターを設立し、コンポーネント事業の拠点とした。これまで計算機のキーコンポーネントとしてプリント配線板などの生産は取手工場で行ってきたが、同工場が複写機専門工場となっていく中でスペース不足も手伝ってコンポーネント関連の技術・設備両面の投資が思うように進まない状況となっていた。そこで、プリント配線板の生産を取手工場から分離して同事業の一本立ちを狙うと同時にコンポーネントの量産工場をめざして、84年キヤノンコンポーネンツが設立された。キヤノンコンポーネンツはキヤノン製品の電子キーコンポーネントを生産するだけでなく、一部外販も行ったのである。

さらに、80年代の貿易摩擦の高まりは、輸出企業に対して海外生産へのペ

ースを加速させ、世界的な生産戦略の見直しを迫るものであった。キヤノンの国際戦略の基本パターンは、各消費地域にまず自主販売チャネルを確立し、それから生産・開発へと進出していくというもので、それまで消費国での現地生産を小規模ながら進めてきたが、貿易摩擦の高まりはこの海外生産への本格化を早めることとなったのである。欧米ならびにアジア NIEs への生産シフトによって、80年代後半には国内生産の空洞化という問題が起こり、自社工場、関係会社、協力会社を含めて生産構造改革が重要な課題となったのである。そして、キヤノン各工場の補完的役割の域を脱していない「国内生産関係会社に対する企業体質強化」、キヤノンの生産高の5割以上を占める協力会社に対する「優良外注育成」の戦略が進められたのである。

　以上のように、一連の新事業進出および新工場建設の大型投資が進められる中で、事業体生産体制も急ピッチで再編整備された。この時点で、カメラ事業部は玉川事業所を核として、玉川工場、福島工場、宇都宮工場、大分キヤノン、台湾キヤノン、キヤノン精工。事務機事業部は下丸子事業所を中心に取手工場、阿見工場、上野工場、第一精機、キヤノンギーセン（のちにコピア、キヤノンブルターニュ、キヤノンバージニア、長浜等の工場が加わる）。そして、光学機器事業部は小杉事業所を中心に、小杉工場、宇都宮光機工場という系列化が果たされたのである。

　このような新事業への進出と生産体制の再編整備に伴う資金需要の増加に対して、増資や海外における転換社債の発行が再三にわたり行われた。その結果、増資や転換社債から株式への転換によって資本金は急増していったのである[29]。

2．日本光学

　日本光学は、大井製作所を中心として増産に見合う設備の増強を逐次実施してきたが、60年代後半に入ると工場は著しく狭隘化し、増産も限界に達した。そこで、67年5月横浜市戸塚区（現栄区）の品川製作所大船工場を買収し、大井製作所大船工場とした（67年8月大井製作所横浜工場と改称）。67年9月大井製作所から顕微鏡部が移り、生産が開始された。69年1月には測量機、測定機関係も移転し、70年3月には大井製作所の分工場から横浜製作所に昇格し

た。70年4月には特機を除く機器部門のすべてが移転した。工場スペースに余裕があったこととこの時期大井製作所のカメラ製造部が新機種(ニコンF2)の生産に移行することによってニコンFの生産低下を防ぐため71年2月からニコンFの組立も73年9月まで行われた。

一眼レフの需要増大に対処するため67年8月シネカメラメーカーの小林精器製作所(茨城県那珂郡那珂町)の工場を買収し、従業員も引き継いで68年1月橘製作所としてカメラの新しい生産拠点をスタートさせた(77年1月水戸ニコンと改称)。68年4月から操業を開始したが、当初はカメラ部品の機械加工を主体とした。その後、69年にはニコマートボディの組立作業の一部が、72年9月には組立作業のすべてが移行された。

さらにニッコールレンズの飛躍的な伸びは、光学ガラスの増産を促したが、1937年に建設された大井工場では老朽化が進み、設備においても限界であった。そこで、70年9月神奈川県相模原市に用地を取得し、71年7月から操業を開始し、光学ガラスの増産要請に対応できるようになった。相模原工場は当初、大井製作所の所属であったが、81年6月相模原製作所に昇格した。

日本光学では70年5月、新規開発製品を事業化する専門工場の建設を計画し、71年6月に若年従業員を採用しやすい宮城県名取市に用地を取得し、仙台ニコンを設立した。ドルショックにより民間設備投資が抑制され、その影響により機器部門は低調に推移したためカメラ関係主体の量産工場としてスタートすることとなった。73年4月操業を開始し、74年4月から鏡玉用バヨネットおよびニコンF2用部品の機械加工、ニコンF2用底板組立などを行った。その後、外装処理やプレス工程なども新設し、設備・人員ともに増強してカメラの一貫生産へと進んでいった。

日本光学では高度経済成長期の増収・増益基調のもとで、成長製品を一層伸ばしていくために積極的に設備投資を行い、横浜製作所、相模原製作所の新設をはじめ生産設備の増設を進めていった。また、増産体制を敷くために子会社への貸付金も増大した。これらの資金増への対応と過少資本不足を是正するために68年から73年まで時価発行増資が実施され、充当されていった[30]。

81年5月ステッパーの開発が進行し、大幅な需要が見込めるようになった

ことから大井製作所に新しいクリーンルームを増設したが、大井製作所の生産ではスペースの制約が大きく、また環境条件でも限界があった。そこで81年7月横浜製作所内にステッパー専用工場を建設し、82年3月から稼動させた。相模原製作所においてもステッパー用投影レンズの生産量増加計画に対応して83年以降、設備の増強を行った。その後もステッパーの需要は着実に増大したことから80年代後半以降の需要増大に対応するために83年7月埼玉県熊谷市(熊谷工業団地)に用地を取得し、84年12月熊谷製作所が開設された。

78年まで設備投資額はキャッシュフロー(当期利益＋減価償却費)に見合う程度で行われてきたが、79年に経営陣が刷新され、半導体製造装置の新工場の建設など経営多角化の展開に伴い設備投資額が急増した。増大する設備投資資金に対して資金調達方法も銀行借入ではなく、資本市場からの調達へと転換した[31]。82年2月第1回無担保転換社債(発行総額70億円)、米貨建転換社債(発行総額58億1,300万円)が発行されたが、この資金は半導体製造装置の生産設備、一部借入金返済に充てられるなど財務体質の強化にも使われた[32]。さらに、82年の公募増資の資金も半導体製造装置の生産増強、老朽化したカメラ工場の建て替えに充てられた[33]。83年のスイスフラン建ワラント債(発行総額86億1,800万円)の資金も増産設備に、84年の米貨建転換社債(発行総額145億7,300万円)は半導体製造装置の生産増強のため熊谷製作所建設資金、一部借入金返済、子会社投融資などに充てられたのであった[34]。85年の第2回無担保転換社債(発行総額250億円)の資金は、相模原製作所のステッパー用レンズ工場の建設、研究開発、子会社への投融資に充当された[35]。

大井製作所の外部環境(消防法などの法規制、区の道路拡張計画など)による制約の打開策、ならびに業容の拡大に対処するため、82年開発・生産・管理の機能配分に関する「工場整備方針」が決定され、生産の子会社への移管、新拠点への移行が促進されていった。横浜製作所においても光機事業部と精機事業部の将来の成長を考えたとき設備能力に限界が生じることが予測された。こうした状況の中で、生産能力の増強、コストダウンの追求、技術開発力の強化を推進するため、各事業部自ら生産機能の子会社への移管、生産拠点の移動などが実施されたのである。

カメラ事業部では、カメラ生産の主体を子会社に順次移管したほか、社内事業所間での生産拠点の移動を行った。81年5月にレンズ研磨作業と鏡玉組立作業を大井製作所から相模原製作所に移し、相模原製作所をガラス製造からレンズ加工、レンズ製品化までの一貫生産工場とした。

光機事業部では、業容成長のため生産能力を増強し、また価格競争に対処するため、81年10月宮城県刈田郡蔵王町のマルエス製作所宮城工場を買収して蔵王ニコンを設立し、測量機・顕微鏡の部品加工、投影機の組立調整を行った。このほか、81年には顕微鏡対物レンズのレンズ加工専門工場である黒羽光学（現黒羽ニコン）の設備も増強した。

精機事業部では、ステッパーを中心とする半導体関連機器の需要の伸びに即応できるようにするため熊谷製作所を新設したほか、水戸ニコン、栃木ニコン、蔵王ニコンにもその生産の一部を委託する体制を整えた。

眼鏡事業部では、もともと眼鏡レンズは生産子会社や外注先での生産比率が高かったが、眼鏡レンズの需要拡大に伴い、プラスチックレンズ工場である那須オプチカル（現那須ニコン）の生産能力を拡充した。

これら生産拠点の移動、増強により大井製作所と横浜製作所は高度な技術開発を担当する技術センターとしての性格を色濃くしていった。

90年には「ニコン拠点配置構想」が策定された。大井製作所は会社の中枢となる情報ネットワークの中心拠点および情報集約型の開発設計拠点、横浜製作所は開発設計、生産管理の拠点、相模原製作所は光学系を中心とする素材の研究開発・生産拠点、熊谷製作所は半導体関連事業の生産拠点として、91年に設立された水戸製作所（茨城県水戸市）は高精度機械加工を主体とする事業の生産と生産技術開発の拠点として位置づけられたのである。

おわりに

カメラメーカー各社は、戦後いち早く再建を遂げていったが、高度経済成長期までの各社の工場拡張は本社工場を中心とするもので、製品生産についても工場別に専門化されていなかった。1970年代以降になると、製品の多様化、

第9章 設備投資と資金調達

経営多角化の本格的展開に伴って、新しい地域、地方に工場や関連会社が設立され、本社工場から地方工場・関連子会社に生産が移管されて製品の工場別の棲み分けが明確化されていった。工場の地方への拡大は、本社および近郊工場に拡張余地がなくなったこと、大都市における労働者の採用が賃金上昇などにより年々厳しくなってきたことなどによるものであったが、この時期に地方自治体による工場誘致策が積極的に展開されたことも地方工場の新設にとって追い風となった。その後も各社は、更なる事業の拡大で生産体制の見直しを繰り返し、海外を含めた生産体制を再編していくのである。

こうした生産体制の再編とともに販売体制も直販体制へと移行していくが、これらの資金は内部資金を中心としながら直接金融で、具体的には時価発行増資と転換社債（主に外貨建）の発行によって調達されていったのである。そして、これを可能としたのがカメラメーカーの財務内容の良さと輸出企業としての企業ブランドの高さであった。

(飯島正義)

注
1) 第1節で主に検討する資料は『"財務データ"で見る産業の40年　1960年度～2000年度』日本政策投資銀行設備投資研究所、2002年3月および日本政策投資銀行設備投資研究所の頒布資料を利用している。同研究所松尾浩之主任研究員には資料入手に便宜をはかっていただいた。記してお礼を申し上げる。
2) 本書の分析は、主に1970年代から80年代末の期間であるが、本節では高度成長期の典型的な1960年代後半の資金調達とその使途を分析の出発点とした。すなわち、本節の分析の叙述としては、対象期間を、景気循環などを考慮に入れながら4つの時期に分け、各時期の特徴を高度成長期・1960年代後半の実態や特徴と比較検討するスタイルにしている。ただし、年代によって、対象とするカメラ産業の企業が異なっているため、厳密な意味での年代を超えての分析には、配慮をする必要があるものの、概況や傾向を把握する上では支障がないと考えている。
3) 表9-1にある1965年の1億6,700万円は1社当たりの数値である。本文で表示されている数字は、1社当たりの数値に企業数7を掛けてカメラ産業全体の金額とした。以下、断らない限り、本文で出てくる数値は企業数で倍化した値である。
4) 当該期間の平均構成比は前掲表9-1から計算したものである。たとえば、有形固定資産の構成比は、有形固定資産の金額÷資金使途の合計金額×100の数値を当該期間の年次で集計し、それを平均化したものである。以下、本文で出てくる各種の期間平均構成比は同様の計算で求めた。
5) この時期の社債は日銀の低金利政策のため、誰も引き受け手が無く、大半が都市銀行

等によって引き受け保有され、実際上は間接金融と変わらない性格を持つことになった。
6)『会社全資料 カメラ光学機器業界上位10社の経営比較』教育社、1980年、208～210頁参照。
7)『朝日年鑑』朝日新聞社、1981年版、1981年、313頁。
8) 同上、1982年版、313頁。
9) 同上、1986年版、170頁。
10) 前掲『"財務データ"で見る産業の40年 1960年度～2000年度』の188頁による。
11) 本節の詳細な分析は、渡辺広明「光学機器産業における金融構造分析」『紀要』日本大学経済学部経済科学研究所、2004年3月（第34号）を参照されたい。
12)『日本経済新聞』1982年1月12日。オリンパスが、借入金に依存せず、そのほとんどを資本市場から調達できたのは財務体質の良さにあったといわれている。
13) 流動比率には流動資産に長期間売れ残っている商品などの棚卸資産が含まれること、当座資産には回収が遅れている売上債権などが含まれることから比率をみるときには留意が必要である。
14) 日本光学は三菱グループに属し、系列融資を受けられる立場にあり、支払準備としての資金を多額に保有する必要がなかったともいえる。
15) 各社の貸借対照表で長期も含めた有利子負債（短期借入金、長期借入金、社債）に対して現金性の高い科目（現金および預金、短期有価証券）でどれだけ充足できるかをみていくと、オリンパスは70年代前半から、キヤノンは70年代後半から、ミノルタは80年代に入ってから返済できてしまう状況にある。
16) キヤノンは電卓事業の失敗で75年の前期決算（75年1月～6月）が赤字決算に陥ったこと、オリンパスは、86年の売上高を2,000億円に拡大する計画を実現するために積極的に先行投資をしてきたことも関係していた。
17) キヤノンの部門別の設備資金投下状況（予算金額）を『有価証券報告書』でみると、78年から事務機関係の設備投資が増大してカメラ関係を上回る状況にある。
18)『日本経済新聞』1982年2月14日。辰野事業所新設の理由として、①岡谷工場が狭い、②地価高騰、③安価な労働力の不足があげられている。
19)『日経産業新聞』1983年11月21日。ミノルタではこれまでビデオカメラ生産をOEM委託で行ってきたが、OEMでは製品開発、生産技術の蓄積が進まないということから豊川工場での自社生産に切り替え、そのための投資を実施している。
20)『日経産業新聞』1985年1月21日。旭光学では83年から設備の借入をはじめており、その後も設備の借入を増やしている。その理由としては①設備の借入は経理上損金として処理できるため有税償却より割安であること、②設備購入の場合、償却期間が長いので技術革新に遅れてしまうことがあげられている。また、リコーや日本光学も設備借入に積極的であったといわれている。
21) 旭光学では本社工場で主に多角化製品を生産してきたが、増産が必要になると益子工場などでも生産を担うようになっていく。
22) 転換社債は外貨建がほとんどで、その発行地もその通貨国での発行の場合もあるが、ヨーロッパで米ドル建発行のようにそれ以外の地域での発行のものの方が多い。日本国内における転換社債の発行は少ないが、これは調達コストなどの発行環境に依っている。

外貨建転換社債の発行を可能にしたのは早い時期から輸出企業となっていたカメラメーカーのブランド力にあったと思われる。
23)『日刊工業新聞』1980 年 9 月 14 日。
24) 同上、1978 年 5 月 19 日。
25)『日本経済新聞』1983 年 4 月 5 日。
26)『日経産業新聞』1983 年 12 月 5 日。オリンパスの設備投資資金は外貨建転換社債の発行と時価発行増資による。
27)『光とミクロと共に　ニコン 75 年史』ニコン、1993 年、354 頁。これまでは時価発行増資の場合に発行株式の券面額（ほとんどの場合 1 株 50 円）を資本金に組み入れればよかったものが、82 年の商法改正によって株式発行価額の 2 分の 1 を超える額を資本金に組み入れるように変更されたのである。
28)『キヤノン史　技術と製品の 50 年』キヤノン、1987 年 12 月、171〜172 頁。
29) 同上、248 頁。
30) 前掲『ニコン 75 年史』261 頁。
31)『日経産業新聞』1982 年 1 月 22 日。
32)『日本経済新聞』1981 年 12 月 15 日。
33) 同上、1982 年 8 月 1 日。
34)『日経産業新聞』1984 年 4 月 23 日、8 月 22 日。
35) 同上、1985 年 2 月 27 日。

終章 1990年代におけるカメラ産業

木暮雅夫

はじめに

　本章では、これまでの各章の議論を受けて、1990年代におけるカメラ産業がどのような発展を見せたのか、その特徴的と思われる断面をいくつか紹介し、若干の分析を試みる。本書の終章として、前章までのすべての議論に言及したいところであるが、その余裕はない。ここで取り上げた論点は、今日のカメラ産業を語る上で欠かせない側面であるだけでなく、他の産業・製造業に比べて特徴的な性格を表していると思われる90年代のカメラ産業の動向を概観したものである。

第1節　ハネウェル特許紛争

　1992年2月8日付の『朝日新聞』に次のような記事が掲載された。「米ニュージャージー州のニューアーク連邦地裁陪審は7日、ミノルタが米制御機器メーカー、ハネウェル社（本社ミネソタ州）の自動焦点カメラに関する特許を侵害していたとして、ミノルタに9,635万ドル（120億円余り）の損害賠償支払いを命じる評決を下した」[1] これが、一般にハネウェル特許紛争と言われる日本のカメラ産業を揺るがした大事件の第一報であった。この訴訟は87年、ハネウェル社が「ミノルタの自動焦点機構がハネウェルの特許4件を侵害している」として起こしていたもので、評決ではそのうち2件について故意ではないとしながらもミノルタの特許権侵害を認めるものであった。

　一眼レフの自動焦点（AF）技術は、ミノルタカメラの α-7000 によって確立されたと言われている。この技術が、ハネウェル社の持つ自動焦点技術の特許

を侵害しているかどうかが最大の争点であった。ハネウェル社の米国特許は、「レンズを通ってカメラ内に入る光を左側分と右側分に分け、光センサーに2つの像を上下に結ばせる。像がきちんと並ぶとピントが合うように、レンズをモーターで動かして調整する」というもの。このピント合わせの基本技術は「瞳分割方式」としてハネウェルが特許をとる以前から知られているものだった。ハネウェルの特許は、それを改良したもので、日本では特許庁が「新規性がない」として特許認定しなかった。一方、ミノルタの技術は、2つの像が左右対称に並び、一定の幅になった時に焦点が合う。焦点が合うまでの距離をマイコンで瞬時に計算するので、ズレの分だけレンズをモーターで動かして調整することができる。ハネウェル社の特許では、このズレを測る発想自体がなかったため、オートフォーカス一眼レフの実用化のためにはミノルタの技術が必要であったと言われる。それゆえ、ミノルタは、一眼レフの自動焦点技術は独自の技術であり、ハネウェル社の特許を侵害していないと主張した。

しかし、3月4日にミノルタはハネウェル社と和解し、1億2,750万ドル（約165億円）の賠償額を支払った。このミノルタの和解により、日本などのカメラメーカーはなだれを打ってハネウェルの要求に屈していった。キヤノンもハネウェル社やミノルタなどとは違う独自の自動焦点技術であることを強く訴えて抵抗したが、すでに大勢が決していたため、賠償額を70億円弱に値切るのがやっとだったようだ。表10-1にある大手5社以外では、ヤシカ（京セラ）が8億8,400万円、チノンが9億1,725万円、リコーが10億円弱など多額の賠償金を支払った。これ以外では、コニカ、富士フイルム、松下電器などの日本企業と、台湾企業、米コダック社などの若干の海外企業も含まれた。支払額

表10-1 ハネウェル社に対する特許和解金等の状況

和解年月	主な会社名	和解金（92年3月までの和解金）
1992年3月	ミノルタ	1億2,750万ドル（165億円）
92年3月	キヤノン	5,350万ドル（69億5,700万円）
92年8月	ニコン	4,500万ドル（57億円）＋使用料
92年9月	オリンパス	3,470万ドル（42億3,300万円）
92年9月	旭光学	2,100万ドル（25億6,200万円）＋実施料

出所：『日本経済新聞』『朝日新聞』などを参考に作成。

は、92年3月までの米国内カメラ売上高に基づいて計算されたため、ハネウェル社の賠償金獲得総額（3億数千万ドル）のほとんどを日本の大手5社が支払った形になった。ハネウェルは、91年決算の純利益3億3,100万ドルに匹敵する金額を稼いだことになる。

なぜ、ミノルタが裁判に負けたのかを議論する前に、この特許紛争の背景として次のことを考慮する必要がある。ハネウェル社は、70年代当時、先端技術である固体撮像素子をカメラの自動焦点技術に応用して米国特許を取り、日本のカメラメーカーに売込み、ジャスピンコニカをはじめとする自動焦点のコンパクトカメラが各社から発売された。ハネウェルは、当初からカメラを生産するつもりはなく、自己の自動焦点技術を日本のメーカーに売込んで、その特許使用料で利益を上げる方針であった。80年代になると、レーガン政権の下、米国の知的財産権保護に対する戦略（プロパテント戦略）が大きく前進した。米国は製造業の競争では日本などに太刀打ちできないため、自国の巨大市場を土俵に特許・著作権を広く解釈し、米国の国際競争力を維持しようとする傾向を強めていた[2]。こうした中で、85年頃からハネウェル社とミノルタの関係が悪化し、ハネウェル社がミノルタを特許侵害で訴えることになったのである。

ミノルタの創業者一族である田嶋英雄社長は、事件後のインタビューの質問に次のように答えている。

質問：1987年に訴えられた時、和解の考えはなかったのか。

田嶋社長：「独自技術に自信はあったが、この種の問題に完全な白黒をつけるのは難しい。米国の特許専門の弁護士に相談したら、侵害が認められる可能性は小さく、万一、和解金を払っても500万ドル程度と言われた。しかし、当初、相手が要求してきたのは3,000万ドル。当時の特許訴訟では考えられない額だった」「訴えを起こされてからも、ハワイなどで相手側と数回会い、和解の交渉はした。ところが、相手側の責任者は財務担当役員で技術のことは分からない、と言い、話がかみ合わないまま、金額ばかりつり上がった。90年6月の交渉では、こちらは2,000万ドルなら応じてもいいと考えていたが、相手は5,000～6,000万ドルも要求したため、

決裂した」

質問：陪審裁判の問題が指摘されているが。

田嶋社長：「自動焦点一眼レフカメラを初めて商品化した社会的貢献や、技術的な正当性を主張したが、きまじめ過ぎた。もっとケンカに強い弁護士を雇えばよかった。相手側は事前調査で私を尋問し、裁判では東洋人の俳優を私に見立てて証言を再現したが、悪がしこい日本人というイメージを巧みに演出した。攻める側は強い。こちらは陪審裁判は初めてで、実態を知らなかったが、技術論議に適しているとは思えない」

質問：なぜ、上訴しなかったのか。

田嶋社長：「陪審評決が出て、判決が出る間に和解したが、弁護士によると、判決ではより高い賠償金が求められる可能性もあった。さらに上訴しても、地裁に差し戻される確率が95％、敗訴する確率が65％とのことだった。また、判決で求められた賠償金は、勝訴するまで無利子で裁判所に供託しなければならない。商品の販売差し止めが命じられる懸念もあり、販売子会社からは不安の声が出ていた」[3]

　ミノルタとしては、ハネウェル社との争いが長引けば、「不公正な日本企業」というイメージが拡大し、米国の売上に影響が出ることを懸念したようだ。ミノルタはカメラの輸出比率が75％ときわめて高く、稼ぎ頭の複写機に至っては88％で、輸出全体の40％が米国に依存していた。そして、ハネウェル社の請求4件すべてが認められていたら賠償額は1億7,500万ドルに達し、さらに故意とされると、その3倍に膨れ上がった。侵害と認定された2件の特許はいずれも92年に期限切れとなり、将来的負担は少なく、その点で受入れやすかったと思われる。

　結局、ミノルタは、92年3月期の決算で258億の赤字に転落、田嶋社長も引責辞任し、3年で1,000人の削減や部課の3割削減、希望退職、資産売却など一連のリストラを余儀なくされた[4]。また、折からのカメラ不況、円高による輸出不振、国際競争の激化などにより、ミノルタにおけるカメラ部門の売上は、91年3月期の538億円から93年の375億円へと大きく後退した。このミ

終章　1990年代におけるカメラ産業　　　283

ノルタに象徴されるように、日本のカメラメーカー全体にとっても、この特許紛争は高価な授業料となった。

第2節　カメラ市場の激変

　1990年代中葉までのカメラ市場は、中上級者向けの一眼レフと低価格大量販売のコンパクトに特徴付けられた[5]。しかし、90年代の中葉にAPSとデジタルカメラという革新的なカメラが登場し、従来のカメラ市場を激変させることになった。そこで、この2つのカメラを中心に、カメラ史に残る市場の劇的な変化を概観することにしよう。

　まず、APS（アドバンスド・フォト・システム）は、1996年の2月1日、米国イーストマン・コダック社と富士フイルム、キヤノン、ニコン、ミノルタの大手5社が共同開発した次世代カメラ・フイルム規格として、センセーショナルな発表キャンペーンが行われ、APS規格のカメラなどが4月から一斉発売された。この新規格は、競争激化で利益率が低下しているフイルムおよびカメラ市場のテコ入れ策としてコダック社の提唱で上記大手5社が5年前から共同開発してきたものだ。APSのフイルムは、端が出ない「ベロなし」の小型カートリッジ式で、銀塩フイルムに磁性材を塗布して画像とデータの両方を記録できるようにし、既存の35㍉フイルムカートリッジより25％ほど小さいのが特徴である。このため、カメラを従来以上に小型化できるほか、フイルム装填が簡単で失敗がない、撮影状況やプリント条件などの情報をフイルム上に記録できるため、写真にメッセージを付けたり、より適切なプリント調整が可能であるといった特長を持つ。また、フイルムを途中交換して感度の違うフイルムをその都度使い分けることも簡単にできる。写真現像店は、APS機能を最大限引き出せる小型現像処理機（ミニラボ）を導入して画質向上やインデックスプリントなどを宣伝できる。これが思惑どおりに売れれば、一眼レフなどの35㍉カメラと共存しつつ、マルチメディア対応の新たなフイルムおよびカメラ市場が開けるわけである。まさに、APSが救世主となってくれることを期待し、各社は35㍉とは別にAPSの広告や開発・設備に巨額の重複投資を決

断したのである。

　カメラ関係各社は、96年4月下旬、一斉にAPS対応カメラを市場に投入した。結果は、大々的な宣伝効果もあり、当初の予想を上回る引き合いで、生産計画を上方修正する企業が相次いだ。とりわけ、キヤノンの世界最小2倍ズームコンパクト「IXY（イクシ）」は、値段が4万8,000円と、ニコンの2倍ズーム「ニュービス75i」の3万8,000円、富士フイルムの2.2倍ズーム機「エピオン250Z」4万円に比べ高めだが、ワイシャツのポケットに入る小ささと軽さ、デザイン性で売行きが良かった。こうして、APSカメラは好調な滑り出しを見せ、発売後半年間で60万台が売れた。翌年の97年もAPSカメラの売行きは好調で、APS戦略は成功したかに見えた[6]。

　ところが、デジタルカメラの普及機がAPSの出鼻を挫くように売れ始め、35㍉フイルム市場も縮小してきた。APSカメラの販売台数も、97年に160万台以上を記録した後、縮小し、他のフイルムカメラとともにデジタルカメラに飲み込まれてゆくのである。結果的に、フイルムカメラメーカーが目論んだAPSを通じてのフイルムとカメラ市場の同時拡大という壮大な企画は、デジタルカメラの前にアダ花となった。

　図10-1に見るように、デジタルカメラがカメラ統計に表れるのは95年以降である。95年3月に発売されたカシオQV-10は、希望小売価格が6万5,000円とそれまでのデジタルカメラの常識を打ち破る価格で売り出された。「カメラ屋」にはない発想で、画質を落としても低価格の普及機を開発販売したところ、パソコンに画像を取り込めることや、ホームページでの利用や写真を加工して遊べる点などが人気を呼び、大いに売れた。画素数は25万画素とおもちゃのカメラ並みだったが、携帯型であること、ビューファインダーがなく、カラー液晶画面にCCDがとらえた動画が映り、それを見ながら好きなタイミングでシャッターを切れば、直後に撮影した画像が液晶で見られるのだ。

　今日の（普及型）デジタルカメラの元祖をこのQV-10とする専門家も少なくない。しかし、デジタルカメラ技術はそれ以前に確立されていた。デジタルカメラの起源は諸説に分かれるが、デジタルカメラにつながる最初期のカメラとして、81年に試作機が発表されたソニーの「マビカ」を挙げることができ

図10-1　フイルムカメラとデジタルカメラの推移（国内出荷量）

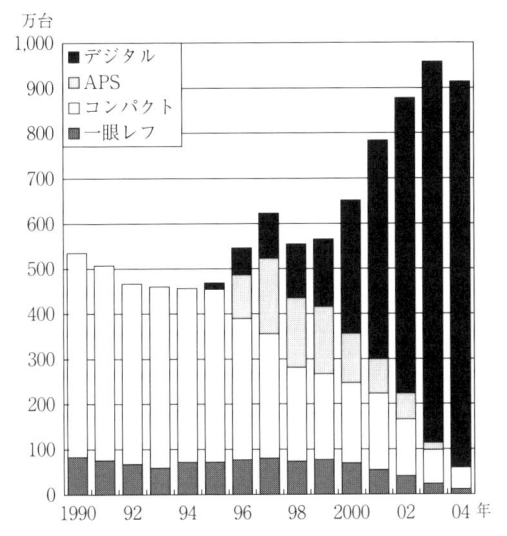

（万台、1990〜2004年、積み上げ棒グラフ：デジタル／APS／コンパクト／一眼レフ）

出所：CIPA『日本のカメラ産業』、『フォトマーケット』などを参考に作成。

る。これは、写真をフイルムではなく電子記録したものとして画期的だった。すなわち、CCD（電荷結合素子）を採用した磁気記録方式（フロッピーディスク）のカメラで、アナログ・ビデオ技術の応用により電子スチルビデオカメラ[7]として作られた。画像はアナログの電子記録にとどまっていたため、これをデジタルカメラの直接の起源とするには異論がある。この電子スチルビデオカメラは、キヤノンがRC-701として86年に世界で初めて市販した。これに対し、同じくCCDで撮った画像をICカードにデジタル記録するデジタルスチルカメラ（DSC）としては、88年9月に富士フイルムが「FUJIX DS-1P」を発表している。これを世界最初のデジタルカメラとする説が有力である。その後、90年代前半にかけて数十万から数百万円もするデジタルカメラがフイルムメーカーやカメラメーカーから発売され、主に報道などの業務用に利用された。

　デジタルカメラは、レンズから取込んだ光をCCD（またはCMOS）に当て、CCDがその光を電気信号に変換し、そのアナログ信号をA／Dコンバーター

でデジタル信号に変換し、画作りの技術＝アルゴリズムで処理することでデジタル画像を作っている。また、CCDを採用してカメラ本体の全面電子化を図ったことにより、電子シャッターを皮切りに、手ブレ補正や電子ズームなどの機能を容易に組み込めるようになった。このデジタルカメラにおいて決定的な技術であるCCDの技術は、ソニーなどビデオカメラに強いエレクトロニクス産業がリードしていたため、デジタルカメラ市場は当初からカメラ業界主導ではなく、電子技術を持つ他産業の企業が活躍しやすい場であったと言える。そこにカシオのQV-10が発売された。1年後には他のメーカーも追撃体制を整え、デジカメの新市場への期待も膨らんだため、パソコン・エレクトロニクス業界、カメラ業界、フイルム業界など多様な業界が新たな市場である普及型デジカメ市場において業界の垣根を越えた争いが始まった。こうしてカシオのQV-10は、まさにデジタルカメラ・ブームの火付け役となったのである[8]。これは20年以上前の「電卓戦争」を想起させるものであった。1972年にカシオがそれまでの卓上式電子計算機の市場に価格破壊と言われた低価格の電卓を投入して、価格競争が加熱した。このとき多角化を計って電卓市場に進出していたキヤノンも撤退という苦い経験をしている。

翌年の96年にかけて、普及型デジタルカメラ市場への新規参入ラッシュとなった。その結果、95年に14万台であったデジタルカメラの国内出荷数は、97年には100万台を突破し、99年には150万台、2000年には300万台へと急激に上昇していった。当初は、断トツのカシオに続き、富士フイルム、オリンパス、リコー、ソニー、コダックが市場を支配した。デジタルへの頭の切り替えが遅れたミノルタ、ニコン、キヤノン（キヤノンは96年までOEM）は出遅れた。市場が拡大するとともに製品ライフサイクルが短くなり、単に低価格では売れない高画質化競争が展開されるようになった。こうした激しい競争の中で、はやくも市場淘汰が始まり、首位争いも激しい入れ替わりを見せながら、99年にはオリンパスとソニー、富士フイルム、コダックの4社で世界のデジタルカメラ市場の75%を占めるまでになった。日本で生まれ育った製品が世界に広まっていった。

前述のように、デジタルカメラの心臓部であるCCD技術は、富士フイル

ム・コダックを除くと、エレクトロニクス業界が支配している。なかでも高画質のCCDセンサー市場は、ソニーが圧倒的なシェアを獲得している。そしてカメラ会社の多くがソニーや松下電器などからCCDを購入しているため、価格競争力や差別化という点で不利だといわれている。しかし、オリンパスなどは、大量発注を武器に各社のCCDを競合させて、莫大な開発費用を省きながら心臓部部品を調達することに成功している。ニコンも同様にCCDを外注しているが、高画質化はCCDだけでなく、レンズの性能や画作りの技術（アルゴリズム）が重要な役割を果たすので、高画質化競争には自信を持っている。とりわけデジタル一眼レフでは、フィルムカメラで培った膨大なニコン愛好家（ニコンの交換レンズを所持）がデジタルカメラでもニコンを支持してくれることを期待している。これに対して、デジタルカメラ市場に若干出遅れたキヤノンは、独自技術の開発にこだわり、CMOS（相補性金属酸化膜半導体）画像センサーをものにした。CMOS技術で差別化を計ろうというわけだ。CMOSの特徴は、低消費電力と画像情報の出力スピードが速い点だが、小型化と画質の向上に課題があった。キヤノンは電圧バランスを補正する独自のCMOS技術により、CCDの5分の1以下の消費電力でCCDと同等の画質を得ることに成功したのである。富士フイルムも独自開発のハニカムCCD技術で、高解像度CCDを実現して高画質化競争をリードした。富士フイルムが独自技術にこだわったのは、高画質化のためばかりでなく、「基幹部品を内製することで自由な生産体制が組める」からだ[9]。

第3節　海外生産拠点の展開[10]

　貿易や価格競争力を考える上で重要な要因のひとつが、為替相場の推移である。円高が進むと、日本の国内製造業の価格競争力が低下するため、国内企業はコスト削減に迫られるが、その対策のひとつが生産の海外移転ということになる。しかし、日本の製造業にとって工場あるいは生産の海外移転は、部品調達等大きなリスクを伴うため、よほどのことがない限り積極的には海外に工場を移すことはしなかった。為替相場についても同様であり、単純に円高だから

海外生産を促進するということにはならない。なぜ1985年のプラザ合意による急激な円高局面よりも、90年代における円高局面において多くの製造業が海外へ生産をシフトしたのであろうか。とりわけ、第7章で見たように、カメラ産業が80年代後半の海外生産の展開を経て、90年代に海外生産を一層拡充していったのはなぜか。基本的には、80年代後半のエレクトロニクス産業などの海外進出が現地の政治経済を動かしつつ、アジア各地に産業集積（クラスター）を生み出し、現地生産条件が徐々に整備されてきた点を押さえておく必要がある。また、国内ではバブル崩壊とその後の資産デフレの進行、長期的な消費不況があった。これらの基本的な背景に加えて、90年代の一層の円高局面を捉える必要がある。

そこで、ここでは為替相場の対外競争力への影響を見るため「実効為替レート」に注目してみたい。これは、国内企業の為替レート面での競争力を測る尺度とされている。図10-2の「為替相場と実効レートの推移」は、邦貨建て為替レート＝為替相場と、名目および実質実効為替レート指数をひとつの表にま

図10-2 為替相場と実効レートの推移

出所：日本銀行「金融経済月報」を参考に作成。

とめたものである。太い実線の実質実効為替レートを見ると、85年プラザ合意後の急激な円高局面が示されているものの、それよりも90年代前半の円高局面における長期的かつ大きな上昇の波が示されている。こうして、90年代前半の円高は、日本の製造業にかつてない価格圧力をもたらし、一段のコスト削減を迫ったのである。その結果、日本製造業全体の海外生産比率[11]を見ると、1985年の3.0%から90年には6.4%、95年9.0%、99年12.9%へと上昇したのである。

　カメラメーカーの海外生産拠点が出揃うのは、1990年頃である。1980年代までは、リコー、キヤノン、ミノルタ、旭光学といったところが、60～70年代の比較的早い時期から台湾や香港、マレーシアに生産拠点を確保していたが、それらの企業でさえ、本格的に生産拠点を拡大するようになったのは、90年以降のことである[12]。とりわけ、上記以外の主要カメラメーカーで海外生産の面で出遅れていたニコンとオリンパスは、90年前後になって初めて自前の海外生産拠点作りに取組みだし、大手メーカーの海外生産拠点が出揃うことになる。すなわち、オリンパスは、88年に設立した現地法人「オリンパス・ホンコン」を拡充する形で89年に初の海外自社工場を建設、90年からコンパクトカメラ2機種の生産を始めた。同時に中国華南地区の番禺(パンユウ)で現地企業に生産委託する形でコンパクトカメラ用ストロボ部分の生産を開始した。この技術指導はオリンパス・ホンコンが行うことになった。また、ニコンは、これまで韓国の保護政策のため同国企業との提携や技術協力をしたことはあったが、海外自社工場という点では最後発となった。ニコンは、90年からタイのアユタヤに現地法人ニコン・タイランドを設立、工場建設・生産準備を経て92年4月から一眼レフカメラ用交換レンズの本格生産を始めた。進出の直接要因は、円高に伴う人件費の高騰と深刻な人手不足および価格競争とされた[13]。

　こうして、90年代は、まさに海外進出ラッシュとなった。既存の海外生産拠点でも生産の拡充やより付加価値の高い製品へのシフトが進んだ。まず、キヤノンは、70年代に人件費の安さから台湾に進出したが、90年代までには現地企業の台湾キヤノンが徐々に生産能力を高めてきたため、普及タイプの一眼レフ生産を全面移管した。また、台湾キヤノンは生産能力のみならず開発面で

も実力をつけてきたため、92年には独自開発も開始するようになった。一方、90年に既存のキヤノン・オプト・マレーシアで新たにカメラ用レンズとコンパクトカメラの生産に着手した。また、中国の珠海に佳能珠海有限公司を設立、当面は低価格帯のコンパクトカメラの生産を開始した。95年には中国国内向けカメラの生産拠点として、台湾キヤノンと現地企業との合弁で東莞(トンガン)にカメラ工場を設立したが、生産が軌道に乗った97年にその合弁会社を子会社化した。このように、キヤノンは、台湾でのカメラ工場の育成経験を活かして、他のアジア諸国での工場展開も、当初は部品を持ち込んでのノックダウン、労働集約的なラインで量産品や価格競争が激しい低価格機の製造からはじめ、次第に部品調達の現地化、付加価値の高い製品＝上位機の生産へとシフトしていった。第7章で見たように、台湾では、このプロセスは比較的緩やかに行われたが、90年代においては地理的に拡大しつつそうした変化にスピードが加わった。もちろん、こうした低価格機から上位機への変換は、現地企業がその能力を持つようになっただけでなく、日本国内における複写機などカメラ以外の製品を含めた高付加価値製品へのシフト、生産体制の再編成によるものである。それゆえ、海外生産の拡充が即、国内生産の空洞化を意味するものではなく、逆に高付加価値製品の国内生産の拡充が間に合わないために、既存工場の一部または全部の製品をより高付加価値の製品に切り替え、置き換えられた製品が海外に移転されるケースも少なくなかった。

　大分キヤノンは、キヤノンで唯一の国内カメラ生産拠点である。そして大分キヤノンでは、徹底したコストダウンで高級機のカメラ生産を維持する一方、アジア工場へ製造技術を指導・伝授する「センター工場」(マザー工場)の役割も果たすようになった[14]。新製品は大分キヤノンで立ち上げるが、生産システムを固めてコストダウンしてから海外にラインを移す。その場合でも、現地で新しい機械を導入するのではなく、日本で使い慣れたラインを移して同じ品質のカメラを一気に量産する。たとえば、業界で初めて本体価格で5万円を切ったAF一眼レフ「EOS1000」の場合、設計と生産の両面からのコストダウン、台湾での生産を念頭に置いた設計、部品点数を25％減らし「組立てやすい構造」も採用して、全体のコストを従来機種の約半分に抑えることができた。大

分キヤノンは、キヤノンがアジアに展開するカメラ生産拠点のセンターとして、カメラ技術を世界に発信しているのである[15]。

　オリンパスは、海外生産拠点では後発組ながら急速に海外生産比率を高めた典型である。オリンパスは1990年、香港にカメラの海外自社工場を初めて立ち上げ、現地組立方式でコンパクトを生産し始めた。また、中国広東省の番禺(パンユウ)でも現地企業に技術指導して委託生産を開始した。この2つの拠点は年を追うごとに規模と生産品目を拡大し、91年には番禺工場で、生産が難しいとされる超小型コンパクトカメラ「ミュー」の生産を開始した。92年には、中国の番禺工場がフル稼働に入ったため、はやくも深圳(シンセン)市に30億円を投資して中国第2の生産拠点を建設、翌年には新工場を増設するなど、急速な海外生産拠点の展開を行った。このため、同社のカメラの海外生産比率は、93年には35%へと拡大し、部品の現地調達率も40%以上に達している。96年には、同社の海外生産比率が台数ベースで70%に達し、辰野工場での量産試作を経ずに量産に入る機種も出るようになった。また、深圳では、95年にプラスチック成型部品とレンズ工程も稼働するなど、基幹部品まで中国生産を急速に進めていった。

　ミノルタやリコーは、海外展開が速く、90年代に入って急速に海外生産比率を高めたのみならず、高級機・重要部品も含めた海外生産を展開した。ミノルタは93年5月時点で海外生産比率が台数ベースで50%に達しており、91年に深圳に第2の海外生産拠点を新設したリコーに至っては80%以上であった。岩手県花巻市のリコー光学は売上の65%をカメラ生産で占めていたが、これを35%に削減し、その代わりOA機器の光学部品製造を拡大させた。また、リコーの中国工場では、93年までに現地の部品調達比率が70%近くに達していた。

第4節　カメラのOEM

　部品調達を含めて製品調達の最たるものは、OEMであろう。正確には半製品調達または完成品調達であり、自社設計図・仕様により、完成品製造を他社

に委託生産して、自社ブランドで販売する方法である。OEM（相手先ブランドによる製造）またはODM（相手先ブランドによる設計・製造）は、製造業では珍しいものではないが、カメラ産業でもとりわけ広く利用されている[16]。OEMの発注元は、販売力はあるが、生産能力・生産余力がないとか、自社生産品目は絞込みながら、一定の品揃えをしたい、あるいは自社技術の標準化を計る戦略、技術の相互補完など、様々な企業戦略からOEMを行っている。一方、受注側は、生産能力・技術は優れているが販売力（ブランド）がないとか、発注企業を増やせば規模の経済が働き高い利益率が期待できる、作っただけ売れる、下請けではないので自由な経営戦略が採れるなど、メリットも少なくない。その反面、売れなくなれば単価切下げや受注停止になるリスク（投資リスク）もある。また、当然ともいえるが、発注元はOEMのことはあまり語りたがらない。以下若干のOEM企業の例を挙げて、カメラ産業における90年代のOEM実態の特徴に触れてみたい[17]。

円高成功例として、90年代前半の円高により急激に対日輸出を伸ばした企業がある。韓国の現代グループ・現代電子もそのひとつで、92年から93年にかけて4倍（約1,000万ドル）の対日輸出増を果たしたが、その大半は、オリンパス工業向けのコンパクトのOEMであった。一方、日東光学（本社長野県諏訪市）は、OEMを中心にコンパクトカメラで国内生産台数の20%（94年）のシェアを有するカメラ・レンズメーカーだが、コンパクトカメラを中心にオリンパスやミノルタ、ニコン、富士フイルムなどにOEM供給し、一時期は上諏訪工場で月30万台以上も生産していた。日東光学の特徴は、自社ブランドを持たず、OEM生産に徹している点、および徹底した自動化（ロボット化）である。また、経営危機から97年にコダックの子会社となったチノンも、85年から35㍉をコダックにOEM供給するようになり、95年からデジタルカメラのコダック製品を一手に引き受けるようになった。三洋電機は90年代末までにデジタルカメラOEMの最大手になり、月間三十万台のうち九割がOEMであった。コニカも若干の自社製品はあるが、デジカメ生産の大部分はHP社向けのOEMである。

逆に、自社製品の生産を拡大する形で、OEM生産に乗り出し生産効果を上

げている会社もある。富士フイルムは98年、子会社のフジックス（宮城県大和町）の生産能力を増強し、東芝、日本ビクター、独ライカ社にデジタルカメラをOEM供給することを決めた。これに伴い、自社生産しているCCDの量産効果と海外市場の開拓も見込めるメリットがある。99年までにはデジカメ市場は過熱感を高め、次々に新しい商品が現れた。商品のライフサイクルが6カ月を切るようになり、すべての品揃えを一社でまかなうのはリスクが高すぎるため、多様な形態のOEMが一層盛んになった。台湾・中国などへのOEM委託生産も急速に進んだ。

一方、OEM生産中心だった企業が自社ブランドを出すなど、自立化を図る動きもある。光学機器メーカーのコシナ（本社長野県中野市）は、一眼レフの交換レンズなどをOEM生産してきたが、99年にドイツの名門ブランド「フォクトレンダー」の商標使用許諾を得て低価格カメラを発表し、自社商品を強化している。日東光学も94年3月期に赤字に追い込まれた後、国内生産品の高付加価値化と東南アジアへの一部生産移転を進めていった。同時に、7割あったカメラ部門に対し、測定用・医療用などの業務用カメラや電子機器部門の売上を拡大し、多角化を目指している。

最後にOEMの巨人、GOKOカメラについて触れておこう。GOKOカメラ（本社川崎市）は、低価格帯のカメラ市場では世界一とも言われている。生産拠点（委託）もマレーシアやインド、ハンガリー、ブラジルなど世界各地に展開している文字どおりのグローバル企業である。知名度がないのは、95％がOEM生産であり、自社ブランドもほとんどを海外で販売しているからだ。後藤社長によると、コンパクトカメラが全盛だった90年代前半まで、キヤノン、旭光学、オリンパスなど国内上位8社中7社にOEM供給していたという。その考え方は、「一眼レフなどの高級カメラを買えるのは、世界の人口のわずか十数パーセントにすぎない日本や欧米の人だけ、発展途上国など残りの8割以上の人はカメラすら満足に買えない。自動巻きやオートフォーカスなどの機能を削って安くすれば、需要開拓の余地は大きい」とし、81年にOEMによるカメラ生産を始めたのである[18]。90年代に入ると、周囲はバブル崩壊とデフレ不況の嵐にもまれていたが、GOKOカメラは93年月産45万台、年間420

万台（世界生産の15%）の生産量に達し、周囲の不況をよそに会社の「第二期黄金時代」を迎えた。しかし、90年代中葉以降、台湾のカメラ会社による中国での低価格製品の生産、デジタルカメラの普及という既存の経営基盤を揺るがすカメラ業界の地殻変動が始まった。これに対し、GOKOカメラが採った新方針は、非デジカメであった。他の企業のように中国進出もしないし、デジカメにも参入しない、もちろんフィルムカメラから撤退したりもしないというものであった。GOKOカメラは、カメラへの依存度を低下させながらも、蓄積された資本と技術を武器に21世紀に向けて多面的なビジネス展開を繰り広げる道を選んだのである。最大の課題は、グローバル企業を取り仕切る管理体制の構築＝幹部の育成である。

おわりに

第3章でもみたように、カメラ産業の多角化の歴史は長い。今やカメラという名称さえ過去の名残となった企業さえある。本書で主要企業として取り上げてきたコニカミノルタは、カメラ事業から完全に撤退した。ニコンでさえ、コンパクトのフイルムカメラから撤退し、一眼レフやデジタルカメラ事業を残すものの、事業の中心は半導体製造装置（ステッパー）など、かつてカメラ技術から派生した事業となった。キヤノンやニコンなどの主要企業は、精密機器製造業というよりも、電気機械・電子機器製造業、あるいはエレクトロニクス産業に近い業態となっており、カメラ事業の比重が少なくなっている。各社のカメラ部門についても、表10-2のように、カメラ関連部門とそれ以外の多角化部門の営業利益の比較をすれば、カメラ事業が決して安泰な事業ではないことは明らかであろう。また、表10-3の工業統計を見ると、日本全体のカメラ関連企業・事業所の数は1980年代から徐々に減少してきており、十数年の間に半分以下になった。従業者数も、約3分の1に激減している。その他、製造品出荷額や付加価値額どれをとっても衰退産業を見ているかのようである。しかし、カメラ産業をそのように捉えたとしたら、カメラ産業の多面的な事実の一面しか捉えていないという点で、大変な誤解をしていると言わざるをえない。

終章 1990年代におけるカメラ産業

表10-2 主要各社カメラ関連部門と多角化部門の営業利益の推移

(単位：百万円)

各年3月	キヤノン 多角化部門	キヤノン カメラ部門	ニコン 多角化部門	ニコン カメラ部門	ミノルタ 多角化部門	ミノルタ カメラ部門	オリンパス 多角化部門	オリンパス カメラ部門	旭光学 多角化部門	旭光学 カメラ部門
1991	193,060	1,006	21,076	10,956	4,521	2,267	28,418	1,417	-607	9,242
92	216,449	-8,350	7,923	5,145	2,124	-5,622	20,628	19	2,818	3,718
93	179,449	-14,253	-8,569	854	-1,703	-8,788	22,112	1,780	2,791	851
94	185,624	3,820	6,501	-6,571	-883	-6,253	10,631	-726	4,373	4,138
95	219,579	10,949	28,427	-10,364	2,987	916	18,544	-2,008	2,440	3,987
96	295,663	14,631	52,827	-6,770	10,477	3,182	23,340	-2,283	1,353	2,917
97	344,417	22,114	50,186	-5,837	18,054	1,780	28,971	-2,467	3,378	3,470
98	321,334	27,207	23,460	2,044	26,299	1,628	34,650	1,371	3,197	6,307
99	248,645	18,967	-11,262	2,521	26,122	2,962	42,882	630	3,572	9,267
2000	319,832	32,393	9,522	8,911	20,079	173	31,774	3,235	197	3,276

出所：『有価証券報告書』による
注：1）各社の売上集計区分が異なるので、各社の売上製品を共通化した厳密な「カメラ部門」ではない。
　　2）ここで営業利益とは、「配賦不能営業費用控除前利益」または「営業利益」（96年以降）を指す。
　　3）キヤノンは、各年12月。

表10-3 写真機・同附属品製造業の概要

調査年	事業所数（所）	従業者数（人）	現金給与総額（万円）	製造品出荷額等（万円）	付加価値額（万円）
1988	1,238	47,371	15,746,355	84,809,031	25,835,055
89	1,204	45,959	15,762,620	95,411,416	31,806,575
90	1,197	42,778	15,390,919	90,284,037	30,315,665
91	1,194	43,422	16,322,559	93,071,783	26,094,365
92	1,051	36,873	14,212,317	82,199,023	23,346,713
93	953	32,527	12,666,777	67,089,207	19,791,605
94	851	30,271	11,764,699	61,786,990	19,560,766
95	849	27,770	10,810,004	55,218,042	17,102,893
96	802	28,144	10,890,723	58,653,458	17,667,172
97	756	27,825	11,259,803	69,743,480	19,927,118
98	798	24,757	9,800,158	57,287,227	17,177,030
99	670	21,641	8,967,957	49,341,675	15,080,244
2000	676	19,777	7,657,795	41,836,588	13,904,366
2001	545	16,942	7,321,153	34,695,854	10,631,793

出所：「工業統計表」、従業者4人以上の事業所。

カメラ産業は、常に変貌を遂げ、ダイナミックな事業展開を特徴とする技術的な性格を持っている。そして、カメラ自体、デジタルカメラとなると、精密機械ではなく、ビデオやTV、DVDなどと同じく電子機器、電子映像装置の一種に数えられるであろう。ある意味で、もはや「カメラ産業」と呼ぶこと自体、適当ではないかもしれない。その中心技術は、光学（optics）であるが、人間で言えば眼球に当たる。それは、レンズだけではない、レンズを通して得られる映像・画像処理技術、人間の目では見られない微小な世界・内部世界を見られる電子の眼、特殊な光を利用した映像技術などなど、今日の最先端技術のほとんどに関わる中心的な技術に広がっている。また、キヤノンの屋台骨となっているプリンターや複写機も、光学技術と精密加工技術の進化というだけでなく、カメラの大衆化、自動化と電子化の流れの中で培われた電子技術、化学技術の発展の結果であり、インクやトナー・保守といった消耗品販売・サービス事業の高利益率もカメラとフイルムの関係からヒントが得られたのであり、熾烈な競争を通じて育った人材、特許戦略、生産・管理システムが有機的に結合したものである。ニコンのステッパーにしても、オリンパスの内視鏡にしても、電子の眼を中心に育った。その他、一々例を挙げるまでもなく、カメラ産業は、一眼レフカメラなどを製造販売する一方、今日および将来の先端技術の土台をなす多面的な技術を生み出し製品化してきた。そして、日本が世界に誇る多くの革新的技術（プロダクツ・イノベーションとプロセス・イノベーション）を生み出し、今後も大きな関連技術の開発可能性を持った産業であるといえよう。それゆえにこそ、ソニーや松下電器が高度な光学技術を必要とするデジタル一眼レフ事業に参入してくると言える。

　さらに、カメラ自体も決して衰退などしていない。確かに、日本や先進諸国では、フイルムカメラは技術的にも市場的にも飽和状態にあると言われているが、世界的には中国を始め、これからカメラ市場が拡大するところがほとんどである。デジタルカメラよりもアナログのフイルムカメラを必要とする人々、職業も残っている。利益の追求・高付加価値化という点だけからすれば、カメラからの撤退も一つの経営的な選択肢であるが、長期的な視点からすると、企業の特技・特長を失うリスクは計り知れないものがあるように思われる。たと

表10-4 キヤノンの研究開発費と特許件数

年	研究開発費（百万円）	売上高比率	米国特許登録件数	日本特許出願公開件数
1981	19,260	6.8	269	2,448
82	23,732	7.7	289	3,759
83	29,307	7.8	335	4,478
84	40,973	8.4	430	4,862
85	53,811	9.4	427	6,438
86	60,924	11.3	523	8,279
87	63,966	11.1	847	8,704
88	74,515	11.1	723	9,577
89	86,036	10.6	949	8,430
90	98,336	10.6	868	8,920
91	110,444	10.3	823	8,703
92	115,145	10.8	1,106	11,202
93	118,282	11.4	1,038	7,877
94	135,795	12.6	1,096	8,106
95	141,728	11.5	1,087	9,202
96	167,130	12.0	1,541	9,897
97	184,743	12.0	1,381	8,979
98	195,146	12.5	1,928	7,515
99	198,939	13.4	1,795	9,463
2000	208,785	12.4	1,890	10,669

出所：キヤノン「ファクトブック」などによる。

え、カメラ生産から撤退しても、光学技術はもとより、カメラ生産の長い歴史から学び取った粘り強い研究開発姿勢とチャレンジ精神を企業風土として活かしてゆく必要があろう。

　幸いなことに、カメラ各社の多角化と技術的な革新は、一時的な停滞や落ち込みを経ながらも、新たな分野を切り開きつつある。その代表格であるキヤノンを見ると、表10-4にあるように研究開発費と特許件数が傾向的に拡大してきている[19]。とりわけ、90年代以降においては、売上高に占める研究開発費の割合が12～13％にまで達し、アメリカにおけるキヤノンの特許登録件数は、この十数年間、米国商務省発表によるランキングで常に3位以内に位置している。この超優良企業を生み出したのは、カメラ産業において熾烈な競争に勝ち残り、その多面的なノウハウを新たな製品・技術分野にも応用していった経営のダイナミズムに他ならない。

最後に、本章では、紙幅の関係で本来言及すべき論点を割愛したり、縮小せざるをえない項目も少なくなかった。触れることができなかった論点としては、一眼レフとコンパクトカメラの市場動向、カメラ産業の多面的な製品・技術展開、セル生産方式などの生産技術の発展、経営・財務戦略、雇用や人事に関する新たな展開等々がある。これらについては、本章で概括的に取り上げた論点を含め、近い将来、90年代以降のカメラ産業、光学技術を中核に据えた先端技術産業の本格的な分析を期したい。

注
1)『朝日新聞』1992年2月8日夕刊。
2) この前後の時期だけを見ても、91年7月富士通がテキサス・インスツルメンツ社と半導体特許で提訴合戦、同年9月松下、ソニーなどが米ローラル・フェアチャイルド社からCCD特許で訴えられ、92年5月にはセガ・エンタープライズ社がゲーム操作の特許で米国発明家と和解し57億円支払い、7月には三洋電機が米テキサス・インスツルメンツ社と提訴合戦を起こしている(『日本経済新聞』などによる)。
3)『朝日新聞』1992年6月11日。
4) 同上1993年4月1日。ミノルタは、賠償額165億のほかに、40人の弁護士を雇うなど裁判費用として当年度だけで40億円かかり、そのうえカメラの売上不振に見まわれた。
5) これ以外に、富士フイルムが1986年7月に発売したレンズ付フイルム(「写ルンです」)がある。一般には「使い捨てカメラ」とか「使いきりカメラ」などとも呼ばれているが、国内出荷本数は、90年に年間3,500万本、97年に9,000万本近くになり、ピークを迎えた。このレンズ付フイルムは、カメラ統計には含まれず、フイルムとして扱われている。
6)『日本経済新聞』1996年11月30日。
7) CCDは、1970年にベル研究所のBoyleとSmithがCCDを発明したが、商品化には結びつかなかった。その後、ソニーなどにより動画のビデオカメラ用途としての開発が進められた。松下電器は1979年に世界で初めてCCDを使ったビデオカメラ(白黒)の商品化に成功している。翌80年にはソニーがカラーCCDビデオカメラを始めて商品化した。
8) 95年末には、Windows95が発売され、インターネット・ブームがやってきた。こうしたIT市場の拡大もデジカメ人気を盛り上げた。
9)『日経産業新聞』2000年6月20日。
10) 矢部洋三「日本写真機工業の海外展開過程　1950〜2002年を対象として」『日本大学工学部紀要』2004年3月(第45巻第2号)において、戦後のカメラ産業における海外展開が網羅的に叙述されている。とりわけこの節で取り上げた90年代カメラ産業の海外生産拠点の展開についても、詳細な資料に基づき通史的に論述しているばかりでなく、

この節では触れることができなかった海外販売体制、カメラ産業の多角化部門の海外展開などにも分析が及んでおり、戦後カメラ産業の海外展開を概観する上で必読の文献である。
11) 海外生産比率＝現地法人売上高÷国内法人売上高×100、経済産業省「海外事業活動基本調査」。
12) 矢部「前掲論文」159頁。
13) 『日本経済新聞』1992年11月19日。
14) 矢部「前掲論文」によると、マザー工場の役割は、①最高級機種の生産、②量産製品ラインの立上げ・移管、③現地技能・技術者の研修、生産子会社の支援であった（159頁）。
15) 『日経産業新聞』1993年7月5日。
16) たとえば、ビデオカメラでは、ソニーが京セラに、松下電器がオリンパスに、シャープがニコンに8ミリビデオをOEM供給していた。キヤノンは97年までデジタルビデオカメラ（D-10V）を松下からOEM供給受けていた。
17) 主に『日経産業新聞』の記事を利用している。
18) 『日経ビジネス』日経BP社、1991年8月5日号。
19) キヤノンの研究開発費は、1977年に3代目に就任した賀来龍三郎社長が「売上高に占める研究開発費を10％以上に増やす」として以来、従来の6％前後から10％以上に維持・拡大されるようになった（『日経産業新聞』2001年1月19日）。

執筆者紹介（執筆順）

飯島正義（いいじま　まさよし）第3章、第9章第2・3節
　1955年生まれ
　日本大学大学院経済学研究科博士後期課程満期退学
　現在、日本大学経済学部　非常勤講師
　主要論文：「カメラメーカーの海外生産の展開と国内工場再編」『日本産業と中国経済の新世紀』唯
　　学書房、2004年

貝塚　亨（かいづか　とおる）第4章
　1973年生まれ
　日本大学大学院経済学研究科博士後期課程満期退学
　現在、日本大学薬学部　非常勤講師
　主要論文：「1970～80年代日本写真機工業における流通機構」『紀要』日本大学経済学部経済科学研
　　究所、2004年3月（第34号）

竹内淳一郎（たけうち　じゅんいちろう）第6章
　1937年生まれ
　大阪市立大学大学院経済学研究科博士前期課程修了
　現在、元ミノルタ、大阪市立大学経済学部　経友会提供講座事務局
　主要論文：「日本の軽工業と輸出検査制度」『研究年報』産業学会、2001年3月（No.16）

沼田　郷（ぬまた　さとし）第7章
　1973年生まれ
　駒沢大学大学院経済学研究科博士後期課程満期退学
　現在、駒澤大学経済学部　非常勤講師
　主要論文：「カメラメーカーの海外生産──1970年代のキヤノン、ペンタックスを中心に」『紀要』
　　日本大学経済学部経済科学研究所、2004年3月（第34号）

渡辺広明（わたなべ　ひろあき）第9章第1節
　1950年生まれ
　日本大学大学院経済学研究科博士後期課程満期退学
　現在、嘉悦大学経営経済学部　教授
　主要論文：「90年代不況期における地域産業の変貌」『日本産業と中国経済の新世紀』唯学書房、
　　2004年3月

編者紹介

矢部洋三（やべ　ようぞう）序章、第1章、第2章第1・2節、第5章
　1947年生まれ
　日本大学大学院経済学研究科博士課程修了
　現在、日本大学工学部　教授、博士（経済学）
　主要論文：『安積開墾政策史　明治10年代の殖産興業政策の一環として』日本経済評論社、1997年

木暮雅夫（こぐれ　まさお）第2章第3節、第8章、終章
　1950年生まれ
　日本大学大学院経済学研究科博士課程満期退学
　現在、日本大学経済学部　教授
　主要論文：「キヤノンにおける社内研修制度の展開過程」『紀要』日本大学経済学部経済科学研究所、2004年3月（第34号）

日本カメラ産業の変貌とダイナミズム

2006年9月11日	第1刷発行	定価（本体3500円＋税）
2010年3月25日	第2刷発行	

　　　　　　　　　編　者　矢　部　洋　三
　　　　　　　　　　　　　木　暮　雅　夫
　　　　　　　　　発行者　栗　原　哲　也
　　　　　　　　　発行所　株式会社　日本経済評論社
　　　〒101-0051　東京都千代田区神田神保町3-2
　　　電話 03-3230-1661　FAX 03-3265-2993
　　　URL: http://www.nikkeihyo.co.jp/
　　　印刷＊藤原印刷・製本＊高地製本所
　　　　　　　　　　　　　装幀＊渡辺美知子

乱丁落丁本はお取替えいたします。　　Printed in Japan
Ⓒ YABE Yozo & KOGURE Masao et. al., 2006　ISBN978-4-8188-1888-0

・本書の複製権・翻訳権・上映権・譲渡権・公衆送信権（送信可能化権を含む）は、㈱日本経済評論社が保有します。
・**JCOPY**　〈㈳出版者著作権管理機構　委託出版物〉
　本書の無断複写は著作権法上での例外を除き禁じられています。複写される場合は、そのつど事前に、㈳出版者著作権管理機構（電話 03-3513-6969、FAX 03-3513-6979、e-mail: info@jcopy.or.jp）の許諾を得てください。

矢部洋三・古賀義弘・渡辺広明・飯島正義編著

新訂 現代日本経済史年表

四六判 三〇〇〇円

明治から二〇世紀末まで、年表（経済と一般項目）を柱に、各期毎の概説、事項解説、統計から捉えた（一九五五年以降は一年を八ページに納める）、日本経済の展開過程の史実と論理。

中岡哲郎編著

戦後日本の技術形成
―模倣か創造か―

A5判 三二〇〇円

産業技術の担い手である企業は市場の要請にどのように応えてきたか。東レ、ニコンとキヤノン、シャープ、三菱重工など国際競争力を支えた基礎技術と技術能力を明らかにする。

土井教之編著

技術標準と競争
―企業戦略と公共政策―

A5判 二八〇〇円

世界的に進行している技術革新、競争促進、規制緩和のもと、規格とその標準化を巡る企業戦略、産業組織、公共政策を理論的、実証的に分析し、日本が直面する諸課題に挑む。

R・バチェラー著・楠井敏朗・大橋陽訳

フォーディズム
―大量生産と二〇世紀の産業・文化―

四六判 二八〇〇円

フォード社のT型車に象徴される大量生産方式は、インダストリアル・デザインをどのように変えていったか。また二〇世紀の文化にいかなる影響を与えたか。

高橋泰隆著

中島飛行機の研究

四六判 二五〇〇円

ゼロ戦など数々の名機を製作した中島飛行機は、西の三菱と並ぶ巨大航空機会社であった。多くの資料を駆使してその実態と創立者中島知久平の素顔に迫る。

（価格は税抜）　日本経済評論社